全国高职高专教育规划教材

河南省精品课程主讲教材

计算机文化基础

Jisuanji Wenhua Jichu

张 坤 宋风忠 主 编

李玉荣 李 静 郝世选 副主编

高等教育出版社·北京

HIGHER EDUCATION PRESS BEIJING

内容提要

　　本书按照高职院校对计算机课程的基本要求，紧密结合高职院校学生实际和当前计算机技术的发展编写而成。编写中充分考虑到高职学生参加全国计算机等级考试一级 MS Office 的需求，对等级考试的内容进行了全面的覆盖，书中配有紧密结合等级考试内容的例题和习题，全书内容包括计算机基础知识、Windows XP 操作系统、字处理软件 Word 2003 的使用、电子表格软件 Excel 2003 的使用、演示文稿制作软件 PowerPoint 2003 的使用、计算机网络与 Internet 等。

　　本书结合高职教育特点，将理论教学与实践教学相结合，重点培养学生的动手能力和发展能力。层次分明，讲解清晰，内容实用，图文并茂，适合作为各类高职院校及培训班的教材，也可以作为等级考试用书。

图书在版编目（CIP）数据

计算机文化基础 / 张坤，宋风忠主编. —北京：高等教育出版社，2011.8
ISBN 978-7-04-032647-5

Ⅰ. ①计… Ⅱ. ①张… ②宋… Ⅲ. ①电子计算机-高等职业教育-教材 Ⅳ. ①TP3

中国版本图书馆 CIP 数据核字（2011）第 129212 号

策划编辑　杨　萍	责任编辑　高瑜珊	封面设计　张志奇	版式设计　马敬茹
插图绘制　黄建英	责任校对　殷　然	责任印制　韩　刚	

出版发行	高等教育出版社	咨询电话	400-810-0598
社　　址	北京市西城区德外大街4号	网　　址	http://www.hep.edu.cn
邮政编码	100120		http://www.hep.com.cn
印　　刷	北京双青印刷厂	网上订购	http://www.landraco.com
开　　本	787mm×1092mm　1/16		http://www.landraco.com.cn
印　　张	20.75	版　　次	2011年8月第1版
字　　数	510千字	印　　次	2011年8月第1次印刷
购书热线	010-58581118	定　　价	30.00元

前　言

随着计算机技术的飞速发展，以计算机技术为核心的信息技术已渗透到人们工作、生活的方方面面，并发挥着越来越重要的作用，掌握计算机的基本应用能力已成为社会各行各业劳动者的基本技能。

高等职业教育以培养高端技能型人才为根本任务，以适应社会需求为目标，以培养技术应用能力为主线，构建学生的知识、能力和素质结构。为此，我们组织了部分多年从事高职公共计算机教学且具有丰富经验的教师，按照高职院校计算机基础课程的基本要求，遵循"适用、实用、会用和通用"的原则，编写了这本省级精品课程"计算机文化基础"的主讲教材——《计算机文化基础》。

本书充分考虑到部分高职院校要求学生在校期间必须取得全国计算机等级考试一级 MS Office 证书的情况，在编写过程中，参照全国计算机等级考试一级 MS Office 大纲要求对内容作了充实，并在每章导读中列出等级考试内容重点，书中例题及习题大多是在等级考试真题基础上进行改编的。本书内容充实、层次分明，讲解深入浅出，通俗易懂，重视对学生计算机实践能力的培养，突出实用性，可作为高职院校各专业计算机基础课程及各类培训班的教材，也可作为全国计算机等级考试一级 MS Office 用书。

全书共分为 6 章，第 1 章计算机基础知识，第 2 章 Windows XP 操作系统，第 3 章字处理软件 Word 2003 的使用，第 4 章电子表格软件 Excel 2003 的使用，第 5 章演示文稿制作软件 PowerPoint 2003 的使用，第 6 章计算机网络与 Internet。每章均配有适量的习题（含操作题）。使用本书时，要认真学习各章导读的内容，通过对书中实例的解析来巩固所学的知识。教学实施时，可根据各院校的学时数和教学大纲的要求，灵活组织章节内容进行教学。

本书由张坤、宋风忠主编，参加本书编写的还有李玉荣、李静、郝世选、仇丹丹、张洁、崔建平、王俊士等。本书由张坤、宋风忠策划，全书由张坤统稿，李玉荣、李静承担了部分章节的审稿工作。此外，张军锋、李江涛、王宏昕、郭艳蕊、肖瑜、牛自敏、吕丽萍、汪绪彪、孙媛、王新勇、史丽燕、刘雯、王永平等参与了部分配套教学资源的建设工作。

本书在编写过程中，得到了有关院校领导和高等教育出版社的大力支持和帮助，并提出了许多宝贵意见和建议，在此深表感谢！

由于编者水平所限，书中难免存在不妥之处，敬请读者不吝指正。

我们的 E-mail：pszk@163.com

编　者

2011 年 5 月

目　录

第 1 章

计算机基础知识

本 章 导 读

计算机是人类历史上最伟大的发明之一，它的出现极大地促进了科学技术的发展和人类社会的进步。随着现代社会信息处理事务的日益增多，计算机已经成为人们工作和生活中不可或缺的重要工具。本章从计算机的基础知识讲起，为后续章节的学习奠定基础。

通过本章的学习，应重点掌握以下内容：

1. 计算机的概念、类型及其应用领域；计算机系统的配置及主要技术指标。

2. 计算机中数据的表示：二进制的概念，整数的二进制表示，西文字符的 ASCII 码表示，汉字及其编码（国标码），数据的存储单位（位、字节、字）。

3. 计算机病毒的概念和病毒的防治。

4. 计算机硬件系统的组成和功能：CPU、存储器（ROM、RAM）以及常用的输入输出设备的功能。

5. 计算机软件系统的组成和功能：系统软件和应用软件，程序设计语言（机器语言、汇编语言、高级语言）的概念。

6. 多媒体的概念。

1.1　　计算机概述

计算机俗称"电脑"，最早应用于科学计算并采用电子管作为逻辑元件，因此又被称为"电子计算机"。它能够高效准确地帮助人们完成信息处理、科学计算、自动控制及辅助设计等工作。

1.1.1　计算机的概念

计算机是一种能够高速且自动地执行算术运算和逻辑运算的数字化电子设备，它能够按照人们预先编写的程序高效准确地处理信息。可以从以下三个方面来理解计算机的概念：

① 计算机是一种电子设备，它是人们高效率工作和现代化生活中不可缺少的重要工具，这种工具的出现正如纸张、火药及指南针等伟大发明一样具有深远的意义。

② 就用途而言，计算机最初的功能是进行科学计算，也因此而得名。目前随着社会信息量的增长，计算机的功能越来越侧重于信息处理方面。它能够帮助人们发送信息、获取信息并处理信息，而不再是只能进行计算的机器。

③ 尽管计算机能够自动地帮助人们完成工作，但是它并非是不可控制的，其工作依赖于具体的硬件结构和人们事先编写的程序。因此，虽然计算机提高了效率，节省了人力，但它并不能完全替代人类完成所有的工作，其高效自动依赖于掌握计算机相关知识和技术的人脑的驾驭。

1.1.2 计算机的发展历程

世界上第一台电子计算机称为"ENIAC"（Electronic Numerical Integrator And Calculator），即电子数字积分计算机，它于 1946 年诞生于美国宾夕法尼亚大学。ENIAC 占地 170 平方米，重 30 多吨。和现代计算机相比，它体积庞大，耗电量大，运算速度也不快，然而它的出现却有着划时代的意义，宣告了计算机时代的到来。

在 ENIAC 的研制过程中，美籍匈牙利数学家冯·诺依曼（见图 1-1）提出了著名的冯·诺依曼思想，并在此基础上成功地研制出离散变量自动电子计算机 EDVAC（Electronic Discrete Variable Automatic Computer），这一思想奠定了现代计算机的基础。

图 1-1 冯·诺依曼

冯·诺依曼思想主要包括以下三个方面的内容：

● 计算机由五大基本部件组成。

五大基本部件包括运算器、控制器、存储器、输入设备和输出设备。

● 计算机内部采用二进制。

二进制只有 0 和 1 两个数码，具有运算规则简单、物理实现简单、可靠性高和运算速度快的特点。

● 采用存储程序控制计算机工作的原理。

事先把需要计算机运行的程序和处理的数据以二进制形式存入计算机的存储器中，运行时在控制器的控制下计算机从存储器中依次取出指令并执行指令，从而完成人们安排的工作，这就是存储程序控制的工作原理。

半个世纪以来，电子技术的发展推动着电子器件的发展，而电子器件的发展又推动计算机技术以前所未有的速度迅猛发展，因此人们常以电子器件作为计算机发展时代的依据。根据电子计算机所采用的物理器件发展的进程，通常把计算机的发展划分为电子管、晶体管、中小规模集成电路，以及大规模和超大规模集成电路等 4 代。

1. 第1代计算机（1946—1958 年）

第 1 代计算机的基本逻辑元件是电子管。正是由于采用电子管，因而导致计算机体积庞大、耗电量多、故障率高、运算速度慢且价格昂贵。由于电子技术的限制，此阶段计算机的运算速度仅为几千次每秒到几万次每秒，内存容量也很小，仅为几 KB。程序设计语言尚处于低级阶段，最初只有机器语言，后期才出现汇编语言。硬件的操作和软件的编写都很困难，因此应用面很窄，主要应用于国防、军事和科学研究领域。

2. 第 2 代计算机（1959—1964 年）

第 2 代计算机的基本逻辑元件是晶体管。相对于电子管而言，晶体管体积小、重量轻且速度快。此阶段的计算机体积大大缩小，运算速度也有了很大的提高，从几万次每秒提高到几十万次每秒，内存容量扩大至几十 KB。同时计算机软件也有了较大的发展，出现了 BASIC、FORTRAN 和 COBOL 等高级程序设计语言。第 2 代计算机的软硬件功能更强、操作更加简单，因此应用范围不再局限于科学计算方面，还应用于数据处理和事务管理等领域。

3. 第 3 代计算机（1965—1971 年）

第 3 代计算机主要采用小规模和中小规模集成电路。随着集成电路的开发和元器件的小型化，计算机的体积更小、速度更快、功能更强。软件方面，出现了真正意义的操作系统，进一步提高了计算机工作的自动化程度，此外还出现了结构化的高级程序设计语言 PASCAL。这一时期，计算机的应用开始多样化，逐渐应用于工业控制及信息管理等多个领域。

4. 第 4 代计算机（1972 年至今）

第四代计算机采用大规模及超大规模集成电路。电子元器件的集成度更高，计算机的体积更小，运算速度高达上亿次每秒。此时的计算机性价比更高，软件的发展已经进入产业化，其应用也逐渐平民化，广泛应用于人们工作和生活的各个方面。

综上所述，计算机的发展简史如表 1-1 所示。

表 1-1　计算机的发展简史

代 次	起 止 年 份	电 子 器 件	数据处理方式	运 算 速 度	应 用 领 域
第 1 代	1946—1958 年	电子管	机器语言和汇编语言	几千次/秒～几万次/秒	国防军事及科研
第 2 代	1959—1964 年	晶体管	汇编语言和高级语言	几万次/秒～几十万次/秒	数据处理，事务管理
第 3 代	1965—1971 年	小规模和中小规模集成电路	高级语言和结构化程序设计语言	几十万次/秒～几百万次/秒	工业控制，信息管理
第 4 代	1972 年至今	大规模和超大规模集成电路	分时、实时数据处理和计算机网络	几百万次/秒～上亿次/秒	工作及生活各个方面

前 4 代计算机都是基于数学家冯·诺依曼的存储程序控制思想，第 5 代计算机是一种非冯·诺依曼型计算机。目前正在研究的第 5 代计算机主要有模糊计算机、生物计算机、光子计算机、超导计算机和量子计算机等。其目标是使计算机具有人工智能，即能模拟甚至替代人的智能，具有人机自然交互的能力。

1.1.3　未来计算机的发展趋势

未来计算机的发展趋势表现为巨型化、微型化、网络化和智能化。

1. 巨型化

所谓巨型化是指发展计算更快、存储容量更大、功能更强、可靠性更高的巨型计算机

（简称巨型机）。它主要是为了满足诸如原子、天文、核技术等尖端科学以及探索新兴科学的需要，它的研制水平反映了一个国家科学技术的发展水平。我国 2010 年 9 月研制成功的"天河一号"，具有每秒钟 1 206 万亿次的峰值速度，是我国首台千万亿次超级计算机。

2. 微型化

所谓微型化是指发展体积更小、功能更强、可靠性更高、携带更方便、价格更便宜、适用范围更广的微型计算机（简称微型机或微机）。由于它可以渗透到诸如仪表、家用电器、导弹弹头等中小型机无法进入的领域，所以 20 世纪 80 年代以来发展异常迅速，微型机的性能越来越完善，价格越来越便宜。当前微型机的标志是运算部件集成在一起，今后将逐步发展到对存储器、通道处理机、高速运算部件、图形卡、声卡等的集成，进一步将系统的软件固化，达到整个微型机系统的集成。

3. 网络化

所谓网络化是指利用现代通信技术和计算机技术，将分布在不同地点的计算机互联起来，按照网络协议互相通信，达到共享软件、硬件和数据资源的目的。尽管目前计算机联网已经非常普遍，但是计算机网络化仍有许多工作要做，如网络上的资源虽多，利用却不方便；联网的计算机虽多，计算机特别是服务器的利用率并不高；网络虽然方便，却不够安全等。目前各国都在开发将计算机网络、电信网和有线电视三网合一的系统工程，将来可以通过网络更好地传送数据、文本、声音、图形和图像，用户可随时随地在世界各地拨打可视电话，收看电视和电影。

4. 智能化

所谓智能化是指计算机具有模拟人的感觉和思维过程的能力，使计算机具有"视觉"、"听觉"、"语言"、"推理"、"思维"、"学习"等能力，成为智能型的计算机。在智能化研究中最具有代表性、最尖端的两个领域是专家系统和机器人。智能化的研究使计算机突破了"计算"这一初级含义，拓宽了计算机的能力，使计算机发展到一个更高、更先进的水平。

1.1.4　计算机的特点

计算机之所以被广泛地应用于各行各业，主要在于它具有以下基本特点：

1. 记忆力强

计算机内部具有容量巨大的专门用于承担记忆功能的器件，即存储器。它不仅可以长时间地存储大量的文字、图形、图像和声音等信息资料，还可以存储指挥计算机工作的程序。与人脑相比，计算机的记忆能力超强。

2. 运算速度快且精度高

由于计算机是采用高速电子器件组成的，因此它能以极高的速度工作。并且由于它采用二进制来表示数据，计算的精度主要取决于数据表示的位数，因此运算的精度极高。以计算圆周率 π 为例，最初数学家花了十几年时间才计算到几百位，计算速度慢，精度也不高。后来采用计算机几个小时就将圆周率计算到几百位，目前已达数百万位，充分体现了计算机的运算速度快且精度高的特点。

3. 具有逻辑判断能力

计算机不仅具有算术运算能力，同时还可以通过编码技术进行逻辑运算，甚至推理和证明。例如数学中著名的"四色问题"，多年以来数学家一直努力证明均未成功，直到后来利用计算机进行非常复杂的逻辑推理，才成功地验证了这个著名的猜想。

4．在程序控制下自动完成各种操作

计算机是一种自动化极高的电子设备，在工作过程中不需要人工干预。它由内部控制和操作，只要输入事先编写好的应用程序，计算机就能自动按照程序规定的步骤完成预定的任务。

1.1.5 计算机的分类

按照不同的原则，计算机可以有多种分类方法。

1．按信息在计算机内的表示形式划分

按信息在计算机内的表示形式，可将电子计算机划分为模拟计算机和数字计算机。数字计算机以电脉冲的个数或电位的阶变来实现计算机内部的数值计算和逻辑判断，输出量仍是数值。目前广泛应用的都是数字计算机，简称"计算机"。模拟计算机是对电压及电流等连续的物理量进行处理的计算机，输出量仍是连续的物理量。其精确度较低，应用范围有限。

2．按计算机的大小、规模及性能划分

按计算机的大小、规模及性能，可将电子计算机划分为巨型机、大型机、中型机、小型机和微型机。这些类型之间的基本区别通常在于其体积大小、结构复杂程度、功率消耗、性能指标、数据存储容量、指令系统和设备，以及软件配置等方面的不同。一般来说，巨型机的运算速度很高，每秒可以执行几亿条指令。其数据存储容量大、结构复杂且价格昂贵，主要用于大型科学计算。微型机又称"个人电脑"（Personal Computer，PC），具有体积小、价格低、功能较全、可靠性高以及操作方便等突出优点，现已广泛应用于办公、教育及家庭等社会生活的各个领域。性能介于巨型机和微型机之间的是大型机、中型机和小型机，其性能指标和结构规模则相应的依次递减。

3．按计算机使用范围来划分

按计算机的使用范围，可将计算机划分为通用计算机和专用计算机。通用计算机是目前广泛应用的计算机，其结构复杂，但用途广泛，可用于解决各种类型的问题。专用计算机是为某种特定目的所设计制造的计算机，其适用范围狭窄，但结构简单，价格便宜，工作效率高。

4．按计算机的字长位数来划分

按计算机的位数，可将计算机划分为 8 位机、16 位机、32 位机和 64 位机等。计算机中的字长位数是衡量计算机性能的主要指标之一，一般巨型机的字长在 64 位以上，微型机的字长在 16～64 位之间。

1.1.6 计算机的应用

目前，计算机的应用已渗透到社会的各行各业，极大地改变了人们的工作、学习和生活的方式，主要有以下应用领域。

1．科学计算

科学计算是计算机最基本的功能之一，计算机最初就是为了帮助人脑解决大量繁杂的数值计算而研制的，计算机也是因此而得名。科学计算是指利用计算机来完成科学研究和工程技术中提出的数学问题的计算。在现代科学技术工作中，科学计算问题是大量而繁杂的。利用计算机的高速计算、大存储容量和连续运算的能力，可以实现人工无法解决的各种科学计算问题。

2. 数据处理

数据处理也称"非数值处理"或"事务处理"，是对大量信息进行收集、存储、整理、分类、统计、加工、利用和传播等一系列活动的统称。据统计，80％以上的计算机主要用于数据处理，这类工作量大面宽，决定了计算机应用的主导方向。

目前，数据处理已广泛地应用于办公自动化、企事业计算机辅助管理与决策、情报检索、图书管理、电影电视动画设计，以及会计电算化等各行各业。信息正在形成独立的产业，多媒体技术使信息展现在人们面前的不仅是数字和文字，还有声音和图像。

3. 辅助技术

计算机辅助技术包括计算机辅助教学（Computer Aided Instruction，CAI）、计算机辅助设计（Computer Aided Design，CAD）和计算机辅助制造（Computer Aided Manufacturing，CAM）等。

● 计算机辅助教学：计算机辅助教学是通过计算机系统使用各种 CAI 课件来辅助完成教学任务，课件可以用工具或高级语言来开发制作。它能引导学生循序渐进地学习，使学生轻松自如地从课件中学到所需要的知识。CAI 的主要特色是交互教育、个别指导和因材施教，不仅能减轻教师的负担，还能激发学生的学习兴趣，极大地提高教学质量。

● 计算机辅助设计：计算机辅助设计是利用计算机系统辅助设计人员进行工程或产品设计以实现最佳设计效果的一种技术，它已广泛地应用于飞机、汽车、机械、电子、建筑和轻工等领域。例如，在电子计算机的设计过程中，利用 CAD 技术进行体系结构模拟、逻辑模拟、插件划分及自动布线等，极大地提高了设计工作的自动化程度。采用计算机辅助设计不但可以提高设计效率，节省人力物力，而且可以有效提高设计质量。

● 计算机辅助制造：计算机辅助制造是利用 CAD 的输出信息控制并指挥产品的生产和装配的过程。例如，在产品的制造过程中，用计算机控制机器的运行、处理生产过程中所需的数据、控制和材料的流动，以及产品检测等。使用 CAM 技术可以提高产品质量、降低成本、缩短生产周期、提高生产效率和改善劳动条件。将 CAD 和 CAM 技术集成实现设计生产自动化的技术称为"计算机集成制造系统"（Computer Intergrated Manufacturing System, CIMS），其实现将真正做到无人化工厂。

4. 自动控制

自动控制是利用计算机及时采集检测数据，并按照一定的算法进行处理，然后将数据输入到执行机构，迅速地对控制对象进行自动调节或控制，它是生产自动化的重要技术和手段。采用计算机进行过程控制，不仅可以大大提高控制的自动化水平，而且可以提高控制的及时性和准确性，从而改善劳动条件并提高产品质量及合格率。因此，计算机过程控制已在机械、石油、化工、纺织及水电等部门得到广泛的应用。

5. 人工智能

人工智能（Artificial Intelligence，AI）是计算机模拟人类某些智力行为的理论、技术和应用，诸如感知、判断、理解、学习及问题求解等。它是计算机应用的一个新领域，目前的研究和应用尚处于发展阶段。在医疗及机器人等方面，人工智能的研究已取得不少成果，有些已开始走向实用阶段。例如，能模拟高水平医学专家进行疾病诊疗的专家系统和具有一定思维能力的智能机器人等。

6．网络应用

计算机技术与现代通信技术的结合构成了计算机网络，它使用通信设备和线路将分布在不同地理位置的功能自主的多台计算机互联起来，以功能完善的网络软件实现资源共享及信息传递等。计算机网络的建立不仅解决了一个单位、一个地区、一个国家中计算机与计算机之间的通信、各种软硬件资源的共享问题，也大大促进了国与国间的文字、图像、视频和声音等各类数据的传输与处理。

7．多媒体技术

媒体（Media）是信息的表示和传输的载体，如广播、电影和电视等。随着计算机技术和通信技术的发展，可以把各种媒体信息数字化并综合成一种全新的媒体，即多媒体。在教育、医疗和银行等领域，多媒体的应用发展很快。多媒体计算机的主要特点是集成性和交互性，即集文字、声音和图像等信息于一体，并使双方能通过计算机进行交互。多媒体技术的发展大大拓展了计算机的应用领域，视频和音频信息的数字化使得计算机进一步走向家庭。

1.2　数制与编码

1.2.1　计算机中的进位计数制

1．进位计数制

数制是人们对数量计数的一种统计规律，将数字符号按顺序排列成数位，并且遵照某种从低位到高位的进位方式计数来表示数值的方法称为进位计数制，简称计数制。进位计数制是一种计数方法，日常生活中广泛使用的是十进制，此外还大量使用其他进位计数制，如二进制、八进制、十六进制等。

那么，不同计数进位制的数怎么表示呢？为区分不同的数制，本书约定对于任一 R 进制的数 N 记做"$(N)_R$"。如$(1100)_2$ 表示二进制数 1100，$(567)_8$ 表示八进制数 567，$(ABCD)_{16}$ 表示十六进制数 ABCD。不用括号及下标的数默认为十进制数。此外还有一种表示数制的方法，即在数字的后面使用特定的字母表示该数的进制。具体方法是 D（Decimal）表示十进制，B（Binary）表示二进制，O（Octal）表示八进制，H（Hexadecimal）表示十六进制。若某数码后面未加任何字母，则默认为十进制数。

无论使用哪种计数制，数值的表示都包含基数和位权两个基本的要素。

● 基数：指某种进位计数制中允许使用的基本数字符号的个数。在基数为 R 的计数制中，包含 0~R-1 共 R 个数字符号。进位规律是"逢 R 进一"，称为"R 进位计数制"，简称"R 进制"。

● 位权：指在某一种进位计数制表示的数中用于表明不同数位上数值大小的一个固定常数。不同数位有不同的位权，某一个数位的数值等于这一位的数字符号与该位对应的位权相乘的结果。R 进制数的位权是 R 的整数次幂。例如，十进制数的位权是 10 的整数次幂，其个位的位权是 10^0，十位的位权是 10^1。

此外，任何一个进位计数制的数都可以写成按权展开的形式。如日常生活中广泛使用的十进制，其中采用了 0~9 共 10 个基本数字符号，进位规律是"逢十进一"。当用若干个数字符号并在一起表示一个数时，处在不同位置的数字符号值的含义不同。如十进制数 666，同一个字符 6 从左到右所代表的值依次为 600、60 和 6，即：

$$(666)_{10} = 6 \times 10^2 + 6 \times 10^1 + 6 \times 10^0$$

总之，R 进制的特点如下。

① 有 0~R-1 共 R 个数字符号，即基数为 R。

② 任何数位上的位权是 R 的整数次幂。

③ 逢 R 进一。

2．二进制

计算机内部主要采用二进制处理信息，任何信息都必须转换成二进制形式后才能由计算机处理。基数 $R=2$ 的进位计数制称为"二进制"，二进制数 N 可以写成 $(N)_B$ 或 $(N)_2$，本书一般写成后者的形式。二进制数的基本特点是：二进制数中只有 0 和 1 两个基本数字符号，进位规律是"逢二进一"。例如，1 加 1 的结果是 10，二进制数的位权是 2 的整数次幂。任意一个 n 位整数和 m 位小数的二进制数 B 可以表示成：

$$B = B_{n-1} \times 2^{n-1} + B_{n-2} \times 2^{n-2} + \cdots + B_i \times 2^i + \cdots + B_1 \times 2^1 + B_0 \times 2^0 + B_{-1} \times 2^{-1} + \cdots + B_{-m} \times 2^{-m}$$

其中 B_i 是数码，取值范围是 0 或 1，2 是基数，2^i 是权。上式称为二进制的"权展开式"。

例 1.1 写出二进制数 10110.101 的权展开式，它相当于多大的十进制数？

解： $(10110.101)_2 = 1 \times 2^4 + 0 \times 2^3 + 1 \times 2^2 + 1 \times 2^1 + 0 \times 2^0 + 1 \times 2^{-1} + 0 \times 2^{-2} + 1 \times 2^{-3} = (22.625)_{10}$

二进制数的运算规则如表 1-2 所示。

表 1-2　二进制的运算规则

加法规则	0+0=0	0+1=1	1+0=1	1+1=10（逢 2 进 1）
减法规则	0-0=0	1-0=1	1-1=0	0-1=1（借 1 作 2）

由此可见，二进制具有运算规则简单且物理实现容易等优点。因为二进制中只有 0 和 1 两个数字符号，因此可以用电子器件的两种不同状态来表示二进制数。例如，可以用晶体管的截止和导通，或者电平的高和低表示 1 和 0，因此在计算机系统中普遍采用二进制。

但是二进制又具有明显的缺点，即数的位数太长且字符单调，书写、记忆和阅读都不方便。为了克服二进制的缺点，人们在书写指令以及输入和输出程序时，通常采用八进制数和十六进制数作为二进制数的缩写。

3．八进制

基数 $R=8$ 的进位计数制称为"八进制"，八进制数可以写成 $(N)_O$ 或 $(N)_8$，本书一般写成后者的形式。八进制有 0~7 共 8 个基本数字符号，进位规律是"逢八进一"。八进制数的位权是 8 的整数次幂，任意一个 n 位整数和 m 位小数的八进制数 Q 可以表示成：

$$Q=Q_{n-1}\times 8^{n-1}+Q_{n-2}\times 8^{n-2}+\cdots+Q_i\times 8^i+\cdots+Q_1\times 8^1+Q_0\times 8^0+Q_{-1}\times 8^{-1}+\cdots+Q_{-m}\times 8^{-m}$$

其中 Q_i 是数码,取值范围是 0~7,8 是基数,8^i 是权。上式称为八进制的"权展开式"。

例 1.2 写出八进制数 127 的权展开式,它相当于多大的十进制数?

解: $(127)_8=1\times 8^2+2\times 8^1+7\times 8^0=(87)_{10}$

4. 十六进制

基数 R=16 的进位计数制称为"十六进制",十六进制数 N 可以写成 $(N)_H$ 或 $(N)_{16}$,本书一般写成后者的形式。十六进制数中有 0~9 和 A~F 共 16 个数字符号,其中,A~F 分别表示十进制数的 10~15,进位规律为"逢十六进一"。十六进制数的位权是 16 的整数次幂,任意一个 n 位整数和 m 位小数的十六进制数 H 可以表示成:

$$H=H_{n-1}\times 16^{n-1}+H_{n-2}\times 16^{n-2}+\cdots+H_i\times 16^i+\cdots+H_1\times 16^1+H_0\times 16^0+H_{-1}\times 16^{-1}+\cdots$$
$$+H_{-m}\times 16^{-m}$$

其中 H_i 是数码,取值范围是 0~9、A~F,16 是基数,16^i 是权,上式称为十六进制的"权展开式"。

例 1.3 写出十六进制数 2AB 的权展开式,它相当于多大的十进制数?

解: $(2AB)_{16}=2\times 16^2+10\times 16^1+11\times 16^0=(683)_{10}$

1.2.2 不同进制之间的转换

二进制、八进制和十六进制都是计算机中常用的数制,表 1-3 列出了 0~15 这 16 个十进制数与以上 3 种数制的对应关系。

表 1-3　4 种计数制的对应关系

十进制	二进制	八进制	十六进制	十进制	二进制	八进制	十六进制
0	0000	00	0	8	1000	10	8
1	0001	01	1	9	1001	11	9
2	0010	02	2	10	1010	12	A
3	0011	03	3	11	1011	13	B
4	0100	04	4	12	1100	14	C
5	0101	05	5	13	1101	15	D
6	0110	06	6	14	1110	16	E
7	0111	07	7	15	1111	17	F

1. R 进制(二进制、八进制和十六进制)转换成十进制

任意一种进位计数制的数据转换成十进制数的方法都是一样的,即把任意一种非十进制数按权展开式写成多项式和的形式,然后按十进制数的运算法则计算出该多项式的结果即可。R 进制数 N 转换成十进制数可表示为数码乘以各自的权的累加,即:

$$(N)_R=a_{n-1}\times R^{n-1}+a_{n-2}\times R^{n-2}+\cdots+a_0\times R^0+a_{-1}\times R^{-1}+\cdots+a_{-m}\times R^{-m}$$

例 1.4 把 $(101.11)_2$、$(71)_8$、$(101A)_{16}$ 转换成十进制数。

解: $(101.11)_2=1\times 2^2+0\times 2^1+1\times 2^0+1\times 2^{-1}+1\times 2^{-2}=(5.75)_{10}$

$(71)_8=7\times 8^1+1\times 8^0=(57)_{10}$

$(101A)_{16}=1\times 16^3+0\times 16^2+1\times 16^1+10\times 16^0=(4122)_{10}$

2．十进制转换成 R 进制（二进制、八进制和十六进制）

十进制数转换成任意非十进制数的方法基本相同，整数部分与小数部分的转换方法不同。整数部分除以 R 取余数，直到商为 0，余数从下到上排列。小数部分乘以 R 取整，整数从上到下排列。

例 1.5 把十进制数 123.8125 转换成二进制数。

解: $(123.8125)_{10}=(1111011.1101)_2$，如图 1-2 所示。

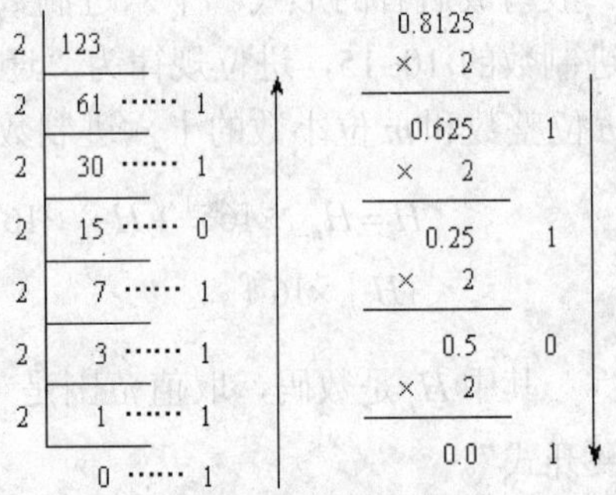

3．二进制、八进制和十六进制之间的相互转换

二进制、八进制和十六进制之间的相互转换有多种方法，对初学者来说可以利用十进制作为桥梁进行转换。

图 1-2　十进制数转换成二进制

1.2.3　计算机中的信息与数据

1．信息与数据

人们在现实生活中要收集信息，加工信息，并利用信息为社会的各个领域服务，因此有必要先了解信息的概念。从计算机应用的角度，通常将信息看作人们进行各种活动所用到的各种知识，即人们对客观世界的认识。信息已成为人类一切社会活动的基本条件之一，人们把它与物质、能量并列为人类生存和社会发展的三大基本要素。当要用计算机处理信息时，必须将信息转换成计算机能识别的符号，这就产生了数据的概念。

数据是一组可以识别的记号或符号，它通过各种组合来代表客观世界中的各种信息。数据是信息的载体，是信息的具体表现形式。数据可以是数字、字符、文字、声音、图形和图像等，可以存储在物理介质上，用以传输和处理。

信息和数据的区别：数据是信息的表现形式，信息是数据所表达的含义。如：当测量一个病人的体温是 39℃时，39℃是数据，它本身是没有意义的，但是病人的体温是 39℃，意味着病人在发烧这就成为信息。

2．数据的单位

在计算机内部普遍采用的是二进制数据，常用的单位有位、字节和字三种。

（1）位

二进制的一个数位简称为位（bit，比特，简写为 b），是计算机中最小的数据单位。一位只能用来存放一位二进制数，即 0 或 1。

（2）字节

通常将相邻的 8 位二进制数组成一个字节（Byte，比特，简写为 B），是计算机中用以衡量容量大小的最基本单位。容量一般用 K 字节（KB）、M 字节（MB）、G 字节（GB）、T 字节（TB）来表示，它们的关系是：

1 KB=1 024 B=2^{10}B

1 MB=1 024 KB=2^{20} B

1 GB=1 024 MB=2^{30} B

1 TB=1 024 GB=2^{40} B

（3）字

字是作为一个整体被存取和处理的运算单位，它由若干个字节组成，也就是说它是字节的整数倍。例如通常所说的 32 位机，指的是字长为 32 位。因此，字长表示了计算机的性能。

1.2.4　计算机中常见的信息编码

在计算机中各种信息都以二进制编码的形式存在，即文字、图形、声音、动画和电影等各种信息，在计算机中均以 0 和 1 组成的二进制数表示。计算机之所以能区别这些不同信息，是因为它们采用的编码规则不同。常见的信息编码标准主要有 BCD（Binary-Code Decimal，二–十进制代码）码、ASCII（American Standard Code for Information Interchange，美国信息交换标准代码）码和汉字编码。

1. BCD 码

BCD 码用多个二进制数表示一个十进制数的编码，它有多种编码方法，常用的有 8421（4 位二进制从高到低的位权值分别是 8、4、2、1）码。

8421 码是将十进制数码 0~9 中的每个数分别用 4 位二进制编码表示，这种编码方法比较直观简单。对于多位数，只需将其每一位数字按表 1-4 中所列的对应关系用 8421 码直接列出即可。

表 1-4　十进制数 0~19 的 8421 编码表

十 进 制 数	8421 编码	十 进 制 数	8421 编码	
0	0000	10	0001	0000
1	0001	11	0001	0001
2	0010	12	0001	0010
3	0011	13	0001	0011
4	0100	14	0001	0100
5	0101	15	0001	0101
6	0110	16	0001	0110
7	0111	17	0001	0111
8	1000	18	0001	1000
9	1001	19	0001	1001

8421 码与二进制之间不能直接转换，必须将其表示的数转换成十进制数后再转换成二进制数。

2. ASCII 码

在微型机中，西文字符的编码采用国际通用的 ASCII 码，每个 ASCII 码以 1 个字节（Byte）存储，有 7 位码和 8 位码两种版本。国际通用的 7 位码用 7 位二进制数表示一个字符的编码，其编码范围是 0000000~1111111，最多能表示 2^7=128 个字符。计算机内部使用 1 个字节存放一个 7 位 ASCII 码，b_0~b_6 表示 ASCII 码值，最高位 b_7 置 0。ASCII 码表如表 1-5 所示，其中有 94 个可打印字符（21H~7EH），包括常用的字母、数字和标点符号等，另外还有 34 个控制字符（00H~20H 和 7FH）。

表 1-5　ASCII 码表

H
L	0000	0001	0010	0011	0100	0101	0110	0111
0000	NUL	DLE	SP	0	@	P	`	p
0001	SOH	DC1	!	1	A	Q	a	q
0010	STX	DC2	"	2	B	R	b	r
0011	ETX	DC3	#	3	C	S	c	s
0100	EOT	DC4	$	4	D	T	d	t
0101	ENQ	NAK	%	5	E	U	e	u
0110	ACK	SYN	&	6	F	V	f	v
0111	BEL	ETB	,	7	G	W	g	w
1000	BS	CAN	)	8	H	X	h	x
1001	HT	EM	(	9	I	Y	i	y
1010	LF	SUB	*	:	J	Z	j	z
1011	VT	ESC	+	;	K	[	k	{
1100	FF	FS	,	<	L	\	l	|
1101	CR	GS	-	=	M	]	m	}
1110	SO	RS	>	>	N	^	n	~
1111	SI	US	/	?	O	_	o	DEL

从 ASCII 码表中可以看出，94 个可打印字符（也称为图形字符）中，0~9、A~Z、a~z 都是顺序排列的，且小写字母比大写字母的码值大 32，这有利于大小写字母之间的转换，也有利于对这些字符的记忆。

3. 汉字编码

为了利用计算机处理汉字，同样需要对汉字进行编码，这些编码主要包括汉字国标码、汉字内码、汉字外码及汉字字形码等。

（1）汉字国标码

国标码又称为"汉字信息交换码"，它是用于汉字信息系统与信息系统之间进行信息交换的汉字代码。1980 年我国制定了《信息交换用汉字编码字符集——基本集》，代号为"GB2312-80"，即国标码。

国标码字符集中共收录了 7 445 个字符，其中包括 6 763 个常用汉字和 682 个非汉字字符。常用汉字中包括一级常用汉字 3 755 个，二级常用汉字 3 008 个。

由于计算机中的一个字节 8 位最多只能表示 256 种编码，不可能表示所有的汉字，因此国标码必须使用两个字节来表示。为了兼容中英文，国标 GB2312-80 规定，国标码中的所有汉字和字符的每个字节的编码范围与 ASCII 码表中的 94 个字符编码保持一致。因为 ASCII 码表中 94 个可打印字符的表示范围是 21H～7EH，所以国标码的编码范围是 2121H～7E7EH。

将 7 445 个汉字字符的国标码放置在 94 行×94 列的阵列中，就构成了一张国标码表。表中每一行称为"一个汉字的区"，用区号表示，范围是 1～94。每一列称为"一个汉字的位"，用位号表示，范围是 1～94。区号和位号组合构成了汉字的区位码，组成形式为高两位表示区号，低两位表示位号。如"计"字的区位码是 2838，表示在区位码表中"计"字位于 28 区 38 位。

汉字的区位码和国标码之间是可以转换的，具体方法是将汉字的十进制区号和位号分别转换成十六进制，然后分别加上 20H 成为该字的国标码。如"计"字的区位码是 2838，分别将其区号和位号转换成十六进制，即 1C26H，分别加上 20H，1C26H+2020H=3C46H 即得"计"字的国标码。

（2）汉字内码

由于国标码不能直接存储在计算机内，为方便计算机内部处理和存储汉字并区别于 ASCII 码，将国标码中的每个字节的最高位改设为 1，这样就形成了在计算机内部用来完成汉字存储及运算的编码，称为"机内码"（汉字内码，或内码）。内码既与国标码有简单的对应关系，易于转换，又与 ASCII 码有明显的区别，且有统一的标准（内码是唯一的）。

国标码和汉字内码的转换关系为汉字内码=国标码+8080H，如"计"字的机内码为其国标码 3C46H 加上 8080H 得 BCC6H。

（3）汉字外码

国标码或区位码都不利于汉字的输入，为方便输入而制定的汉字编码称为"汉字输入码"，又称为"外码"，不同的输入方法形成不同的汉字外码。常见的输入法有以下几类：

● 按汉字的排列顺序形成的编码（流水码）：如区位码。

● 按汉字的读音形成的编码（音码）：如全拼、简拼及双拼等。

● 按汉字的字形形成的编码（形码）：如五笔字型及郑码等。

● 按汉字的音和形结合形成的编码（音形码）：如自然码及智能 ABC。

值得说明的是，输入码在输入到计算机中后必须转换成机内码，才能进行存储和处理。

（4）汉字字形码

为了将汉字在显示器或打印机上输出，把汉字按图形符号设计成点阵图得到相应的点阵代码（字形码），全部汉字字码的集合称为"汉字字库"。显示一个汉字一般采用 16×16 点阵或 24×24 点阵或 48×48 点阵。已知汉字点阵的大小，可以计算出存储一个汉字所需占用的字节空间。如用 16×16 点阵表示一个汉字，一个点需要 1 位二进制代码，所以需要 16×16÷8=32 字节，即字节数=点阵行数×点阵列数÷8。

汉字从输入计算机到输出显示各阶段的编码形式如图 1-3 所示。

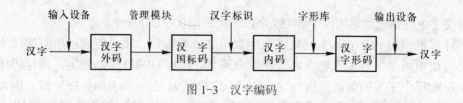

图1-3 汉字编码

1.3 计算机系统概述

1.3.1 计算机系统的基本组成

计算机系统包括硬件系统和软件系统两大组成部分。

硬件是计算机的物理实体，又称为"硬设备"。它是所有固定装置的总称，是构成计算机的所有实体部件的集合，其中包括电子器件和机械装置等物理部件。硬件是一切看得见摸得着的设备实体，是计算机实现其功能的物质基础，是计算机软件运行的场所，其基本配置可分为主机、显示器、光驱、硬盘、键盘及鼠标等。

软件是指运行于计算机硬件之上的程序、数据和相关文档的总称。程序是用于指挥计算机执行各种功能而编制的指令的集合；数据是程序运行所需的信息；文档是为了便于程序运行而做的说明。程序运行时，每条指令依次指挥计算机硬件完成某个简单的操作，这些操作组合起来完成特定的任务。

未安装任何软件的计算机称为"裸机"，它只能运行机器语言程序，计算机用户不能充分利用计算机的功能。通常情况下用户使用的是硬件之上配置若干软件的计算机系统。正是硬件和软件的相互结合，计算机系统才能完成各种各样的任务。硬件是软件发挥作用的基础，软件是计算机实现功能的灵魂，二者相辅相成，缺一不可。计算机系统的组成如图1-4所示。

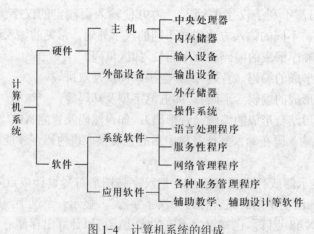

图1-4 计算机系统的组成

1.3.2 计算机的硬件系统

美籍匈牙利数学家冯·诺依曼提出的"存储程序控制"的概念奠定了现代计算机的基本

结构，并开创了程序设计的时代。半个多世纪以来，虽然计算机结构经历了重大的变化，性能也有了惊人的提高，但就其结构原理来说，至今占有主流地位的仍是以存储程序原理为基础的冯·诺依曼型计算机。如图 1-5 所示，典型的冯·诺依曼计算机以运算器为中心，输入和输出设备与存储器之间的数据传送需通过运算器。图中实线为数据线，虚线为控制线和反馈线。

现代的计算机结构已转化为以存储器为中心，如图 1-6 所示。图中实线为控制线，虚线为反馈线，双线为数据线。

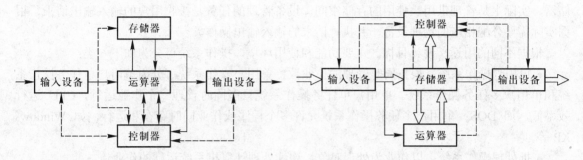

图 1-5　典型的冯·诺依曼结构计算机　　　　图 1-6　以存储器为中心的计算机结构

计算机的 5 大部件在控制器的统一指挥下有条不紊地自动工作，各部件的功能如下：
- 运算器：完成算术运算和逻辑运算，并将运算的中间结果暂存在运算器内。
- 存储器：存放数据和程序。
- 控制器：控制并指挥程序和数据的输入、运行，处理运算结果。
- 输入设备：将人们熟悉的信息形式转换为计算机能识别的信息形式，常见的有键盘及鼠标等。
- 输出设备可将计算机运算结果转换为人们所熟悉的信息形式，如打印机及显示器等。
运算器和控制器一起构成中央处理器，简称"CPU"（Central Processing Unit）。

1.3.3　计算机的软件系统

软件是指为运行、维护、管理及使用计算机所编制的各种程序和文档的总称，按功能通常分为系统软件和应用软件两大类型。

1. 系统软件

系统软件是用来扩大计算机的功能，提高计算机的工作效率并方便用户使用计算机的软件，如操作系统（Operating System, OS）、语言处理程序、系统服务程序和数据库管理系统等。

（1）操作系统

操作系统是一种管理计算机系统资源并控制程序运行的系统软件，实际上是一组程序的集合。可以从不同角度来描述操作系统，从用户的角度来说，操作系统是用户和计算机交互的接口；从管理的角度讲，操作系统又是计算机资源的组织者和管理者。操作系统的任务就是合理有效地组织并管理计算机的软硬件资源，充分发挥资源效率，并为方便用户使用计算机提供一个良好的工作环境。

从操作系统管理资源的角度看，操作系统有作业管理、文件管理、处理器管理、存储管理和设备管理五大功能。作业是交给计算机运行的用户程序，它是一个独立的计算任务或事务处理。作业管理对作业进入、作业后备、作业执行和作业完成四个阶段进行控制，并为每个阶段提供必要的服务。文件管理为用户提供一种简单、方便且统一的存储和管理信息的方法，用文件的概念组织管理系统及用户的各种信息集。用户只需要给出文件名，使用文件系统提供的有关操作命令即可调用和管理文件。处理器管理主要是解决处理器的使用和分配问题，提高处理器的利用率，采用多道程序技术使处理器的资源得到最充分的利用。存储管理特指管理主存储器，实际上是管理供用户使用的存储空间。设备管理的任务是接收用户的输入输出请求，根据实际需要分配相应的物理设备，并执行请求的输入输出操作。

根据不同的用途、设计目标、主要功能和使用环境，操作系统可分为如下 6 类：

● 单用户操作系统：根据同时管理的作业数，单用户操作系统可分为单用户单任务操作系统和单用户多任务操作系统。单用户单任务操作系统只能同时管理一个作业运行，CPU 运行效率低，如 DOS；单用户多任务操作系统允许多个程序或作业同时存在和运行，如 Windows XP 等。

● 批处理操作系统：以作业为处理对象，连续处理计算机系统运行的作业流。

● 分时操作系统：在一台主机上连接多台终端，CPU 按时间片轮转的方式为各个终端服务。由于 CPU 的高速运算，使得每一个用户都认为自己在独占这台计算机。常用的有 UNIX 和 LINUX 系统等。

● 实时操作系统：在限定时间范围内能对外来的作业和信号做出响应的操作系统。

● 网络操作系统：为计算机网络配置的操作系统，负责网络管理、网络通信、资源共享和系统安全等工作，如 NetWare 和 Windows NT/2000 Server 等。

● 分布式操作系统：用于分布式计算机系统的操作系统。分布式计算机系统是由多台计算机连接在一起而组成的系统，系统中的计算机无主次之分，资源供所有用户共享，一个程序可以分布在多台计算机上并行运行，互相协作完成一个共同的任务。

（2）语言处理程序

人和计算机交流信息使用的语言称为"计算机语言"或"程序设计语言"，一般可分为机器语言、汇编语言和高级语言三类。

机器语言是一种用二进制形式表示并且能够直接被计算机硬件识别和执行的语言，是一种低级语言。它与计算机的具体结构有关，计算机类型不同，则机器语言也不相同。汇编语言是一种将机器语言符号化的语言，它用便于记忆的字母和符号来代替数字编码的机器指令，其语句与机器指令一一对应，不同类型的计算机有不同的汇编语言。用汇编语言编写的源程序，必须经过汇编程序将其翻译为机器语言的目标程序后才能够被计算机执行。高级程序设计语言是一类面向用户并与特定计算机属性相分离的程序设计语言，它与机器指令之间没有直接的对应关系，所以可以在各种机型中通用。如果要在计算机上运行高级语言程序，则必须配备语言处理程序。

语言处理程序的作用是将用户利用高级语言编写的源程序转换为机器语言代码序列，然后由计算机硬件加以执行。不同的高级语言有不同的语言处理程序，语言处理程序处理高级语言的方式有两种，即解释和编译。解释方式是对源程序的每条指令边解释（翻译为一个等价的机器指令）边执行，这种语言处理程序称为"解释程序"，如 BASIC 语言。编译方式是将用户源程序全部翻译成机器语言的指令序列,成为目标程序,执行时计算机直接执行目标程序。这种语言处理程序称为"编译程序",目前大部分程序设计语言采用这种方式。

（3）系统服务程序

系统服务程序为计算机系统提供常用的必要的服务性功能,为用户使用计算机提供了方便,如故障诊断程序、调试程序和编辑程序等都是系统服务程序。其中故障诊断程序负责对计算机设备的故障及某个程序中的错误进行检测、辨认和定位,以便操作者排除和纠正。

（4）数据库管理系统

数据库是按照一定联系存储的数据集合,数据库管理系统（Data Base Management System,DBMS）是处理和管理数据库的系统软件。它能有效地维护和管理数据库中的数据,并能保证数据的安全及实现数据的共享。小型的 DBMS 有 FoxBASE、FoxPro、Visual FoxPro 和 Microsoft Access 2003 等,大型的数据库管理系统有 Oracle、DB2、SYBASE 和 SQL Server 等。数据库、数据库管理系统及其应用程序构成数据库系统。

2．应用软件

应用软件是为解决某个应用领域中的具体任务而编制的程序,如各种科学计算程序、数据统计与处理程序、情报检索程序、企业管理程序和生产过程自动控制程序等。由于计算机已应用到几乎所有的领域,因而应用程序是多种多样的。目前应用软件正向标准化和模块化方向发展,许多通用的应用程序可以根据其功能组成不同的程序包供用户选择。

应用软件是在系统软件的支持下工作的,日常生活和工作中普通用户常用的是以下四类应用软件。

（1）文字处理软件

文字处理软件主要用于编辑、修改、排版、打印文档等,该类软件的典型代表是 Microsoft Word 2003 和金山公司的 WPS 文字处理软件等。

（2）表格处理软件

表格处理软件主要用于处理各种电子表格,它可以根据用户的要求自动生成需要的表格。表格中的数据可以手动输入,也可以从数据库中自动读取。更重要的是,该类软件可以根据用户给出的公式完成复杂的计算,并将计算结果自动地填入指定的单元格中。如果修改了相关的原始数据,根据公式计算出的结果也会自动更新。该类软件的典型代表是 Microsoft Excel 2003 和金山公司的 WPS 表格处理软件等。

（3）图像处理软件

图像处理软件主要用于绘制和处理各种图形图像,用户可以根据需要使用该类软件绘制图像,也可以加工和处理已有图像。Adobe Photoshop 是常用的图像处理软件。

（4）多媒体处理软件

多媒体处理软件主要用于处理音频、视频及动画,此类软件对计算机的软硬件配置要求较高。常用的多媒体软件有 Realplayer、暴风影音及 Flash 等。

1.3.4　计算机的工作过程

计算机的工作过程主要是指计算机逐条执行程序指令的过程。通常可分为两个阶段:第一阶段将要执行的指令从内存取到 CPU;第二阶段对指令进行分析译码,然后在控制器的控制下，完成指令规定的操作。这样就完成了一条指令的执行过程，这段时间又称为一个机器周期。

从前面的介绍可知，计算机能自动连续地工作是因为内存中存放了程序，控制器从内存中顺序取出程序的每一条指令，根据指令的要求对相应的部件发出控制命令，完成相应的操作。那么，什么是计算机的指令和程序呢？

1. 指令

指令是由二进制代码表示的要求计算机完成各种操作的命令，通常一条指令对应一种操作。某一台计算机能执行的所有指令称为该计算机的指令系统。计算机指令系统的完备与否决定了该计算机处理数据的能力，但对于不同的计算机指令系统来说，一般都具有以下几类指令。

- 算术、逻辑运算指令：主要是加、减、乘、除、移位运算和与、或、非、比较运算等。
- 数据传送指令：完成内存中数据与 CPU 等的数据交换。
- 程序控制指令：用以改变程序的执行顺序，这些指令使计算机有了逻辑判断能力。
- 状态管理和控制指令：如停机、启动、复位、清除等，这些指令改变 CPU 的工作状态而不影响其他数据和指令。
- 输入输出指令：完成外设与主机之间的数据传送。

指令结构一般由操作码（Operation Code）和操作数（Operand）两部分组成。

操作码指出计算机执行哪一种操作，用若干二进制位表示，不同的编码表示不同的操作。指令系统中每一条指令都有一条确定的操作码，因此操作码的位数就取决于计算机指令系统所拥有的指令条数。例如，48 条指令系统的操作码至少要有 6 位（$2^6=64$，$2^5=32$）。操作数则指出参加操作的数据放在主存中的地址码。

2. 程序

利用计算机解决问题时，必须按照解题步骤选用一条条指令，并将它们编排好，这样的指令序列就叫做程序。用户为了解决自己的问题所编的程序叫应用程序；为发现机器故障编写的程序叫诊断程序；管理整个计算机系统资源的程序叫操作系统；各种各样的程序统称为计算机软件。

1.4 微型计算机的结构

1.4.1 微型计算机系统的基本结构

对普通用户而言，使用最多的是微型计算机（简称"微机"），他们更关心的是微型计算机的实际物理结构。通用的微型计算机系统包括主机、显示器、键盘、鼠标和音箱等，微型计算机系统概貌如图 1-7 所示。其中，主机是安装在主机箱内所有部件的统一体，除了功能意义上的主机，即微处理器 CPU 和内存之外，还包括主板、硬盘、显卡、声卡、光驱和电源等。

图 1-7 微型计算机系统

　　微型计算机由具有一组不同功能的部件组成，系统中各功能部件的类型及其之间的相互连接关系称为"微型计算机的结构"。微型计算机大多采用总线结构，因为在微型计算机系统中，无论是各部件之间的信息传送，还是处理器内部信息的传送都通过总线进行。

　　总线是连接多个功能部件或多个装置的一组公共信号线，按照总线在系统中的不同位置，可以分为内部总线和外部总线。内部总线是 CPU 内部各功能部件和寄存器之间的连线；外部总线是连接系统的总线，即连接 CPU、存储器和 I/O 接口的总线，又称为"系统总线"。根据所传送信息的不同类型，总线可以分为数据总线（Data Bus, DB）、地址总线（Address Bus, AB）和控制总线（Control Bus, CB）3 种类型，通常称微型计算机采用三总线结构。如图 1-8 所示，地址总线是微型计算机用来传送地址信息的信号线，其位数决定了 CPU 可以直接寻址的内存空间的大小；数据总线是 CPU 用来传送数据信息的信号线，数据既可以从 CPU 送到其他部件，也可以从其他部件传送给 CPU，数据总线的位数和处理器的位数相对应；控制总线是用来传送控制信号的一组总线，这组信号线实现 CPU 对外部功能部件（包括存储器和输入/输出接口）的控制并接收外部传送给 CPU 的状态信号，不同的微处理器采用不同的控制信号。通过总线连接计算机各部件使微型计算机系统结构简洁、灵活、规范且容易扩充。

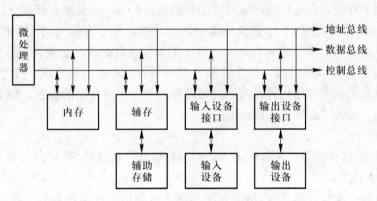

图 1-8　微型计算机的总线结构

1.4.2　微型计算机系统的硬件组成

1. 主板

　　总线技术是目前微型计算机中广泛采用的连接方法，总线体现在微机系统的硬件即主板（Main Board）上，也称为"系统板"（System Board）或"母板"（Mother Board）。它是一块多层印制电路板，按其大小可分为标准板、Baby 板和 Micro 板等类型。主板上装有 CPU、内存条、显卡、声卡、网卡、鼠标和键盘的接口，以及其他扩展槽等，不插任何部件的主板称为"裸板"。主板是微机系统中最重要的部件之一，其主要指标包括所用芯片组的工作稳定性和速度，以及提供的插槽种类和数量等。

图 1-9　主板

　　主板如图 1-9 所示。

2．CPU

CPU 的中文全称是"中央处理器"，微型计算机的 CPU 又称为"微处理器"。CPU 是计算机的核心部件，主要包括运算器（ALU）和控制器（CU）。由于计算机的任何操作都要受到 CPU 的控制，因此 CPU 的性能直接影响整个计算机系统的性能。字长和时钟主频是 CPU 的主要性能指标，字长是 CPU 的运算部件一次能够同时处理的二进制数据的位数，字长越长，精度越高，性能越好；时钟主频（简称为"主频"）决定计算机的速度，主频越高，速度越快，它以兆赫兹（MHz）或吉赫兹（GHz）为单位。目前 CPU 的主频不断提高，已由原来的几十 MHz 发展到 3GHz 以上。CPU 可以直接访问内存储器，并与内存储器构成计算机的主机。

图 1-10　CPU

CPU 如图 1-10 所示。

3．存储器

存储器分为两类，一类是内存储器（简称"内存"），又称为"主存储器"，它是主机中的内部存储器，用于存放正在运行的程序及所用到的数据；另一类是外存储器（简称"外存"），又称为"辅助存储器"，它属于计算机外设中的存储器，用于存储暂时不用的程序和数据。CPU 不能直接访问外存，程序运行时需要外存中的程序或数据时，必须首先将其调入内存。

存储器由多个存储单元组成，每个存储单元可以存放多位（通常为一个字节）二进制代码，该代码可以是数据或程序代码。为了有效地存取该单元内存储的内容，每个单元必须由唯一的编号来标识，称为"存储单元的地址"。

（1）内存

内存又分为随机存储器（Random Access Memory，RAM）和只读存储器（Read Only Memory，ROM）两类。

RAM 也称为"读写存储器"，用于存储当前正在使用的程序和数据，其中的数据可以在加电使用时随时读出或写入。然而一旦断电，其中的数据就会消失，而且无法恢复，因此 RAM 又称为"临时存储器"。

RAM 又分静态存储器（SRAM）和动态存储器（DRAM）两种。DRAM 容量可以扩展，常规内存、扩展内存和扩充内存都属于 DRAM。虽然基本内存还是 640 KB，但 CPU 可直接存取的内存可达数 MB 到 64 GB。通过在主板上的存储器槽口插入内存条，可增加扩展内存、范围从 1 MB 到数 GB。SRAM 的速度较 DRAM 快 2～3 倍，但价格贵、容量少，一般为数 KB 到 512 KB，且只有 80386 以上的 PC 机才有，常用来作为高速缓存。

ROM 是只读存储器，顾名思义对其只能执行读出操作，而不能写入。ROM 主要用于存放固定不变的系统程序和数据，包括常驻内存的监控程序、基本 I/O 系统（BIOS）、各种专用设备的控制程序，以及计算机的硬件参数等。例如基本 I/O 系统存储在主板上的 ROM 芯片中，其中的信息是在制造时使用专用设备一次写入的，是永久性的，即使关机或掉电也不会丢失，CPU 只能读取，而不能修改其中的内容。

容量和时钟频率是内存的主要性能指标。如果 CPU 的主频很高，RAM 的容量小且频率低，则其响应速度达不到 CPU 的要求，从而构成整个系统的"瓶颈"，因此内存的性能直接关系到计算机的运行速度。

内存条如图 1-11 所示。

图 1-11 内存条

对于 386 以上的微型计算机,还有高速缓冲存储器,简称高速缓存(Cache)。高速缓存在逻辑上位于 CPU 和内存之间,其运算速度高于内存而低于 CPU。Cache 一般采用 SRAM,也有同时内置于 CPU。Cache 的内容是 RAM 中的部分内容的副本,CPU 读写程序和数据时先访问 Cache,若 Cache 中没有时再访问 RAM。Cache 分内部和外部两种,内部 Cache 集成到 CPU 芯片内部,称为一级 Cache,容量较小;外部 Cache 在系统板上,称为二级 Cache,其容量比内部 Cache 大一个数量级以上,价格也较前者便宜。

从 Pentium Pro 开始,一级和二级 Cache 都集成在 CPU 的芯片中,因此与 Pentium Pro 以上相配套的系统板结构与一般 Pentium 不同。增加 Cache,只是提高 CPU 的读写速度,而不会改变内存的容量。

(2)外存

外存主要用于存放长期保存的程序和数据,其特点是存储量大,并且关机甚至掉电的情况下都不会丢失信息,因此又称为"永久性存储器"。主要的外存设备有硬盘(如图 1-12 所示)、光盘和 U 盘等。

图 1-12 硬盘

硬盘是微型计算机中必不可少的存储设备,主要用于存放计算机操作系统、各种应用程序和数据文件。相对内存条、光盘或 U 盘而言,其容量较大,通常以 G 字节(GB)为单位,目前硬盘容量已高达几百 GB。除了容量,转速也是硬盘的性能指标,硬盘转速常见的主要有 5 400 r/m 和 7 200 r/m 两种。转速越高,硬盘的存取速度就越快。由于硬盘多固定在机箱中,不易携带,所以移动硬盘就应运而生。移动硬盘体积小、重量轻、容量大且易插拔,使用方便。

光盘采用光学方式读写信息,其容量通常以 M 字节(MB)衡量。相对硬盘而言,其价格较低,不受磁性干扰。数据传输率(每秒钟向主机传输的数据量)是衡量光盘驱动器性能的重要指标,最初光驱的速率为 150 kb/s,即单倍速的 CD-ROM 光驱。后来随着 CD-ROM 光驱技术的日新月异,其速率越来越快。为了区分不同速率的光驱,把最初的 150 kb/s 作为基准进行衡量得到相应的倍速值。如 40 倍速光驱的速率为 150 kb/s 的 40 倍,即 6 000 kb/s。而现在流行的 DVD-ROM 的速率算法也基本相同,只不过 DVD-ROM 的单倍速率要比 CD-ROM 高得多,一倍速的 DVD-ROM 速率理论上可以达到 1 358 kb/s。

U 盘也叫闪存盘,是随着 USB 技术发展而出现的一种小型便携式存储器。U 盘的最大特点是外形小巧、便于携带、价格便宜,是移动存储设备之一。U 盘都带有 USB 接口,无需驱动程序,支持热插拔,使用非常方便。USB 是 Universal Serial Bus 的缩写,中文含义是"通用串行总线"。USB 具有传输速度快、使用方便、支持热插拔、连接灵活、独立供电等优点，可以连接鼠标、键盘、打印机、扫描仪、摄像头、U 盘、移动硬盘、MP3、手机、数码相机、外置光软驱、USB 网卡等几乎所有的外部设备。

4．输入设备

输入设备主要用于把信息与数据转换成电信号，并通过计算机的接口电路将这些信息传送到计算机的存储设备中。常用的输入设备有键盘（如图 1-13 所示）和鼠标等。

图 1-13 键盘

（1）键盘

键盘是计算机最常用的一种输入设备，通常包括主键区、数字键区、控制键区和功能键区。

主键区包括英文字母、数字、常用字符和一些控制键。

字母键位于主键区的中央，其键位排列与标准英文打字机相同，共计 26 个。在大小写指示灯熄灭的情况下按字母键则键入的是小写字母，按下大小写控制键 Caps Lock 使大小写指示灯变亮，然后按下字母键则键入大写字母。若只是临时转换大小写，可同时按下控制键 Shift 和字母键，即 Shift 键是大小写临时转换键。

数字键位于主键区的上方，有 0~9 共计 10 个键。这些按键都是双排键，下档键是数字键，直接按下按键则键入数字键。上档键是符号键，按住 Shift 键的同时按下数字键则键入该数字键的上档字符。

常用字符键共计 21 个，除了数字键的上档键，其他字符键分散在主键区的右侧。这些按键都是双排键，直接按键则键入下档字符。当键入上档键字符时需要同时按下 Shift 键，即 Shift 键又是上档字符控制键。

控制键分布在主键区的两侧靠下方，有些常用且比较重要的控制键为了操作方便，左、右各设置一个。两个同样的按键功能相同，如 Ctrl、Shift 及 Alt 键，这些控制键一般都要与其他按键配合使用。在本书中，同时按下多个按键或按住控制键后按其他键时使用 "+" 表示。如【Ctrl+Alt+Del】组合键表示同时按下 Ctrl、Alt 和 Del 键，然后同时松开，会打开任务管理器；【Shift+3】组合键表示按住 Shift 键的同时按数字键 3，结果键入的是数字键 3 的上档字符 "#"；【Ctrl+空格】表示在中英文输入法之间切换；【Ctrl+Shift】组合键在不同的输入法之间切换；【Shift+空格】在全/半角之间转换；【Alt+F4】组合键表示退出当前程序；【Alt+Tab】组合键表示在不同的应用程序间切换。Tab 键是制表键，单独按下后光标跳过若干字符，跳过的字符个数可预先设定。Enter 键是回车换行键，在编辑文档时按下该键，光标会跳至下行行首，Enter 键还用于确认，键入命令后按下该键表示确认执行该命令。BackSpace 键是退格键，编辑文档时按下该键使光标左移，同时删除光标左边的字符。

功能键区位于键盘的最上方，包括 F1~F12 共 12 个功能键、Esc 键和 Print Screen 键等。F1~F12 功能键通常设置有常用的功能，如 F1 打开帮助信息，F8 进入安全模式，F10 激活菜单等，不过各个功能键在不同的软件中所对应的功能可能不同。Esc 键是退出键，又称为 "逃逸键"，通常用于退出某种软件环境或状态。如在 Windows 下，按 Esc 键可以取消打开的下拉菜单。Print Screen 键是屏幕打印键，按此键可以将整个屏幕上显示的内容复制到剪贴板中，然后可以将其粘贴至画图程序或插入到 Word 2003 文档中。另外，按组合键【Alt+Print

Screen】仅复制当前激活的窗口，而非整个屏幕。

数字键区位于键盘右端，包括 Num Lock 键、数学符号键、0~9 共 10 个数字键和 Enter 键。Num Lock 位于数字键区的左上角，它是数字键区的开关键。按下此键打开或关闭数字键区的数字输入功能，同时点亮或关闭其上方的 Num Lock 指示灯，即在指示灯亮的状态下，0~9 代表数字键，在指示灯灭的情况下表示的是键面上的下排符号，即上下左右移光标键。数学符号键包括+（加）、−（减）、*（乘）、/（除）、和 .（小数点）共 5 个按键。Enter 键和主键区的 Enter 键的功能相同。

控制键区位于主键区和数字键区之间，其中包括 Insert 键、Delete 键、Home 键、End 键、Page Up 键、Page Down 键，以及上下左右移光标键，其主要功能如表 1-6 所示。

表 1-6 控制键区中各键的主要功能

键 名	主 要 功 能
Insert	如果处于"非改写"状态，可以在光标左侧插入字符；如果处于"改写"状态，则输入的内容会自动替换原来光标右侧的字符
Delete	删除光标右侧的字符
Home	将光标移至光标所在行的行首
End	将光标移至光标所在行的行尾
Page UP	向上翻页
Page Down	向下翻页
↑	将光标上移一行
←	将光标左移一个字符
↓	将光标下移一行
→	将光标右移一个字符

（2）鼠标

鼠标（如图 1-14 所示）是增强键盘输入功能的重要设备，由于形状类似老鼠而得名，其主要用途是定位光标或完成某种特定的输入。按照鼠标的工作原理通常可分为 3 种类型，即机械鼠标、光学鼠标和无线鼠标等；按照鼠标的接口类型，又可分为 PS/2 接口的鼠标、串行接口的鼠标和 USB 接口的鼠标等。使用鼠标时通常先移动鼠标器，使屏幕上的光标定位在某一指定位置上，然后通过鼠标上的按键来确定所选项目或完成指定的功能。

图 1-14 鼠标示意

鼠标的基本操作有 5 种，即指向、单击、双击、拖动和右击。鼠标上一般有 2 个按键，在 Windows 中，左键一般用于选择或打开操作对象，右键一般用于打开快捷菜单。左右键中间往往设有一个滚轮，用于上下翻屏。当鼠标在平面上滑动时，屏幕上的鼠标指针也跟着移动。鼠标不但可用于光标定位，还可用于选择菜单、命令和文件，从而大大简化了操作过程，因此鼠标已经成为微型计算机上必不可少的输入设备。

（3）其他输入设备

除了鼠标和键盘，还有许多其他类型的输入设备，如扫描仪、手写笔及麦克风等。扫描仪可以直接将图像或文本输入到计算机中；手写笔使汉字输入变得更为方便快捷；麦克风是一种声音输入设备，增强了计算机的多媒体功能。

5. 输出设备

输出设备将计算机处理的结果通过接口电路以人机能够识别的信息形式显示或打印出来，常用的输出设备有显示器和打印机等。

（1）显示器

显示器是微型计算机中最重要的输出设备，用于显示文本及图像等多种信息，是人机交互必不可少的设备。目前常用的显示器有 CRT（阴极射线管显示器，如图 1-15 所示）和 LCD（液晶显示器，如图 1-16 所示）两种类型；就显示的色彩而言，显示器又分为彩色显示器和黑白显示器；就尺寸而言，常用的显示器有 17 英寸（1 英寸=25.4 毫米）、19 英寸和 21 英寸等。分辨率是显示器的一项重要的技术指标，一般用"横向点数×纵向点数"表示，主要有 1 024×768 或更高。分辨率越高，显示效果越清晰。显示器通过显卡与主机相连，显卡必须与显示器相匹配。显示器的显示效果可以人为调节，调节方式有模拟、数控和屏幕显示菜单 3 种。用户应该学会正确使用显示器的调节开关，从而使显示器的亮度、对比度和色彩等效果达到最优。

图 1-15 CRT 显示器　　　　图 1-16 LCD 显示器

（2）打印机

打印机是微型计算机系统中常用的输出设备之一，用其可以将计算机中的信息打印到纸介质上。根据打印机的工作原理，可以将打印机分为点阵式（针式）打印机、喷墨打印机和激光打印机（后两种如图 1-17 所示）。点阵式打印机是利用打印头内的点阵撞针撞击打印色带，在打印纸上产生打印效果。喷墨打印机的打印头由许多细小的喷墨口组成，当打印机横向移动时，喷墨口可以按一定的方式向打印纸喷射墨水，从而形成字符和图形等。激光打印机是一种高速度、高精度且低噪声的非击打式打印机，它是激光扫描技术与电子照相技术相结合的产

图 1-17 喷墨打印机和激光打印机

物。目前，点阵式打印机由于速度慢及噪声大而不太常用，喷墨打印机由于价格低廉、无噪声及可彩打等优点常用于家庭打印。激光打印机打印速度快且打印质量好，但由于其价格较贵，所以通常用于单位办公批量打印。打印机的使用很简单，只要与计算机相连，装上打印纸，然后在计算机上安装驱动程序后，从主机上执行打印命令即可打印。

（3）其他输出设备

在微型计算机上使用的其他输出设备有绘图仪、音箱和投影仪等。绘图仪有平板绘图仪和滚动绘图仪两类，通常采用增量法在横向和纵向方向上产生位移绘制图形。音箱分为有源音箱和无源音箱两种，有源音箱有自己独立的电源，无论在音量、音质或其他播放效果上都大大优于无源音箱。投影仪是微机输出视频的重要的多媒体设备，目前主要有 CRT 投影仪和 LCD 投影仪两种类型。

1.4.3 微型计算机的主要性能指标

一台计算机的性能由多项技术指标综合确定，涉及体系结构、软硬件配置及指令系统等多种因素，既包含硬件的各类性能，又包括软件的各种功能。本节主要讨论硬件的技术指标。一般说来微型计算机主要有机器字长、存储容量、时钟主频及运算速度等技术指标。

1. 机器字长

机器字长是指计算机 CPU 中的运算部件一次能同时处理的二进制数据的位数。字长越长，作为存储数据，数的表示范围也越大，精度也越高；作为存储指令，则计算机的处理能力就越强。机器字长会影响机器的运算速度，若字长较短，又要运算位数较多的数据，那么需要经过两次或多次的运算才能完成，这样势必影响整机的运行速度。但是机器字长对硬件的造价也有较大的影响，它将直接影响加法器（或 ALU）、数据总线以及存储字长的位数。所以机器字长的确定不能仅考虑精度和数的表示范围，还要考虑硬件造价。计算机的字长一般是 8 的整数倍，如 8 位、16 位、32 位及 64 位等，目前微机的字长通常是 32 位或 64 位。

2. 存储容量

存储器的容量应该包括内存容量和外存容量，这里主要指内存储器的容量。内存容量是指内存中存放二进制代码的总数，即存储容量 = 存储单元个数×存储字长。

现代计算机中常以字节数来描述容量的大小，显然内存容量越大，微机所能运行的程序就越大，处理能力就越强。目前微机的内存容量一般是 2 GB，甚至更大。辅存容量也用字节数来表示，例如硬盘容量为 160 GB。

3. 时钟主频

计算机的时钟主频指 CPU 的时钟频率，其高低在一定程度上决定了计算机速度的高低。一般而言，主频越高，速度越快。主频以 MHz、GHz 为单位，目前微处理器的主频已高达 3 GHz 以上。

4. 运算速度

计算机的运算速度与许多因素有关，如主频、执行的操作，以及主存速度（主存速度快，取指及取数就快）都有关。早期用完成一次加法或乘法所需的时间来衡量运算速度，现在普遍采用单位时间内执行指令的平均条数来衡量，并用 MIPS（Million Instruction Per Second）作为计量单位，即每秒执行的百万条指令条数。如某机每秒能执行 200 万条指令，则记作"2 MIPS"。

5. 内存主频

内存主频习惯上被用来表示内存的存取速度，代表是该内存能达到的最高工作频率。内存主频越高，在一定程度上代表所能达到的存取速度越快，目前较为主流的内存有 333MHz 和 400MHz 的 DDR 内存，以及 533MHz 和 667MHz 的 DDR2 内存。还有新近生产的 DDR3 内存，内存主频都在 1GHz 以上。

1.4.4 组装微型计算机

了解微型计算机的结构和部件之后，即可着手组装。组装之前需要准备好安装的环境和所用工具，最基本的组装工具是梅花头的螺丝刀。下面分步骤简单介绍组装微机的过程。

1. 固定主板

打开主机机箱的盖子，将机箱平放在桌面上，小心地将主板放入机箱。确保机箱后部各输出口都正确地对准位置，然后用螺丝刀将螺丝钉拧紧。

2. 安装 CPU

安装 CPU 之前，通常需要把主板上 ZIF（零插拔力）插座旁的杠杆抬起。CPU 的形状一般是正方形的，其中一角有个缺角。找准 CPU 上的缺角和主板上 CPU 插座的缺角，对准将 CPU 的插针插入插座上的插孔，然后将插座上的杠杆放下扣紧CPU。

3. 安装内存

安装内存条之前，需要将主板上内存插槽两端的夹脚向两边扳开。找准内存条上的豁口和插槽上的突起，对准用力将内存条按下插入插槽。内存条安装到位时会发出啪啪的声响，插槽两端的夹脚会自动扣住内存条。

4. 安装显卡

首先去掉主板上的 AGP 插槽处的金属挡板，然后将显卡的金手指垂直对准主板的 AGP 插槽。垂直向下用力直到显卡的金手指完全插入插槽，最后用螺丝刀将螺丝拧紧固定显卡。

5. 安装驱动器

驱动器包括光盘驱动器、硬盘驱动器及软盘驱动器等。在安装硬盘和光驱之前要设好跳线，然后即可将硬盘放至机箱内的硬盘架上，并用螺丝固定。

除了安装以上所述主要部件，还要连接各类连线，如数据线、电源线、信号线及音频线等。必要的话可能还需要安装声卡和网卡等其他扩展卡，这里不再一一赘述。

组装好机器后，还需要检测。成功后即可扣上机箱的盖子，连接机箱后部的各种连线。

1.5 计算机的安全使用

随着计算机在人们生活各领域中的广泛应用，计算机安全已成为全社会越来越关注的问题。计算机安全是由计算机管理派生出来的一门科学技术，其研究目的是为了改善计算机系统和应用中的某些不可靠因素，以保证计算机正常运行和运算的准确。计算机安全问题涉及计算机硬件和软件等各个方面，只有正确、安全地使用计算机才能使计算机系统正常、稳定、有效地运行。

1.5.1 环境要求和正确的使用习惯

在日常生活中，为了保障计算机系统的运行安全，我们应注意以下问题。

1. 使用计算机的环境要求

计算机硬件是计算机系统的实体，为保证计算机系统设备及相关设施正常运行，计算机系统对环境、建筑、设备、电磁辐射、数据介质、灾害报警等都有一定的要求。早期的电子管和晶体管时代的计算机对环境的要求较高，随着电子电路的集成度越来越高，计算机硬件对环境的要求大大降低，一般家庭和办公室都能基本符合要求。但对于处理和存储有重要信息的计算机系统来说，在温度、湿度、防尘、电源等方面仍有以下安全要求。

（1）机房内环境温度在 10～30℃为宜，过冷或过热对机器使用寿命、正常工作均有不良影响。冬天房间内最好不使用暖气片取暖，而使用空调调节室内温度。

（2）机房内湿度在 20%～80%为宜。湿度太大会影响计算机正常工作，甚至对元件造成腐蚀，湿度太小则易发生静电干扰。

（3）一定要保持清洁的环境，灰尘和污垢会使机器发生故障或者受到损坏，要经常用软布和中性清洗剂（或清水）擦净机器表面。机房内一般应备有除尘设备。禁止在机房内吃东西、喝水和吸烟。

（4）电源应安全接地，在 180～260V 均可正常工作，因此无需外加稳压电源。由于稳压电源在调整过程中将出现高频干扰，反而会造成电脑出错或死机。若所在地区经常断电，可配备不间断电源 UPS，以使机器能不间断地得到供电。使用 UPS 时，应按其标定容量的三分之二负载，绝不能使其在满负荷下运行。

2. 使用计算机的习惯

（1）在计算机带电时，不要随意移动各种设备，不要拔插各种接口卡和电缆。支持热插拔的设备除外。

（2）由于显示器在开关时会产生瞬间的冲击电流，有可能对主机造成损害。因此在计算机开机时应先开显示器再开主机，关机时应先关主机再关显示器。

（3）不要把重要数据存放在系统分区，否则一旦系统出现故障需要重装系统时，这些数据就会丢失。

（4）软盘或光驱的指示灯亮时不可拔插盘片，否则有可能会损坏磁盘，并造成其上的数据丢失，甚至损坏驱动器的磁头。

（5）定期对计算机中的重要数据进行备份，并通过 U 盘、移动硬盘或刻录光盘等形式进行异地备份。

（6）保持良好的上网习惯，做好计算机病毒防护工作。为了防止计算机病毒的侵入，首先要在计算机上安装正版防病毒软件，并做到实时更新。对外来的磁盘，在使用之前先杀毒，提高网页浏览器的安全级别，在访问陌生网站时，小心各种提示，不要轻易安装所提示的插件或可执行程序，以免中毒。不要随意打开可疑电子邮件，对于不确定的则直接删除并清空回收站。

1.5.2 计算机病毒

1. 什么是计算机病毒

计算机病毒是被设计为能潜伏、复制、传播和进行破坏的程序。计算机病毒是人为制造的程序，它一旦侵入计算机系统，便能隐藏在系统中，在特定的条件下被激活，从而对计算机系统造成不同程度的破坏。计算机病毒可能在计算机上产生许多症状，有些病毒复制时不产生明显的变化，较恶意的病毒可能发出随机的声音或在屏幕上显示一条信息。严重的情况下，病毒可能破坏文件和计算机硬件。

计算机病毒具有以下几个特点。

（1）传染性

计算机病毒像生物病毒一样具有传染性，这是病毒程序最基本的特征。计算机病毒会通过各种渠道从已被感染的计算机扩散到未被感染的计算机。它一旦进入计算机并得以执行后，会搜寻其他符合其传染条件的程序或存储介质，确定目标后再将自身代码插入其中，达到自我繁殖的目的。只要一台计算机染毒，如不及时处理，那么病毒会在这台机器上迅速扩散，其中的大量文件（一般是可执行文件）会被感染。而被感染的文件又成了新的传染源，再与其他机器进行数据交换或通过网络接触时，病毒会继续进行传染。

（2）破坏性

计算机病毒具有很大的破坏性，有些病毒删除文件、破坏文件分配表、部分或全部格式化磁盘，使用户的信息受到不同程度的损失。有些病毒占用内存空间或磁盘空间，降低计算机运行速度，影响用户的正常使用。病毒本身是可执行程序，一般不损坏硬件，但这是在CIH病毒出现之前。CIH病毒会损坏计算机的主板，破坏硬件系统。有些病毒并不破坏系统，但它不断地侵占系统的资源，资源耗尽时将引起系统崩溃。如"美丽杀"病毒将自身的复制品通过Outlook软件用E-mail方式发给新的受害者，每一次病毒被激活就会发出50封E-mail，使得大量的信件涌入邮件服务器，使用户的服务器因为不堪重负而瘫痪，从而破坏网络通信。还有一些病毒不仅会像"美丽杀"病毒一样破坏网络通信，还会像传统病毒一样修改文件、毁坏数据，造成重要信息损坏和丢失，如Happy 99（欢乐时光）病毒和Worm. Explore.ZIP病毒就属于这一类型。

（3）潜伏性

大部分病毒感染系统之后一般不会马上发作，它可长期隐藏在系统中，只有在满足其特定条件时才启动其破坏模块，这样它就可进行广泛地传播。如著名的"黑色星期五"病毒在逢13号的星期五发作，这些病毒在平时会隐藏得很好，只有在发作日才会露出本来面目。

（4）隐蔽性

计算机病毒一般是短小精悍的程序，通常附在正常程序中或磁盘较隐蔽的地方，也有个别以隐含文件的形式出现，目的是不让用户发现它的存在。如果不经过代码分析，病毒程序与正常程序是不容易区别开来的。一般在没有防护措施的情况下，计算机病毒程序取得系统控制权后，可以在很短的时间里传染大量程序。而且受到传染后，计算机系统通常仍能正常运行，使用户不会感到任何异常。试想，如果病毒在传染到计算机上之后，机器马上无法正常运行，那么它本身便无法继续进行传染了。正是由于隐蔽性，计算机病毒得以在用户没有察觉的情况下扩散到上百万台计算机中。

另外，从对病毒的检测方面来看，病毒还有不可预见性。不同种类的病毒，它们的代码千差万别，但有些操作是共有的（如驻内存、改中断）。有些人利用病毒的这种共性，制作了声称可查所有病毒的程序。这种程序的确可查出一些新病毒，但由于目前的软件种类极其丰富，且某些正常程序也使用了类似病毒的操作甚至借鉴了某些病毒的技术，使用这种方法对病毒进行检测势必会造成较多的误报情况。而且病毒的制作技术也在不断地提高，病毒对反病毒软件永远是超前的。

2．计算机病毒的危害

如果计算机感染了病毒，应尽早发现并消除它，避免系统受到危害。虽然病毒具有隐蔽性，不易被人发现，但是只要仔细观察，还是能发现它的蛛丝马迹。当你的计算机出现下面一些状况时，就要小心了。

（1）屏幕上有规律地出现异常画面和信息，如小球、雪花、提示语、奏乐等，这些现象经常是一些病毒开始进行自我表现了。

（2）系统启动比平时慢。

（3）不该常驻的程序占用内存过多或可用内存无故减少。

（4）系统速度变慢或无故死机现象增多。

这几种现象的出现可能有多种原因，如果能确认不是因为系统资源配置不合理或系统内部资源冲突造成的，很可能就是病毒已经入侵了。

（5）文件的长度增加。病毒都要寄生在一个宿主程序中，宿主程序的长度会因病毒的出现而增加，当文件的长度无缘无故增加时，可能是病毒已经侵害了程序。但不是对所有病毒都能用这种方法来判断，如 CIH 病毒可以在不改变程序大小的前提下感染档案程序，因此不能完全通过文件大小的改变发现 CIH 病毒。

（6）磁盘出现文件异常，磁盘文件数目增多或文件莫名其妙地消失。

（7）文件的日期、时间被改变。

（8）用户未对磁盘读写，却观察到磁盘指示灯亮。如果这些文件操作不是你做的，可能是病毒在作怪了。

（9）对磁盘的访问时间比平时长。

（10）磁盘空间变小或出现许多坏簇。

对于（9）、（10）这两种现象，若不是磁盘的物理损伤造成的，就需要查看一下是不是有病毒了。以上只列举出一些现象，但不能肯定出现上述现象一定就是病毒作怪，而且有些病毒用上面的方法已经无法判断，此时，需要借助于杀病毒软件来帮忙。

3．计算机病毒的预防措施

对于计算机病毒应以预防为主，尤其是存储和处理重要信息的计算机系统，更要执行严格的病毒防治技术规范。

（1）重要部门的计算机尽量专机专用并与外界隔绝。

（2）不要随便使用在别的机器上使用过的可擦写存储介质（如软盘、移动硬盘、U盘、可擦写光盘等）。

（3）坚持定期对计算机系统进行病毒检测。

（4）坚持经常性的数据备份工作。这项工作不要因麻烦而忽略，否则后患无穷。

（5）坚持以硬盘引导，若需用软盘或U盘引导，应确保无病毒。

（6）对新购置的机器和软件不要马上投入正式使用，经检测后，试运行一段时间，未发现异常情况再正式运行。

（7）严禁玩电子游戏。

（8）对系统重要数据做备份。

（9）定期检查主引导区、引导扇区、中断向量表、文件属性（字节长度、文件生成时间等）、模板文件和注册表等。

（10）对局域网络中超级用户的使用要严格控制。

（11）在网关、服务器和客户端都要安装使用病毒防火墙，建立立体的病毒防护体系。

（12）一旦遭受病毒攻击，应采取隔离措施。

（13）不要使用盗版光盘软件。

（14）安装系统时，不要贪图大而全，要遵守适当的原则，如未安装 Windows Scripting Host 的系统，可以避免"爱虫"这类脚本语言病毒的侵袭。

（15）接入 Internet 的用户不要轻易下载使用免费的软件。

（16）不要轻易打开电子邮件的附件。

（17）对以下文件注册表的键值作经常性检查。

HKLM\SOFTWARE\Microsoft\Windows\CurrentVersion\Run

HKLM\SOFTWARE\Microsoft\Windows\CurrentVersion\RunServices

同时，要对 Autoexec.bat 文件的内容进行检查，防治病毒及黑客程序的侵入。

（18）要将 Office 提供的安全机制充分利用起来，将宏的报警功能打开。

（19）发现新病毒及时报告国家计算机病毒应急中心和当地公共信息网络安全监察部门。

1.6 多媒体计算机的初步知识

1.6.1 多媒体的概念

国际电话电报咨询委员会（CCITT）把媒体分为以下5类。

1．感觉媒体

感觉媒体指直接作用于人的感觉器官，使人产生直接感觉的媒体，如引起听觉反应的声音及引起视觉反应的图像等。

2．表示媒体

表示媒体指传输感觉媒体的中介媒体，即用于数据交换的编码，如图像编码（JPEG 及 MPEG 等）、文本编码（ASCII 码及 GB2312 等）和声音编码等。

3．表现媒体

表现媒体指输入和输出信息的媒体，如键盘、鼠标、扫描仪、话筒、摄像机等为输入媒体，显示器、打印机及扬声器等为输出媒体。

4. 存储媒体

存储媒体指用于存储表示媒体的物理介质，如硬盘、软盘、磁盘、光盘、ROM 及 RAM 等。

5. 传输媒体

传输媒体指传输表示媒体的物理介质，如电缆及光缆等。

我们通常所说的"媒体"（Media），一是指信息的物理载体（即存储和传递信息的实体），如书本、挂图、磁盘、光盘、磁带，以及相关的播放设备等；二是指信息的表现形式（或者说传播形式），如文字、声音、图像和动画等。多媒体计算机中所说的媒体指的是后者，即计算机不仅能处理文字和数值之类的信息，还能处理声音、图形和电视图像等各种不同形式的信息。上述所说的对各种信息媒体的"处理"，是指计算机能够对它们进行获取、编辑、存储、检索、展示和传输等各种操作。

所谓多媒体技术，就是利用计算机技术交互式综合处理数字、文字、声音、图形和图像等多媒体信息，使之建立起逻辑连接，并能对它们获取、压缩、编码、加工处理、传输、存储和显示。简单地说，多媒体技术就是把声、文、图、像和计算机集成在一起的技术。

具有多种媒体处理能力的计算机可称为"多媒体计算机"，多媒体一般理解为多种媒体的综合。多媒体技术不是各种信息媒体的简单复合，它是一种把文本、图形、图像、动画和声音等形式的信息结合在一起，并通过计算机进行综合处理和控制，从而完成一系列交互式操作的信息技术。多媒体技术的发展改变了计算机的使用领域，使计算机由办公室及实验室中的专用设备变成了信息社会的普通工具，广泛应用于工业生产管理、学校教育、公共信息咨询、商业广告、军事指挥与训练，甚至家庭生活与娱乐等领域。

1.6.2 多媒体计算机系统的组成

多媒体计算机系统通常由以下三部分组成。

1. 多媒体硬件平台

多媒体计算机系统的硬件平台是以计算机系统为基础，并配有 512MB 以上的内存、100GB 以上的外存，还需要 CD-ROM 或 DVD-ROM 光盘驱动器、各种多媒体功能卡（音频卡、视频卡、数据压缩卡等）、音像输入输出设备（摄像机、显示器、音箱、麦克风、触摸屏等）。

2. 多媒体软件平台

多媒体计算机系统的软件平台是以操作系统为基础的。多媒体操作系统区别于一般的操作系统的主要标志有两个：一是多媒体操作系统要适应多媒体的要求，除能处理文字文件和图形文件外，还能处理动画、视频、音频文件；二是多媒体操作系统除了能控制普通的计算机外设外，还能控制声音和图像信息的输入、输出、存储设备，例如摄像机、录音机及 CD-ROM 存储设备等。

3. 多媒体创作工具

多媒体创作工具是多媒体计算机系统的一个重要组成部分。多媒体计算机系统在不同领域的应用需要有不同的工具软件，但都应具有操纵多媒体系统信息、进行全屏幕动态综合处理的能力。

在 Windows 平台上比较常用的多媒体创作工具有微软公司的 PowerPoint，它是典型的简报软件，用于制作商业简报、课堂教学投影片等。Macromedia 公司的 Authorware Professional 和 Macromind Director 可以将文本、图形、动画、图像编辑整理成一个综合的演示系统，再配上声音效果，可形成一个专业级多媒体演示系统，其中 Macromind Director 还是一个制作动画的有效工具。此外还有 AinTech 公司的 IconAuthor、Asymetrixio Multimedia Tool Book 等。

1.6.3 多媒体技术的应用

多媒体技术是一种实用性很强的技术，其社会影响和经济影响十分巨大。它几乎覆盖了计算机应用的绝大多数领域，进入了社会生活的各个方面。多媒体技术的应用主要包括以下几个方面。

1．教育与培训

多媒体系统的形象化和交互性可为学习者提供全新的学习方式，使接受教育和培训的人员能够主动并创造性地学习，具有更高的效率。传统的教育和培训通常是听教师讲课或者自学，二者都有其不足之处。多媒体的交互教学改变了这种模式，不仅教材丰富生动，教学形式灵活，而且具有真实感，更能激发人们学习的积极性。

2．电子出版物

伴随着多媒体技术的发展，出版业突破了传统出版物的种种限制进入了新时代。多媒体技术使静止枯燥的读物变成了融合文字、声音、图像和视频的休闲享受，光盘的应用使出版物的容量增大而体积大大缩小。

3．娱乐

精彩的游戏和风行的 VCD、DVD 都可以利用计算机的多媒体技术来展现，计算机产品与家电娱乐产品的区别越来越小。视频点播（Video on Demand，VOD）也得到了应用，电视节目中心将所有的节目以压缩后的数据形式存入图像数据库，用户只要通过网络与中心相连即可在家里按照指令菜单调取任何一套节目中的任何一段，实现家庭影院般的享受。

4．视频会议

视频会议的应用是多媒体技术最重大的贡献之一，这种应用使人的活动范围扩大，其效果和方便程度比传统的电话会议优越得多。通过网络技术和多媒体技术，视频会议系统使两个相隔万里的与会者能够像面对面一样随意交流。

5．商业演示

在旅游、邮电、交通、商场和宾馆等公共场所，通过多媒体技术可以提供高效的咨询服务。在销售和宣传等活动中，使用多媒体技术能够图文并茂地展示产品，使客户对商品能够有一个感性且直观的认识。

6．虚拟现实

虚拟现实是一种与多媒体技术密切相关的边缘技术，它通过综合应用计算机图像处理、模拟与仿真、传感技术、显示系统等技术和设备，以模拟仿真的方式为用户提供一个真实反映操作对象变化与相互作用的三维图像环境，从而构成虚拟世界，并通过特殊设备（如头盔和数据手套）为用户提供一个与虚拟世界相互作用的三维交互式用户界面。

1.7 习题

一、选择题

1. 世界上第一台电子数字计算机 ENIAC 是在美国研制成功的，其诞生年份是（ ）年。

    A. 1943　　　　B. 1946　　　　C. 1949　　　　D. 1950

2. 目前，制造计算机所用的电子器件是（ ）。

    A. 电子管　　　B. 晶体管　　　C. 集成电路　　　D. 超大规模集成电路

3. CAM 表示的是（ ）。

    A. 计算机辅助设计　　　　　　　B. 计算机辅助制造

    C. 计算机辅助教学　　　　　　　D. 计算机辅助模拟

4. 下列 4 个二进制数中，（ ）与十进制数 10 等值。

    A. 11111111　　B. 10000000　　C. 00001010　　D. 10011001

5. 下列各进制的整数中，值最大的一个是（ ）

    A. 十六进制数 178　　　　　　　B. 十进制数 210

    C. 八进制数 502　　　　　　　　D. 二进制数 11111110

6. KB（千字节）是度量存储器容量大小的常用单位之一，1KB 实际等于（ ）。

    A. 1 000 个字节　　B. 1 024 个字节　　C. 1 000 个二进位　　D. 1 024 个字

7. 下列字符中，其 ASCII 码值最大的是（ ）。

    A. 9　　　　　　B. D　　　　　　C. a　　　　　　D. y

8. 在标准 ASCII 码表中，英文字母 A 的十进制码值是 65，英文字母 a 的十进制码值是（ ）。

    A. 95　　　　　　B. 96　　　　　　C. 97　　　　　　D. 91

9. 存储 24×24 点阵的一个汉字信息，需要的字节数是（ ）。

    A. 48　　　　　　B. 72　　　　　　C. 144　　　　　　D. 192

10. 一个完整的计算机系统包括（ ）。

    A. 计算机及外部设备　　　　　　B. 系统软件和应用软件

    C. 主机、键盘和显示器　　　　　D. 硬件系统和软件系统

11. I/O 设备的含义是（ ）。

    A. 输入输出设备　　B. 通信设备　　C. 网络设备　　D. 控制设备

12. 一条计算机指令中，通常包含（ ）。

    A. 数据和字符　　　　　　　　　B. 操作码和操作数

    C. 运算符和数据　　　　　　　　D. 被运算数和结果

13. 计算机软件系统包括（ ）。

    A. 操作系统和网络软件

    B. 系统软件和应用软件

    C. 客户端应用软件和服务器端系统软件

D．操作系统、应用软件和网络软件

14．计算机能直接识别的语言是（   ）。

A．高级程序语言　　　B．机器语言　　　C．汇编语言　　　D．C++语言

15．下列软件中，（   ）是系统软件。

A．用 C 语言编写的求解一元二次方程的程序

B．工资管理软件

C．用汇编语言编写的一个练习程序

D．Windows 操作系统

16．微型计算机的微处理器包括（   ）。

A．运算器和主存　　　　　　　　　B．控制器和主存

C．运算器和控制器　　　　　　　　D．运算器、控制器和主存

17．CPU 主要性能指标是（   ）。

A．字长和时钟主频　　　　　　　　B．可靠性

C．耗电量和效率　　　　　　　　　D．发热量和冷却效率

18．完整的计算机存储器应包括（   ）。

A．软盘、硬盘　　　　　　　　　　B．磁盘、磁带、光盘

C．内存储器、外存储器　　　　　　D．RAM、ROM

19．RAM 的特点是（   ）。

A．断电后，存储在其内的数据将会丢失

B．存储在其内的数据将永久保存

C．用户只能读出数据，但不能随机写入数据

D．容量大但存取速度慢

20．在计算机中，访问速度最快的存储器是（   ）。

A．硬盘　　　　　　　B．软盘　　　　　　C．光盘　　　　　　D．内存

21．运行一个程序文件时，它被装入到（   ）中。

A．RAM　　　　　　　B．ROM　　　　　　C．CD-ROM　　　　D．EPROM

22．下面关于 U 盘的描述中，错误的是（   ）。

A．U 盘有基本型、增强型和加密型 3 种

B．U 盘的特点是重量轻、体积小

C．U 盘多固定在机箱内，不便携带

D．断电后，U 盘还能保持存储的数据不丢失

23．下列各组设备中，完全属于外部设备的一组是（   ）。

A．内存储器、磁盘和打印机　　　　B．CPU、软盘驱动器和 RAM

C．CPU、显示器和键盘　　　　　　D．硬盘、软盘驱动器、键盘

24．下列 4 种设备中，属于计算机输入设备的是（   ）。

A．UPS　　　　　　　B．服务器　　　　　C．绘图仪　　　　　D．光笔

25．下列设备组中，完全属于输入设备的一组是（   ）。

A．CD-ROM 驱动器、键盘、显示器　　B．绘图仪、键盘、鼠标器

C. 键盘、鼠标器、扫描仪　　　　　　D. 打印机、硬盘、条码阅读器

26. 下列关于计算机的叙述中，不正确的是（　　　）。

A. 运算器主要由一个加法器、一个寄存器和控制线路组成

B. 一个字节等于 8 个二进制位

C. CPU 是计算机的核心部件

D. 磁盘存储器是一种输出设备

27. 计算机操作系统的作用是（　　　）。

A. 管理计算机系统的全部软、硬件资源，合理组织计算机的工作流程，以达到充分发挥计算机资源的效率，为用户提供使用计算机的友好界面

B. 对用户存储的文件进行管理，方便用户

C. 执行用户键入的各类命令

D. 为汉字操作系统提供运行基础

28. 计算机感染病毒的可能途径之一是（　　　）。

A. 从键盘上输入数据

B. 随意运行外来的、未经反病毒软件严格审查的 U 盘上的软件

C. 所使用的光盘表面不清洁

D. 电源不稳定

29. 下列关于计算机病毒的叙述中，正确的是（　　　）。

A. 反病毒软件可以查、杀任何种类的病毒

B. 计算机病毒是一种被破坏了的程序

C. 反病毒软件必须随着新病毒的出现而升级，提高查、杀病毒的功能

D. 感染过计算机病毒的计算机具有对该病毒的免疫性

30. 下面关于多媒体系统的描述中，不正确的是（　　　）。

A. 多媒体系统一般是一种多任务系统

B. 多媒体系统是对文字、图像、声音、活动图像及其资源进行管理的系统

C. 多媒体系统只能在微型计算机上运行

D. 数字压缩是多媒体处理的关键技术

二、填空题

1. 中央处理器简称为 _____ 。

2. 随机存储器简称为 _____ 。

3. 2 Byte = _____ bit。

4. 在微型计算机中常用的西文字符编码是 _____ 。

5. 在计算机工作时，内存储器的作用是 _____ 。

6. 常用 ASCII 码采用 _____ 位编码，最多可表示 _____ 个字符。

7. 内存储器分为 _____ 和 _____ 两类。

8. 存储容量的基本单位是 _____ 。

9. 计算机中的所有信息都是以 _____ 进制形式表示的。

10. 用汇编语言和高级语言编制的程序称为 _____ 。

三、判断题

1．操作系统是计算机硬件和软件资源的管理者。（　　　）

2．在计算文件字节数时，1 KB=1 000 B。（　　　）

3．微型机的主要性能指标是机器的样式及大小。（　　　）

4．第1代计算机采用电子管作为基本逻辑元件。（　　　）

5．RAM 的中文名称是"随机存储器"。（　　　）

6．微软公司的 Office 系列软件属于系统软件。（　　　）

7．操作系统是用于管理、操纵和维护计算机各种资源或设备并使其正常高效运行的软件。（　　　）

8．运算器和控制器合称"中央处理器"（CPU），CPU 和内存储器则合称"计算机的主机"，在微型机中主机安装在一块主机板上。（　　　）

9．媒体是指信息表示和传输的载体或表现形式，而多媒体技术指利用计算机技术把文字、声音、图形、动画和图像等多种媒体进行加工处理的技术。（　　　）

10．电子计算机的发展已经经历了 4 代，第 1 代电子计算机不是按照存储程序和程序控制原理设计的。（　　　）

四、操作题

认识计算机硬件，掌握开关机、显示器调节的方法；熟悉键盘的布局及使用方法。具体要求如下：

（1）掌握开机、关机顺序。

（2）掌握显示器的亮度、对比度、行幅及场幅等按钮调节显示器方法。

（3）英文打字练习：打开 Word 2003 或 Windows 附件中自带的写字板或记事本，或借用专门的英打练习软件（如金山打字通等）进行英文打字练习，同时熟悉键盘的布局和使用方法。

第2章

Windows XP 操作系统

本 章 导 读

Windows 操作系统是微软公司于 20 世纪 90 年代推出的一种基于图形界面的操作系统，它提供的图标和菜单方式使人一目了然。随着计算机软硬件技术的发展，微软公司不断推出 Windows 操作系统的新版本，从 1995 年到目前为止逐步推出了 Windows 95、Windows 98、Windows Me、Windows 2000、Windows XP、Windows 2003、Windows Vista 和 Windows 7 等多个版本。本章将以目前使用最为广泛的 Windows XP 为例，介绍 Windows 操作系统的使用界面及操作方法。

通过本章学习，应重点掌握以下内容：

1. 操作系统的基本概念、功能、组成和分类。

2. Windows 操作系统的基本概念和常用术语，文件、文件名、文件夹（目录）、文件夹（目录）树和路径等。

3. Windows 操作系统的基本操作和应用：

（1）Windows 操作系统概述、特点、功能、配置和运行环境。

（2）Windows 操作系统"开始"按钮、"任务栏"、"菜单"、"图标"等的使用。

（3）应用程序的运行和退出。

（4）熟练掌握资源管理系统"我的电脑"或"资源管理器"的操作与应用。文件和文件夹的创建、移动、复制、删除、更名、查找、打印和属性的设置。

（5）磁盘的格式化和整盘复制，磁盘属性的查看等操作。

（6）中文输入法的安装、删除和选用；显示器的设置。

（7）快捷方式的设置和使用。

2.1 Windows XP 概述

微软公司的 Windows 操作系统是基于图形用户界面的操作系统，它利用图像、图标、菜单和其他可视化部件控制计算机。因其生动、形象的用户界面，简便的操作方法，吸引着成千上万的用户，成为目前装机普及率最高的一种操作系统。

微软公司于 2001 年推出了 Windows XP 操作系统，这次不再按照惯例以年份数字为产品命名，XP 是 Experience（体验）的缩写，微软公司希望这款操作系统能够在全新技术和功能的引导下，给 Windows 的广大用户带来全新的操作系统体验。根据用户对象的不同，Windows XP 操作系统有多个版本，以满足用户在家庭和工作中的需要。其中 Windows XP Professional（专业版）是为商业用户设计的，有最高级别的可扩展性和可靠性；Windows XP Home Edition（家庭版）有良好的数字媒体平台，是家庭用户和游戏爱好者的最佳选择。本章主要讨论在个人计算机领域中占有重要的地位的 Windows XP Professional（以下简称为 Windows XP）。

2.1.1 Windows XP 的特点

1．操作界面的改进

微软公司结合自己多年的开发经验以及市场的反馈信息，对原有的操作界面进行了全新的设计，不仅让使用者使用起来得心应手，而且其流线型设计和三维立体效果的图标也使界面更华丽。"主题"的使用使用户更容易设置个性化的工作环境。同时在计算机的使用过程中，任务向导随处可见，使用户操作更加快捷。

2．多用户支持

Windows XP 支持多用户操作，用户之间的切换不需注销用户。同时对用户的管理使个人文档、信息及收藏等移植更加容易，也更加安全。

3．多媒体与娱乐方面的改进

Windows XP 中集成了新的媒体播放器 Windows Media Player 8.0，使用户可以更方便地播放音频和视频文件，包括 MP3、DVD 及网上的流式影像文件等。同时借助于 Windows XP 自带的 Windows Movie Maker 软件，用户可以很方便地制作个人电影。通过 Windows XP，用户可以很好地将软件与各种多媒体外设（如扫描仪及数码相机等）结合起来使用。

4．网络功能方面的改进

Windows XP 可以帮助用户随时随地使用网络资源，为互不相连的软件及硬件搭建沟通的"桥梁"，从而让用户获得完整且互联的全新体验。

5．驱动程序的兼容性和安全性

驱动程序是计算机与硬件设备（如声卡、显卡、打印机及扫描仪等）联系的"纽带"，驱动程序的损坏或不兼容会导致设备非正常运行，同时硬件的不兼容也常常导致系统的崩溃。在 Windows XP 中提供了更多的硬件设备驱动程序，同时确立了一种驱动规范，借助于数字签名认证来保障系统的安全性。对于没有微软数字签名认证的驱动程序，用户在安装时系统会提示用户最好使用通过数字签名认证的驱动程序。通过网络，用户可以了解到有关硬件的最新、最适合的驱动程序信息。

2.1.2　Windows XP 的系统要求

使用 Windows XP 的系统要求如下：

- CPU：Intel P Ⅲ 1 GHz 或者 P4 以上。
- 内存：128 MB 以上。
- 磁盘空间：4 GB 以上的硬盘空间。
- 显卡：4 MB 以上的 PCI、AGP 显卡。
- 显示器：VGA 或更高分辨率。
- 光驱：CD-ROM 驱动器或者 DVD-ROM 驱动器。
- 兼容的鼠标和键盘。

2.1.3　Windows XP 的安装

Windows XP 的安装方式有 3 种：升级安装、双系统共存安装和全新安装。

1．覆盖原有系统的升级安装

Windows XP 在升级安装上做得十分出色，可在以前的 Windows 98/98 SE/Me/NT4/2000 这些操作系统的基础上顺利升级到 Windows XP。但需要注意的是，不能从 Windows 95 上进行升级（微软的另一个拳头产品 Office XP 也不能安装在 Windows 95 系统上），可见微软已彻底抛弃了 Windows 95。Windows XP 是基于 Windows 2000 内核的，所以从 Windows NT4/2000 上进行升级安装十分容易。然而 Windows 98/98 SE/Me 所使用的 16 位/32 位的混合代码和 Windows XP 的内核代码差异很大，为了能在 Windows 98/98 SE/Me 系统上顺利升级，Windows XP 在安装过程中会先扫描这些系统原有的配置，并备份原有的重要系统文件后，再进行全新的系统和注册表升级工作。对原有 16 位/32 位混合系统进行备份这一步是自动完成的，无需用户干预。正是由于备份了原有的系统，所以用户可以从已升级了的 Windows 9x 上卸载 Windows XP，而这种方式在以前的 Windows 2000 中是不允许的。

2．保留原有系统的双系统共存安装

将 Windows XP 安装在一个独立的分区中，与机器中原有的系统相互独立，互不干扰。双系统共存安装完成后，会自动生成开机启动时的系统选择菜单，这些都与 Windows 2000 十分相似。

3．全新安装

建议安装 Windows XP 的硬盘分区至少要有 1.5 GB 的剩余空间，运行 Windows XP 的硬件配置根据系统要求为中等级别的 Pentium Ⅲ CPU 和 128 MB 内存。为了充分发挥 Windows XP 的性能，内存越大越好，最好为 256 MB 以上。如果机器的 CPU 或内存配置不是很高，可以在 Windows XP 中通过牺牲一些华丽的视觉效果来增强系统运行性能。

全新安装 Windows XP 的方法很多，通常选择从光盘启动安装。光盘安装前需要设置 BIOS，使系统能够从光盘启动，其方法如下：

① 启动计算机，当屏幕上显示 "Press Del to Enter BIOS Setup" 提示信息时，按下键盘上的 Del 键，进入主板 BIOS 设置界面。

② 选择"Advanced BIOS Features"选项，按 Enter 键进入设置程序。选择"First Boot Device"选项，然后按键盘上的 Page Up 或 Page Down 键将该项设置为"CD-ROM"，这样就可以把系统改为从光盘启动。

③ 退回到主菜单，保存 BIOS 设置。（保存方法是：按下 F10 键，再按 Y 键即可。）

④ 然后将光盘放入光驱，并重启电脑，系统便会从光盘进行引导，并显示安装向导界面，用户可以根据提示进行安装设置。

2.1.4 Windows XP 的常用术语

① 操作系统：管理计算机系统的软件，对程序的执行和硬件的运行进行控制，例如 Windows XP、Windows 2000 等。

② 应用程序：计算机用来执行指定任务的一组指令，例如 Word 2003、Windows Media Player 等。

③ 文档：在程序中保存工作时创建的文件，例如文本文件、电子表格、Word 文件等。

④ 文件：存储在磁盘上的程序或文档，是一组信息的集合，以文件名来存取。

⑤ 文件夹（目录）：可以存储文件或其他文件夹的地方。

⑥ 文件夹（目录）树：以层次结构方式组织文件夹（目录），整个文件夹结构类似树形结构，所以称为文件夹树。

⑦ 路径：浏览计算机或网络上指定位置的方式。路径可以包括计算机名、磁盘驱动器卷标、文件夹名和文件名。

⑧ 图标：表示程序、磁盘驱动器、文件、文件夹或其他项目的图片。

⑨ 快捷方式：链接到文件或文件夹的图标。双击快捷方式时，将打开原始项目。

⑩ 快捷菜单：右键单击对象时显示的菜单。

⑪ 快捷键：快捷键是快速启动命令或执行任务的键盘操作，一般由两个（或三个）键名组成，中间常用"+"连接表示，按下快捷键可以直接执行操作。如【Ctrl+C】快捷键表示先按住 Ctrl 键不放，再按 C 字符键，然后同时放开，此快捷键可以实现对选定对象的复制。

2.2 Windows XP 的基本操作

2.2.1 Windows XP 启动、注销与退出

1. 启动 Windows XP

首先连接好各种电源和数据线，打开显示器等外部设备的电源，然后按下计算机主机上的 Power 按钮，计算机就会自动启动，在显示器上出现许多字符和图形，这个过程叫开机自检。稍后，屏幕上将显示用户电脑的自检信息，如主板型号、内存大小、显卡缓存等。

启动 Windows XP 的具体操作步骤如下：

① 打开电源后，如果计算机只安装了 Windows XP，计算机将自动启动 Windows XP，如果计算机中同时安装了多个操作系统，则会显示操作系统选择菜单，如图 2-1 所示。用户

可以使用键盘上的方向键选择"Microsoft Windows XP Professional"选项，然后按 Enter 键，计算机将开始启动 Windows XP。

② 系统正常启动后，如果系统只有一个用户并且没有设置密码，则直接进入并显示桌面。如果系统存在多个用户，则要求选择一个用户名，如图 2-2 所示。将鼠标指针移动到要选择的用户名上单击，选中用户名。

图 2-1　选择要启动的操作系统　　　　　　　图 2-2　Windows XP 启动界面

③ 如果选中的用户没有设置密码，系统将直接登录；如果用户设置了密码，在用户账户图标右下角会自动出现一个空白文本框用于输入密码，如图 2-3 所示。如果输入的密码错误，系统会提示用户再次输入密码，直至正确方可登录。

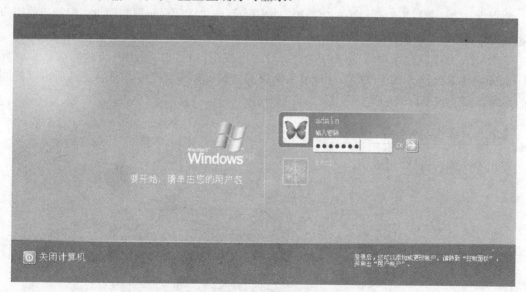

图 2-3　输入密码

④ 单击➡图标，或直接按 Enter 键，系统登录。

2. 注销 Windows XP

Windows XP 是一个支持多用户的操作系统，允许多个用户登录。每个用户都可以设置个性化系统，并且不同用户之间互不影响。Windows XP 提供了注销功能，使得用户可以在不重新启动系统的情况下实现多用户快速登录。这种登录方式不但方便快捷，而且减少了硬件的损耗，可以延长计算机的使用寿命。

要注销已登录用户，单击【开始】|【注销】命令，打开如图 2-4 所示的"注销 Windows"对话框。单击"注销"按钮，系统会保存设置并关闭当前登录的用户，显示如图 2-2 所示的启动界面，从而可以选择新的用户登录；单击"切换用户"按钮可以在不关闭当前用户的情况下切换到另外一个用户环境。

3．退出 Windows XP

当用户要结束对 Windows XP 的操作时，不能直接切断电源，应该先退出 Windows XP 系统，然后再关闭显示器，否则可能会丢失文件或破坏程序，严重的还会损坏计算机的硬件。正确的方法是首先关闭所有正在运行的应用程序，然后单击【开始】|【关闭计算机】命令，打开如图 2-5 所示的"关闭计算机"对话框，单击"关闭"按钮，即可退出 Windows XP。

　　　图 2-4　"注销 Windows"对话框　　　　　　　图 2-5　"关闭计算机"对话框

单击"关闭计算机"对话框中的"待机"按钮，系统将关闭显示器和硬盘。但是当前用户正在处理的信息还存储在内存中，这样用户很快可以从停止处恢复，以继续处理这些信息。

单击"关闭计算机"对话框中的"重新启动"按钮，系统将退出并重新启动。当计算机运行 Windows XP 较长一段时间后，可用系统资源会变少，速度变慢，重新启动后可以找回失去的系统资源，恢复原来的运行速度。

2.2.2　Windows XP 桌面

Windows XP 的桌面组成如图 2-6 所示。

图 2-6　Windows XP 桌面的组成

（1）桌面背景

它的作用是美观屏幕，用户可以将自己喜欢的图形设置为桌面背景，也可以去掉桌面背景以保持简洁的风格。

（2）快捷图标

这些图标代表了放在桌面上的工具和文件等。对图标的操作主要有以下几种。

● 添加新图标：可以从其他地方用鼠标拖动一个新的对象放置，也可以在桌面上右击鼠标，从弹出的快捷菜单中选取"新建"命令，在子菜单中选取所需对象来创建新对象图标。

● 删除桌面上的图标：鼠标右击桌面上欲删除的图标，在弹出的快捷菜单中选取"删除"命令即可。

● 排列桌面上的图标对象：可以用鼠标将图标对象拖动到桌面的任意地方进行排列，也可以用鼠标右击桌面，在弹出的快捷菜单中选取"排列图标"命令即可。

● 启动程序或窗口：双击桌面上的相应图标对象即可。通常，可以把一些重要而常用的应用程序、文件等摆放在桌面上，使用起来很方便，但同时它也影响了桌面背景画面的美观。

（3）任务栏

屏幕底部的长条区域称为任务栏，显示各种可以执行或正在执行的任务。

（4）"开始"按钮

在任务栏左边有一个"开始"按钮，单击"开始"按钮可以调用计算机中的各种程序和命令。

2.2.3　使用鼠标

1. 鼠标的基本操作

鼠标的基本操作有指向、单击、双击、右击和拖拽或拖动。

● 指向：移动鼠标，使鼠标指针指示到所要操作的对象上。

● 单击：快速按下鼠标左键并立即释放。单击用于选择一个对象或执行一个命令。

● 双击：连续快速两次单击鼠标左键。双击用于启动一个程序或打开一个文件。

● 右击：快速按下鼠标右键并立即释放。右击会弹出快捷菜单，方便完成对所选对象的操作。当鼠标指针指示到不同的操作对象上时，会弹出不同的快捷菜单。

● 拖拽或拖动：将鼠标指针指示到要操作的对象上，按下鼠标左键不放，移动鼠标使鼠标指针指示到目标位置后释放鼠标左键。拖拽或拖动用于移动对象、复制对象或者拖动滚动条与标尺的标杆。

2. 鼠标指针形状

鼠标指针形状一般是一个小箭头，但在一些特殊场合和状态下，鼠标指针形状会发生变化。鼠标指针形状所代表的不同含义如图 2-7 所示。

↖	正常选择	╋	精确定位	↕	垂直调整	✥	移动
↖?	帮助选择	Ⅰ	选定文本	↔	水平调整	↑	候选
↖⧖	后台运行	╲	手写	↘	对角线调整 1	☝	链接选择
⧗	忙	⊘	不可用	⤢	对角线调整 2		

图 2-7　鼠标指针形状及含义

2.2.4 菜单、窗口和对话框

菜单、窗口和对话框是 Windows XP 的基本操作对象，从菜单上选择命令是 Windows XP 最常用的操作方法，Windows XP 中的所有应用程序都是以窗口形式出现的，对话框则用于设置所需选项。

1. 菜单

菜单是 Windows XP 窗口提供文字信息的重要工具，它是各种命令的集合。

菜单栏通常在窗口的上部，单击菜单栏的菜单项就可以打开菜单。菜单的主要作用是组织和存放命令，如图 2-8 所示，"查看"菜单中的"列表"、"刷新"等菜单项；也有一些菜单项并不是命令，它可以是任选项，如"状态栏"菜单项；也可以是子菜单的名称，如"排列图标"菜单项。

（1）打开和关闭菜单

打开菜单的方法是：用鼠标左键单击菜单名称。例如，要打开"查看"菜单，单击菜单项"查看"即可。使用键盘打开"查看"菜单的方法是：先按下 Alt 键，再按 V 键，或者同时按【Alt+V】组合键也可以。

打开对象的快捷菜单的方法是：选中要操作的对象，单击鼠标右键即可打开。或者选中对象后，用【Shift+F10】组合键来打开。

关闭菜单的方法是：单击菜单外的其他任何地方，菜单便自动关闭。或者按 Esc 键一级级地关闭菜单。

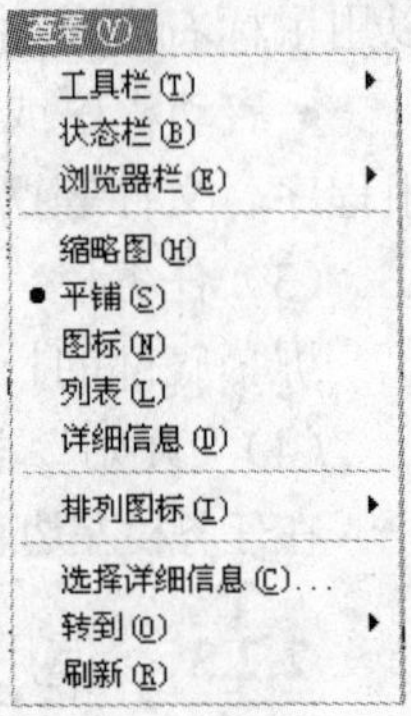

（2）有关菜单的约定

图 2-8 "查看"菜单

- 下拉式菜单中常用"——"分隔的目的是表示适当的功能分组。
- 颜色暗淡的命令表示该选项在当前状态下不可用。
- 每条命令都有一个下划线字符，用括号括起来，它们被称作热键。这意味着，在显示出下拉菜单后，用户可以在键盘上按热键来选择命令。
- 命令名后面有"…"符号，表示如果选择了此命令，会出现一个对话框，来询问执行该命令所需要的相关信息。
- 下级菜单箭头"▶"：如果用户选择了此命令，将会出现一个新的下级子菜单。
- 命令名前有"√"标记，表示该命令当前正在被使用。
- 一组命令中的一个命令前面有"●"符号，表明该命令和与之相连的其他命令形成了一个互斥组，用户必须在此组中选择一条命令，并且只能选择一条，而选中的这个命令前面就带有"●"符号，它类似于单选按钮控制。

（3）选择菜单命令

用鼠标单击菜单栏中所需菜单选项，便可得到一个菜单下拉列表，在菜单下拉列表中单击所需要的命令即可。

（4）使用控制菜单

凡是左上角有图标的窗口都有一个控制菜单，用户可以通过单击该图标打开控制菜单。

控制菜单一般包含以下几条命令：

- 还原"🗗"：窗口被扩大或缩小之后，将窗口恢复为原来的大小。

- 移动：用键盘将窗口移到桌面的其他地方。
- 大小：用键盘改变窗口大小。
- 最小化"－"：收缩窗口。
- 最大化"□"：使窗口占满整个屏幕。
- 关闭"✕"：关闭当前窗口。

2. 窗口

窗口是屏幕上的一个长方形区域，用户可以在其中查看程序、文件、文件夹及图标，或者在应用程序窗口中建立自己的文件。

（1）窗口的组成

在 Windows XP 中，所有窗口的外观基本相同，操作方法也相同，从而使用户可以方便地管理自己的工作。如图 2-9 所示，一个典型的窗口主要由标题栏、菜单栏、工具栏、地址栏、任务窗格和状态栏等元素组成。

- 标题栏：位于窗口的顶部，其左端标明窗口的名称，右端有最小化、最大化及关闭按钮。在 Windows XP 中可以同时打开多个窗口，但只有一个是活动窗口，只有活动窗口才能接收鼠标和键盘的操作。活动窗口的标题栏一般以醒目的颜色表示，默认为蓝色。如果标题栏呈灰色，则该窗口是非活动窗口。

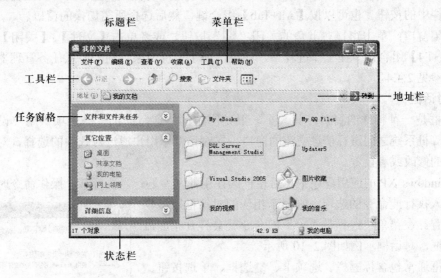

图 2-9 Windows XP 中的窗口

- 菜单栏：位于标题栏的下方，通常有"文件"、"编辑"、"查看"、"收藏"、"工具"及"帮助"等菜单项，这些菜单项几乎包含了窗口操作的所有命令。
- 工具栏：通常位于菜单栏下面，放置常用的工具按钮，使用户操作更为快捷方便。
- 地址栏：显示当前窗口所处的位置。在其中输入一个地址，然后单击"➡转到"按钮，窗口将转到该地址所指的位置。
- 任务窗格：包括多个具体的窗格，单击其中的链接将执行相应的操作。
- 状态栏：位于整个窗口的底部，用于提示当前窗口的相关信息。

（2）窗口的基本操作

窗口的基本操作包括调整窗口大小，移动、排列、切换或关闭窗口等，下面分别介绍操作方法：

● 调整窗口大小：在 Windows XP 中，大多数应用程序的窗口大小都可以调整。单击最大化"▫"按钮，可将窗口调到最大；单击最小化"▬"按钮，可将窗口最小化到任务栏上；将窗口调到最大化后，最大化按钮会变成还原"▫"按钮，单击此按钮可将窗口恢复到原来的大小。将指针指向窗口的边框或者顶角，当指针变成一个双向箭头时，拖动至所需大小，即可自由调整窗口大小。当窗口处于最大化状态时，不能用此方法调整。

● 移动窗口：使用鼠标拖动标题栏即可移动窗口。也可单击标题栏最左端的系统菜单图标，选择弹出菜单中的"移动"命令。当指针变为"✛"箭头后，按键盘上的方向键移动窗口到合适位置，然后按 Enter 键即可。当窗口处于最大化状态时，不能移动其位置。

● 排列窗口：当打开多个窗口时，可以按某种方式排列窗口使其便于操作，排列方式包括层叠、横向平铺和纵向平铺窗口等。排列窗口的方法是右击任务栏的空白处，单击快捷菜单中的相应的命令。

● 切换窗口：打开多个窗口后，用户只能对当前窗口进行操作。当需要切换到另一个窗口时，如果要切换的窗口已经显示在屏幕上，则单击该窗口的任一部分即可，否则需要单击该窗口在任务栏中的按钮。也可以按【Alt+Tab】组合键，然后选择所需切换的窗口。

● 关闭窗口：单击窗口右上角的关闭"✖"按钮，或者单击【文件】|【关闭】命令，或者按【Alt+F4】组合键。在工作过程中，如果出现了死机现象，则需要从任务管理器中关闭窗口，详情参见 2.4.4。

3. 对话框

对话框是一种特殊的窗口，其大小一般是固定的，通常提供一些选项供用户设置。它是用户与计算机系统之间进行信息交流的窗口，在对话框中用户通过对选项的选择，对系统进行对象属性的修改或者设置。

在 Windows XP 的应用程序中，对话框的使用非常普遍。当执行某个操作命令时，如果需要用户输入执行此命令的选项，则显示相应的对话框以接收用户的设置。在菜单中选择带"…"的命令就会打开相应命令的对话框，对话框示例如图 2-10 所示。

对话框通常包含标题栏、选项卡、复选框、单选按钮、文本框和列表框等。标题栏与窗口中的标题栏相似，给出对话框的名称、帮助和关闭按钮，拖动标题栏可以在屏幕上移动对话框的位置。对话框中的选项呈黑色表示为可用选项，呈灰色时表示为不可用选项。

对话框中各主要元素的功能如下：

● 选项卡：当对话框中包含多种类型的选项时，系统将会把这些内容分类放在不同的选项卡中。单击选项卡的标签，即可打开该选项卡中显示的选项。在系统中有很多对话框都是由多个选项卡构成的，选项卡上写明了标签，以便于进行区分。

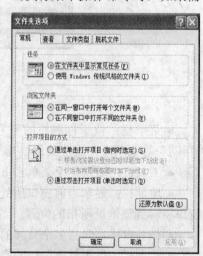

图 2-10　对话框示例

用户可以通过各个选项卡之间的切换来查看不同的内容，在选项卡中通常有不同的选项组。

● 文本框：用于接收输入的信息，含有下拉按钮的文本框称为"下拉列表框"。可通过单击下拉按钮打开下拉列表框，在其中选择所需的选项；含有" ↕ "微调按钮的文本框称为"微调框"或"数值框"，用于改变其中的数值。

● 列表框：用于将所有的选项显示在列表中以供用户选择，一般包括下拉列表框和滚动列表框。

● 复选框：一般成组出现，一次可以选中多个。选中的复选框中将出现对号，再次单击则取消选择。

● 单选按钮：一般成组出现，一次只能选中一个。选中一个单选按钮后，同组的其他单选按钮将自动被取消选择。被选中的单选按钮中出现一个圆点，再次单击一次则取消选择。

● "确定"按钮：用于确认并执行设置的选项。

● "取消"按钮：用于关闭对话框并取消各项设置。在有些情况下执行某些不能取消的操作后，"取消"按钮会变为"关闭"按钮。单击"关闭"按钮可关闭对话框，但设定已经被执行。

● 附加按钮：单击此类按钮将打开另一个对话框，以进一步设置选项。

● 预览框：显示设置的效果。

2.2.5 任务栏与"开始"菜单

1. 任务栏

Windows XP 的任务栏是位于桌面最下方的一个小长条，它显示了系统正在运行的程序和打开的窗口、当前时间等内容，用户通过任务栏可以完成许多操作，而且也可以对它进行一系列的设置。

（1）任务栏的构成

任务栏可分为"开始"按钮、快速启动工具栏、任务按钮区和通知区等几部分，如图 2-11 所示。

图 2-11 任务栏的构成

● "开始"按钮：单击此按钮，可以打开"开始"菜单。

● 快速启动工具栏：用于存放应用程序的快捷方式，由一些小型的按钮组成，单击其中的图标按钮打开相应的程序或执行相应的操作。用户可以在快速启动工具栏中添加或删除应用程序的快捷方式，添加的方法是将所需应用程序的图标拖到该工具栏中；删除的方法是右击该工具栏中相应应用程序的快捷方式，然后单击弹出的快捷菜单中的"删除"命令。

● 任务按钮区：显示所有打开窗口对应的任务按钮。Windows XP 是一个多任务操作系统，可以同时运行多个任务。但是用户每次只能在一个窗口中操作，其他窗口都最小化为任务按钮排列在任务栏上，通过单击任务按钮能够在各个窗口之间切换。当同时打开的窗口过多时，任务栏会自动将相同类型的任务按钮归为一组，并在程序名称前显示该组包含的窗口个数。单击该组按钮，然后在弹出的列表中选择所需选项即可切换到相应窗口。

● 通知区：用于显示一些计算机设备及某些正在运行程序的状态图标，通常情况下，通知区中显示输入法图标、时间日期图标和音量图标。

（2）任务栏的设置

通过设置任务栏可以使其更好地为用户服务。右击任务栏上的空白处，在弹出的快捷菜单中选择"属性"命令，即可打开"任务栏和「开始」菜单属性"对话框，切换到"任务栏"选项卡，如图 2-12 所示。

在"任务栏"选项卡中，可以通过对复选框的选择来设置任务栏的外观。该选项卡中的选项如下：

● "锁定任务栏"复选框：用于将任务栏锁定在当前位置。锁定后，任务栏不能被随意移动或改变大小。

● "自动隐藏任务栏"复选框：用于自动隐藏任务栏。不对任务栏进行操作时，它将自动消失，当需要使用时，只需将指针指向任务栏在屏幕上所处的位置区域即可。如果要确保指针指向任务栏时立即显示任务栏，则需同时选中"将任务栏保持在其他窗口的前端"和"自动隐藏任务栏"复选框。

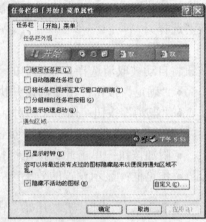

图 2-12 "任务栏"选项卡

● "将任务栏保持在其他窗口的前端"复选框：用于确保即使以最大化窗口运行程序，任务栏也总是在最前端，而不会被其他窗口盖住。

● "分组相似任务栏按钮"复选框：当任务栏上按钮过多时，把相同的程序或相似的文件归类分组使用同一个按钮，这样不至于在打开很多的窗口时，按钮变得很小而不容易辨认。使用时，只要找到相应的按钮组就可以找到要操作的窗口名称。

● "显示快速启动"复选框：用于在任务栏上显示快速启动工具栏。

● "显示时钟"复选框：用于在任务栏上显示数字时钟，该时钟根据计算机的内部时钟显示时间。将指针指向时钟可以显示日期，双击时钟可以调整时间或日期。

● "隐藏不活动的图标"复选框：用于避免任务栏通知区中显示不使用的图标。

2. "开始"菜单

在 Windows XP 操作系统中，所有的应用程序都在"开始"菜单中显示。单击"开始"按钮，或者使用【Ctrl+Esc】组合键即可打开"开始"菜单，如图 2-13 所示。

（1）"开始"菜单的构成

● 用户名：用户名位于"开始"菜单的最上部，用来显示用户的名称、图标等信息。

● 程序列表：包括固定程序列表、高频使用程序列表和所有程序列表 3 部分。固定程序列表是永久保留在列表中的程序，可以随时单击启动该程序，包括浏览器和电子邮件两部分。高频使用程序列表用于显示用户最近打开次数较多的程

图 2-13 "开始"菜单

序，系统根据用户所用程序的次数自动进行排列显示。所有程序列表用于显示所有的应用程序，在打开的所有程序列表中，可选择所需的应用程序。

● "注销"、"关闭计算机"栏：位于"开始"菜单的底部，选择相应的命令，即可打开"注销"或"关闭计算机"对话框。

● "系统文件夹"区：显示"我的文档"、"我最近的文档"、"我的电脑"和"网上邻居"等系统文件夹的区域。选择其中的文件夹命令，即可打开相应的窗口。

● 系统设置区：显示"控制面板"等选项。选择相应的命令，即可打开相应的对话框，在该对话框中可进行系统设置。

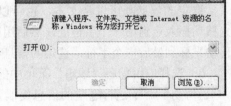

● "帮助"、"搜索"和"运行"栏：选择"帮助和支持"命令，即可打开"帮助和支持中心"窗口，帮助用户使用计算机和提高操作水平；选择"搜索"命令，即可打开"搜索结果"窗口；选择"运行"命令，可弹出"运行"对话框，如图 2-14 所示。

图 2-14 "运行"对话框

（2）"开始"菜单的设置

① 右击任务栏上的空白处，在弹出的快捷菜单中选择"属性"命令，弹出"任务栏和「开始」菜单属性"对话框，切换到"「开始」菜单"选项卡，如图 2-15 所示。

图 2-15 "「开始」菜单"选项卡

② 单击"「开始」菜单"或"经典「开始」菜单"前的单选按钮，即可选择不同的菜单样式。本章默认选择"「开始」菜单"。

③ 单击"自定义"按钮可进行个性化设置。最后单击"确定"按钮，即可完成设置。

2.2.6 剪贴板

剪贴板是 Windows XP 中一个非常实用的工具，是在 Windows XP 程序和文件之间用于传递信息的临时存储区。剪贴板不但可以存储文本，还可以存储图像、声音等其他信息。通过它可以把各种文件的文本、图像、声音粘贴在一起形成一个图文并茂、有声有色的文档。剪贴板的使用步骤是先将信息复制或剪切到剪贴板这个临时存储区，然后在目标应用程序中将插入点定位在需要放置信息的位置，再使用应用程序"编辑"菜单中的"粘贴"命令将剪贴板中信息传到目标应用程序中。

1．将信息复制到剪贴板

把信息复制到剪贴板，根据复制对象不同，操作也略有不同。

（1）把选定信息复制到剪贴板

① 选定要复制的信息，使之突出显示。

选定的信息既可以是文本，也可以是文件或文件夹等其他对象。选定文本的方法是：首先移动插入点到第一个字符处，然后用鼠标拖拽到最后一个字符，或者按住 Shift 键用方向键移动光标到最后一个字符，选定的信息将突出显示。

② 选择应用程序"编辑"菜单中的"剪切"或"复制"命令。

"剪切"命令是将选定的信息复制到剪贴板上，同时在源文件中删除被选定的内容；"复制"命令是将选定的信息复制到剪贴板上，并且源文件保持不变。

（2）复制整个屏幕或窗口到剪贴板

在 Windows 中，可以把整个屏幕或某个活动窗口复制到剪贴板。

● 复制整个屏幕：按下 Print Screen 键，整个屏幕被复制到剪贴板上。

● 复制窗口：先将窗口选择为活动窗口，然后按【Alt+Print Screen】组合键。按【Alt+Print Screen】组合键也能复制对话框，因为可以把对话框看作是一种特殊的窗口。

2．从剪贴板中粘贴信息

将信息复制到剪贴板后，就可以将剪贴板中的信息粘贴到目标程序中，其操作步骤如下：

① 首先确认剪贴板上已有要粘贴的信息。

② 切换到要粘贴信息的应用程序。

③ 光标定位到要放置信息的位置上。

④ 选择该程序"编辑"菜单中的"粘贴"命令。

将信息粘贴到目标程序中后，剪贴板中内容依旧保持不变，因此可以进行多次粘贴。既可以在同一文件中多处粘贴，也可以在不同文件中粘贴（甚至可以是不同应用程序创建的文件），所以剪贴板提供了在不同应用程序间传递信息的一种方法。

"复制"、"剪切"和"粘贴"命令都有对应的快捷键，分别是【Ctrl+C】、【Ctrl+X】和【Ctrl+V】。

剪贴板是 Windows XP 的重要功能之一，是实现对象的复制、移动等操作的基础。但是，用户不能直接感觉到剪贴板的存在，如果要观察剪贴板中的内容，就要用剪贴板查看程序。该程序在"系统工具"子菜单中，典型安装时不会安装该组件。

2.2.7　使用 Windows 帮助

Windows XP 提供了功能强大的帮助系统，当用户在使用计算机的过程中遇到疑难问题无法解决时，可以在帮助系统中寻找解决问题的方法。在帮助系统中不但有关于 Windows XP 操作与应用的详尽说明，而且可以在其中直接完成对系统的操作。例如，使用系统还原工具撤销用户对计算机的错误更改。不仅如此，基于 Web 的帮助还能使用户从互联网上享受微软公司的在线服务。

在"开始"菜单中选择"帮助和支持"命令后，即可打开"帮助和支持中心"窗口，如图 2-16 所示，这个窗口会为用户提供帮助主题、指南、疑难解答和其他支持服务。

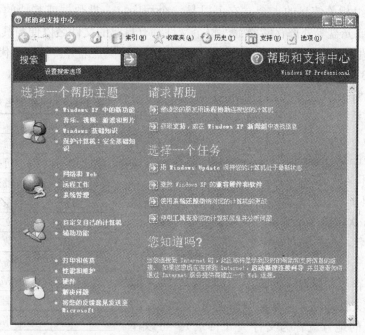

图 2-16 "帮助和支持中心"窗口

Windows XP 的帮助系统以 Web 页的风格显示内容，以超级链接的形式打开相关的主题，每个选项都有相关主题的链接，可以很方便地找到自己所需要的内容。通过帮助系统，可以快速了解 Windows XP 的新增功能及各种常规操作。

在"帮助和支持中心"窗口中，可以通过各种途径找到自己需要的内容，下面是两种常用方式：

● 使用直接选取相关选项并逐级展开的方法。使用时选择一个主题单击，窗口会打开相应的详细列表框，然后在该主题的列表框中单击选择具体内容，在窗口右侧的显示区域就会显示相应的具体内容。

● 直接在"帮助和支持中心"窗口中的"搜索"文本框中输入要查找内容的关键字，然后单击"➡"按钮，就可以快速查找到结果。

2.3 文件和文件夹管理

文件是软件在计算机内的存储形式。程序、文档及各种软件资源都是以文件的形式存储、管理和使用的。文件管理对于任何操作系统来说都是极为重要的，清楚地了解文件的各种操作，才能准确、高效地使用和维护计算机。

2.3.1　文件、文件夹及磁盘

在学习管理文件知识之前，用户应首先了解有关文件和文件夹的概念及其之间的关系。

1. 文件

文件是指一组相关信息的集合，它可以是一个程序、一批数据或其他的各种信息。文件通常存储在磁盘或光盘等外部存储器上，每个文件都有自己的文件名以便与其他文件相区别。文件名一般由文件名称和扩展名两部分组成，之间用一个小圆点隔开。扩展名代表文件的类型，例如，Word 2003 文件的扩展名为"doc"，Excel 2003 文件的扩展名为"xls"，PowerPoint 2003 文件的扩展名为"ppt"，文本文档的扩展名为"txt"等。在 Windows 操作系统下，文件名可由 1～255 个字符组成（即支持长文件名），而扩展名由 1～3 个字符组成。在命名文件时，需要注意不能使用"/"、"|"、"\"、"*"、"?"、":"、"<"、">" 和 """ 这 9 个符号。

表 2-1 列出了常见的扩展名所对应的文件类型。另外，在 Windows XP 操作系统下，也用文件图标来区分不同类型的文件名，与扩展名是相对应的。

表 2-1　常见扩展名对应的文件类型

扩　展　名	文　件　类　型
COM	命令程序文件
EXE	可执行文件
BAT	批处理文件
SYS	系统文件
TXT	文本文件
DBF	数据库文件
BAK	备份文件
DOC	Word 文档
BMP	图形文件
HLP	帮助文件
INF	安装信息文件
XLS	电子表格文件

2. 文件夹

为了便于对存放在磁盘上的众多文件进行管理，通常将一些相关的文件共同存放在磁盘上的某一个特定的地方，这个特定的地方就称为文件夹（目录）。可以在每个磁盘上建立多个文件夹，而其中的每一个文件夹下又可以建立多个子文件夹。在每个文件夹中都可以存放文件，从而形成磁盘文件的树状组织结构，称为目录树。图 2-17 中所指的图标就是文件夹。

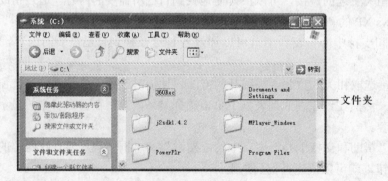

图 2-17　文件夹

每个文件夹都有自己的文件夹名，其命名规则与文件名的命名规则相同。

在每个磁盘上都有一个根目录，它是在磁盘格式化时建立的，用"\"表示。根目录无法删除。

3. 磁盘

在所有的微型计算机中通过对应的通道或驱动器存取磁盘中的数据，在用户的计算机范围内，磁盘由字母和后续的冒号来决定。一般情况下，第 1 个和第 2 个磁盘驱动器都是软盘驱动器，分别用"A:"和"B:"表示。主硬盘通常称为"C 盘"，用"C:"表示。

如果用户有多个磁盘分区，每个磁盘的编号由其固定的编号顺序给出，从而使其可以如同一个单独的驱动器那样被访问。

2.3.2　使用资源管理器

在 Windows XP 操作系统中，用户有多种方法浏览磁盘文件信息，但最常用且最方便的还是在"资源管理器"窗口中实现。资源管理器是浏览计算机中所有资源，并对这些资源进行管理最方便有效的工具。下面介绍打开"资源管理器"窗口的方法与窗口组成。

1. 打开资源管理器

右击"开始"按钮，然后单击快捷菜单中的"资源管理器"命令。

还可以单击【开始】|【所有程序】|【附件】|【Windows 资源管理器】命令，或者右击"我的电脑"（或任何一个磁盘或文件夹）图标，然后单击快捷菜单中的"资源管理器"命令。

2. "资源管理器"窗口组成

图 2-18 为典型的"资源管理器"窗口，除了具有 Windows 窗口的基本对象外，左侧的"文件夹"下拉列表框即磁盘与文件夹的树状结构，右侧为所选磁盘或文件夹中的内容列表。

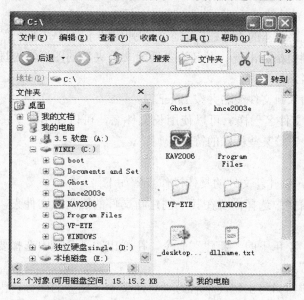

图 2-18 "资源管理器"窗口

与"我的电脑"窗口相比，二者都是以文件夹的形式对计算机资源进行组织和管理，而"资源管理器"窗口则显示得更加清晰明确，更易于用户浏览和操作。

2.3.3　管理文件和文件夹

在 Windows XP 操作系统中管理文件时，用户会经常执行创建、移动、复制、重命名或删除文件与文件夹等操作。通过这些操作，可以有效地管理磁盘中的文件或文件夹。

1. 选择文件或文件夹

无论如何操作文件与文件夹，首先都需要选择文件和文件夹，Windows XP 提供了多种选择方法：

- 选择一个文件或文件夹：单击要选的文件或文件夹。
- 选择多个连续的文件或文件夹：先选择第一个文件，再在按住 Shift 键的同时用鼠标单击最后一个文件。
- 选择多个不连续的文件或文件夹：在按住 Ctrl 键的同时用鼠标单击每一个要选择的文件。
- 选择所有文件或文件夹：选择"编辑"菜单下的"全部选定"命令。
- 取消选择：用鼠标单击窗口的空白处，即可取消所做的选择。此外，当重新进行选择时，会自动取消以前所做的全部选择。

2. 创建新的文件或文件夹

为了按照类别或以一定的关系组织文件，用户可根据需要在文件夹树中的任意位置创建新的文件夹。然后将同一类别的文件放到其中，这样可以使自己的文件系统更加有条理。

（1）创建新文件夹

在资源管理器中，创建新文件夹的具体操作步骤如下：

① 在文件夹树窗格中选择需要在其下创建新文件夹的磁盘或文件夹，即选定新建文件夹的父文件夹。

② 选择"文件"菜单下的"新建"命令，在弹出的子菜单中选择"文件夹"。

③ 此时，在右侧窗格将出现一个名为"新建文件夹"的图标，闪烁的光标表明等待用户输入这个新文件夹的名称。

④ 用键盘直接输入新文件夹名并按 Enter 键。

文件夹的命名与文件名一样，可以使用长文件名，可以使用汉字，可以加空格，但不能使用"？"、"*"、"／"等某些特殊的符号。

（2）创建新文件

在资源管理器中，创建新文件的具体操作步骤如下：

① 在文件夹树窗格中选择需要在其下创建新文件的磁盘或文件夹，即选定待创建的新文件所在的文件夹。

② 选择"文件"菜单下的"新建"命令，在弹出的子菜单中选择要创建的某一类文件，例如选择"文本文档"。

③ 此时，在右侧窗口将出现一个名为"新建文本文档"的图标，闪烁的文字表明等待用户输入这个新文件的名称。

④ 用键盘直接输入这个新文件的名称并按 Enter 键。

用此方法创建的新文件是一个空文件，只要双击文件图标，就可以启动相应的程序打开文件进行输入和编辑处理。

3. 复制文件及文件夹

复制是指在指定位置为所选文件或文件夹创建一个备份，在原位置仍然保留被复制的内容。选定对象后，有下面几种复制方法：

方法 1：按住 Ctrl 键拖动文件或文件夹到目标位置。

方法 2：右击要复制的文件或文件夹，单击快捷菜单中的"复制"命令。然后切换到目标文件夹窗口，右击空白处，单击快捷菜单中的"粘贴"命令。

方法 3：使用"编辑"下拉菜单中的"复制"和"粘贴"命令。

方法 4：按【Ctrl+C】组合键，然后切换到目标文件夹窗口，按【Ctrl+V】组合键。

方法 5：单击"文件和文件夹任务"任务窗格中的"复制"命令，从弹出的对话框中选择要复制的目的地，然后单击"复制"按钮。

4．移动文件及文件夹

移动是指将所选文件或文件夹移动到指定的位置，在原位置不再有被移动的内容。选定对象后，有下面几种移动方法：

方法 1：拖动要移动的文件或文件夹到目标位置，此方法只适用于在同一分区内移动文件或文件夹。当将文件或文件夹从一个分区拖动到另一分区时，系统默认为复制，而拖动时按住 Shift 键则变为移动。

方法 2：右击要移动的文件或文件夹，单击快捷菜单中的"剪切"命令。然后切换到目标文件夹窗口，右击空白处，单击快捷菜单中的"粘贴"命令。

方法 3：使用"编辑"下拉菜单中的"剪切"和"粘贴"命令。

方法 4：按【Ctrl+X】组合键，然后切换到目标文件夹窗口，按【Ctrl+V】组合键。

方法 5：单击"文件和文件夹任务"窗格中的"移动"命令，在弹出的对话框中选择要移动的目的地，然后单击"移动"按钮。

5．删除文件及文件夹

当不再需要一个文件或文件夹时，应将其删除，以腾出磁盘空间来存放其他文件。删除文件夹时，其中所包含的内容也一并被删除。

选定需要删除的对象后，有下面几种删除方法：

方法 1：直接按 Delete 键，再在弹出的对话框中加以确认。

方法 2：选择"文件"菜单中的"删除"命令，再加以确认。

方法 3：直接将选中的被删除对象拖动到"回收站"文件夹中。

在 Windows XP 中删除硬盘中的内容时，系统默认并不立即将其删除，而是存放在"回收站"中。若用户发现误删，可以将其还原。只有执行"清空回收站"操作后，被删除的文件或文件夹才从硬盘中彻底删除。若确实需要彻底删除对象，则在选中对象后按【Shift+Del】或【Shift+Delete】组合键即可。如果删除的是文件夹，则该文件夹下的所有文件与子文件夹都将被删除，所以操作时应十分小心。

6．查找指定的文件

如果忘记了所需文件的位置，可以使用 Windows XP 提供的搜索功能来快速查找。单击任意文件夹窗口中常用工具栏的"搜索"按钮，显示"搜索"任务窗格，如图 2-19 所示。如果记得要搜索的文件或文件夹的名称，可在"要搜索的文件或文件夹名为"文本框中输入其名称；如果记得文件或文件夹中所包含的部分文字，则可在"包含文字"文本框中输入关键文字。此外，还需要在"搜索范围"下拉列表框中选择文件或文件夹所在的范围，然后单击"立即搜索"按钮，即可开始搜索，并将搜索到的结果显示在文件列表窗口中。

如果知道要查找文件的日期、类型、大小或其他高级信息，可以在"搜索"任务窗格中单击"搜索选项"链接，显示如图 2-20 所示的搜索选项。选择相应选项前的复选框，并分别设置，这样搜索到的结果准确性将会更高。

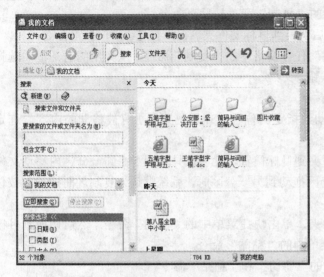

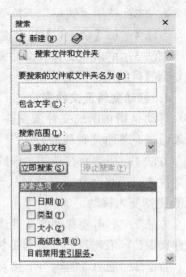

图 2-19 "搜索"任务窗格   图 2-20 搜索选项

7．设置文件与文件夹的属性

文件与文件夹的属性分为只读、隐藏和存档 3 种，具有只读属性的文件可以打开查看，但不允许修改；具有隐藏属性的文件或文件夹图标颜色变浅或不显示，这两种属性都能对文件或文件夹起到一定的保护作用。设置文件及文件夹属性的方法为右击文件或文件夹，在快捷菜单中选择"属性"命令，打开该文件或文件夹的属性对话框。然后单击"常规"选项卡，选择"只读"或"隐藏"复选框后单击"确定"按钮，如图 2-21 所示。对于"存档"属性，可单击"高级"按钮，打开如图 2-22 所示的"高级属性"对话框。选择"存档和编制索引属性"选项组中的"可以存档文件夹"复选框，然后单击"确定"按钮。

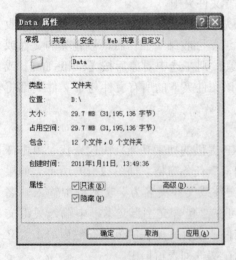

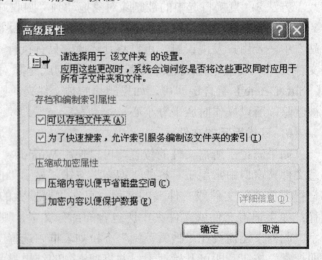

图 2-21 "常规"选项卡   图 2-22 "高级属性"对话框

8．文件和文件夹的更名

要改变一个文件或文件夹的名字，有以下几种方法：

方法 1：选定要更名的文件夹或文件，然后单击该文件夹或文件的名字，此时名字就处于可编辑状态，在文件名方框中输入新的名字，然后单击方框以外任意位置或按 Enter 键。

方法 2：选定需要更名的文件或文件夹，然后选择"文件"菜单的"重命名"命令，此时选定对象的名字处于可编辑状态，在方框中输入新的名字，按 Enter 键。

方法 3：打开要更名文件或文件夹的快捷菜单，选择"重命名"命令，此时选定对象的名字处于可编辑状态，在方框中输入新的名字，按 Enter 键。

9．文档打印

文档打印有以下几种方法：

方法 1：选定需要打印的文件，然后选择"文件"菜单中的"打印"命令。

方法 2：将鼠标指向要打印的文件，单击鼠标右键打开快捷菜单，选择其上的"打印"命令。

方法 3：将文件拖放到打印机图标上。

10．排列文件和文件夹

如果计算机中的文件和文件夹较多，在"我的电脑"窗口中查看和管理时很不方便。为此，Windows XP 为用户提供了多种显示文件或文件夹的方法。

用户可以使用不同的排列方式排列文件和文件夹图标，使其便于浏览。在文件夹窗口中，可以通过单击【查看】|【排列图标】子菜单中的命令来排列文件和文件夹，如图 2-23 所示。

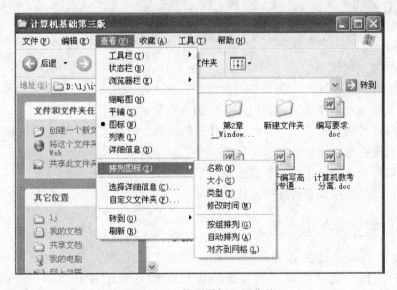

图 2-23 "排列图标"子菜单

在 Windows XP 中提供了名称、大小、类型、修改时间、按组排列、自动排列和对齐到网格 7 种图标排列方式，前 4 种常用的排列方式的作用如下：

- 按名称排列：按文件与文件夹名称的首写字母的顺序排列。
- 按大小排列：按文件由小到大的顺序排列。
- 按类型排列：根据文件名的后缀排列。

● 按修改时间排列：根据各个文件修改时间的先后次序排列。

当选择按照以上任一种方式排列的同时，还可以进一步选择按照该种排列方式下的显示方法是按组排列、自动排列或对齐到网格。

11．文件和文件夹的查看方式

使用不同的查看文件和文件夹方式可以收到不同的效果。单击工具栏上的查看按钮，将会弹出一个下拉菜单，其中列出了 Windows XP 提供的 5 种查看方式，即缩略图、平铺、图标、列表和详细信息，如图 2-24 所示。

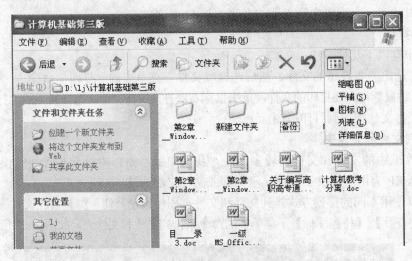

图 2-24 文件和文件夹的查看方式

这几种查看方式的作用如下：

● 缩略图：Windows XP 中新增加的查看方式。选择该方式，当前位置的图像文件显示为缩略图，文件夹中包含的图像文件也以缩略图的方式显示。

● 详细信息：详细列出每一个文件和文件夹的信息，包括大小、修改日期和文件类型等。

● 图标：以图标形式显示文件和文件夹。

● 平铺：以行的顺序显示文件和文件夹。

● 列表：以列的顺序放置文件和文件夹。

2.3.4 创建快捷方式

创建快捷方式就是建立各种应用程序、文件、文件夹、打印机或网络中的计算机等快捷方式的图标，通过双击该快捷方式图标，即可快速打开该项目。具体创建方法如下：

① 在资源管理器中，选定要创建快捷方式的应用程序、文件、文件夹、打印机或计算机等。

② 选择【文件】|【创建快捷方式】命令，或右击要创建快捷方式的应用程序、文件、文件夹、打印机或网络中的计算机等，在弹出的快捷菜单中选择"创建快捷方式"，如图 2-25 所示，即可在桌面上创建一个该对象的快捷方式。

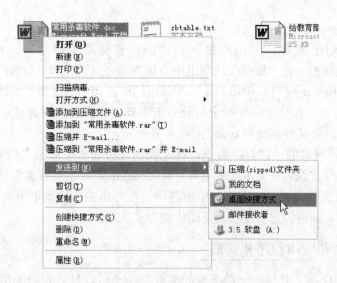

图 2-25　创建桌面快捷方式

若在【开始】|【所有程序】子菜单中，有用户要创建快捷方式的应用程序，可以右击该应用程序，在弹出的快捷菜单中选择"创建快捷方式"命令，系统会将创建的快捷方式添加到"程序"子菜单中。将该快捷方式拖到桌面上，即在桌面上创建该应用程序的快捷方式。

> **提示：** 快捷方式并不能改变应用程序、文件、文件夹、打印机或网络中计算机的位置，它也不是副本，而是一个指针，使用它可以更快地打开项目，并且删除、移动或重命名快捷方式均不会影响原有的项目。

例 2.1　打开 Windows XP 资源管理器，在 D 盘的 exam 文件夹下实现下列操作：

（1）创建一个 BOOK 新文件夹。

（2）在 BOOK 文件夹中新建一个文本文档，命名为 boyable.txt，将该文件复制到同一文件夹下，并重命名为 syad.txt。

（3）将 syad.txt 文件的属性设置为"隐藏"和"只读"。

（4）将 boyable.txt 文件移动到 exam 文件夹中。

（5）查找 exam 文件夹中的 boyable.txt 文件，然后为它创建一个桌面快捷方式。

操作步骤如下：

① 打开"我的电脑"，双击打开 D 盘，在空白处单击右键，在弹出的快捷菜单中选择【新建】|【文件夹】命令，此时，在右侧窗格中将出现一个名为"新建文件夹"的图标，用键盘直接输入 BOOK 并按 Enter 键，即可创建一个 BOOK 新文件夹。

② 在 BOOK 文件夹下单击右键，在弹出的快捷菜单中选择【新建】|【文本文档】命令，此时，在右侧窗格将出现一个名为"新建文本文档.txt"的图标，用键盘直接输入 boyable.txt 并按 Enter 键，即可创建一个名为"boyable.txt"的文本文档。选中该文件，单击右键，在弹出的快捷菜单中选择"复制"命令，然后在 BOOK 文件夹的空白处单击右键，在弹出的快捷菜单中选择"粘贴"命令，这时会出现一个名为"复件 boyable.txt"文本文档，选中该文档，单击右键，在弹出的快捷菜单中选择"重命名"命令，用键盘直接输入 syad.txt 并按

Enter 键即可。

③ 选中 syad.txt 文件，单击右键，在弹出的快捷菜单中选择"属性"命令，出现"syad.txt 属性"对话框，在"属性"选项组中分别单击"只读"和"隐藏"复选框即可。

④ 选中 boyable.txt 文件，单击右键，在弹出的快捷菜单中选择"剪切"命令，然后向上回退到 exam 文件夹，在该文件夹的空白处单击右键，在弹出的快捷菜单中选择"粘贴"命令，即可将 boyable.txt 文件移动到 exam 文件夹中。

⑤ 单击资源管理器的"搜索"命令，在左侧的任务窗格中单击"所有文件和文件夹"，然后在"全部或部分文件名"文本框中填入"boyable.txt"，单击"搜索"按钮，在右侧的窗格中可以看到显示该文件。选中该文件，单击右键，在弹出的快捷菜单中选择【发送到】|【桌面快捷方式】命令，即可为它创建一个桌面快捷方式。

2.3.5 文件和应用程序相关联

文件和应用程序相关联是将一种类型的文件与一个可以打开它的应用程序建立一种依存关系。当双击该类型文件时，系统就会先启动这一应用程序，再用它来打开该类型文件。一个文件可以与多个应用程序发生关联，用户可以利用文件的"打开方式"进行关联程序的选择。当双击该文件时，操作系统会允许与文件默认关联的应用程序，然后由程序打开文件。例如，BMP 位图文件在 Windows 中的默认关联程序是"Windows 图片和传真查看器"程序，当用户双击一个 BMP 文件时，系统会启动"Windows 图片和传真查看器"程序打开这个文件。也可以通过右击文件，从弹出的快捷菜单中选择"打开方式"子菜单中的某个关联程序打开文件，比如"画图"程序。

如果安装了另一个应用程序，比如 PhotoShop，该程序接管了 BMP 文件的默认关联任务，则不仅 BMP 文件图标变为 PhotoShop 文档图标，而且双击 BMP 文件时，打开该文件的程序也变成了 PhotoShop。

熟悉和掌握文件关联的设置方法对初学者而言是十分必要的，下面具体介绍设置文件关联的一些方法。

1. 安装新应用程序

大部分应用程序会在安装过程中自动与某些类型文件建立关联，例如安装 WinRAR 压缩解压程序时，通常会与 ZIP、CAB、JAR、ISO 等多种压缩文件建立关联。程序安装完成以后，双击 ZIP 压缩文件时，系统将运行 WinRAR 将其打开。

提示：系统只确认最后一个安装程序设置的文件关联。

2. 利用"打开方式"制定文件关联

右击某个类型的文件，如 BMP 文件，从弹出的快捷菜单中选择"打开方式/选择程序"命令，弹出"打开方式"对话框。从"程序"列表框中选择合适的程序（比如"画图"程序），如果同时选中下方的"始终使用选择的程序打开这种文件"复选框，单击"确定"按钮后，该类型文件（BMP）就与"画图"程序建立默认关联。即当双击 BMP 文件时，将自动启动那个被选中的程序（"画图"程序）来打开这类文件，否则系统只是这一次用"画图"程序打开该 BMP 文件，即临时一次性关联。

2.3.6 使用回收站

回收站为用户提供了一个安全的删除文件或文件夹的解决方案，用户从硬盘中删除文件或文件夹时，Windows XP 会将其自动放入回收站中，直到用户将其清空或还原到原位置。

删除或还原回收站中文件或文件夹的操作步骤如下：

① 双击桌面上的"回收站"图标。

② 打开"回收站"对话框，如图 2-26 所示。

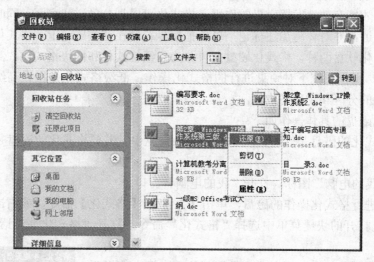

图 2-26 "回收站"对话框

③ 若要删除回收站中所有的文件和文件夹，可单击左侧"回收站任务"窗格中的"清空回收站"命令；若要还原所有的文件和文件夹，可单击"回收站任务"窗格中的"还原所有项目"命令；若要还原某个文件或文件夹，可选中该文件或文件夹，单击"回收站任务"窗格中的"还原此项目"命令；若要还原多个文件或文件夹，可按 Ctrl 键，选定多个文件或文件夹后，再单击"回收站任务"窗格中的"还原选定的项目"命令。

也可以选中要删除的文件或文件夹，将其拖到回收站中进行删除。若想直接删除文件或文件夹，而不将其放入回收站中，可在拖到回收站时按住 Shift 键，或选中该文件或文件夹，按【Shift+Delete】组合键。

> **提示：**删除"回收站"中的文件或文件夹，意味着将该文件或文件夹彻底删除，无法再还原；若还原已删除文件夹中的文件，则该文件夹将在原来的位置重建，然后在此文件夹中还原文件；当回收站充满后，Windows XP 将自动清除"回收站"中的空间以存放最近删除的文件和文件夹。

2.3.7 磁盘管理

在计算机的日常使用过程中，用户可能会非常频繁地进行应用程序的安装、卸载，文件的移动、复制、删除或在 Internet 上下载程序文件等多种操作，而这样操作过 段时间后，计算机硬盘上将会产生很多磁盘碎片或大量的临时文件等，致使运行空间不足，程序运行和文件打开变慢，计算机的系统性能下降。因此，用户需要定期对磁盘进行管理，以使计算机始终处于较好的状态。磁盘管理即管理硬盘或软盘，Windows XP提供了几个实用的磁盘管理工具，如格式化磁盘、磁盘清理、磁盘扫描与修复以及磁盘碎片整理等。

1. 格式化磁盘

磁盘格式化是磁盘管理的一个重要内容，当用户开始使用一个新的硬盘时，首先需要将其格式化，这样才能有效地发挥磁盘的作用。格式化可以划分磁道和扇区，同时检查并标记磁盘上有缺陷的磁道，并对坏道加注标记，以免把信息存储在这些磁道上。格式化磁盘可分为格式化硬盘和格式化软盘两种，格式化硬盘又可分为高级格式化和低级格式化。高级格式化是指在 Windows XP 操作系统下对硬盘进行的格式化操作；低级格式化是指在高级格式化操作之前，对硬盘进行的分区和物理格式化。

进行格式化磁盘的具体操作如下：

① 若要格式化的磁盘是软盘，应先将其放入软驱中。若要格式化的磁盘是硬盘，可直接执行下一步。

② 单击"我的电脑"图标，打开"我的电脑"窗口。

③ 选择要进行格式化操作的磁盘，单击【文件】|【格式化】命令，或右击要进行格式化操作的磁盘，在打开的快捷菜单中选择"格式化"命令，打开"格式化"对话框，如图 2-27 所示。

④ 若格式化的是软盘，可在"容量"下拉列表框中选择要将其格式化为何种容量，"文件系统"为 FAT，"分配单元大小"为默认配置大小，在"卷标"文本框中可输入该磁盘的卷标。若格式化的是硬盘，在"文件系统"下拉列表中可选择 NTFS 或 FAT32，在"分配单元大小"下拉列表中可选择要分配的单元大小。若需要快速格式化，可选中"格式化选项"选项组中的"快速格式化"复选框。快速格式化不扫描磁盘的坏扇区而直接从磁盘上删除文件，只有在磁盘已经进行过格式化而且确信该磁盘没有损坏的情况下，才使用该选项。

⑤ 单击"开始"按钮，将弹出"格式化警告"对话框，单击"确定"按钮即可开始进行格式化操作。这时在"格式化"对话框中的"进程"框中可看到格式化的进程。格式化完毕后，将出现"格式化完毕"对话框，单击"确定"按钮即可。

图 2-27 "格式化"对话框

2. 查看磁盘属性

磁盘的属性通常包括磁盘的类型、文件系统、空间大小、卷标信息等常规信息，以及磁盘的查错、碎片整理等处理程序和磁盘的硬件信息等。

查看磁盘的常规属性可执行以下操作：

① 双击"我的电脑"图标，打开"我的电脑"对话框。

② 右击要查看属性的磁盘图标，在弹出的快捷菜单中选择"属性"命令。

③ 打开磁盘属性对话框，默认选择"常规"选项卡，如图 2-28 所示。

④ 在该选项卡中，用户可以在最上面的文本框中键入该磁盘的卷标。在该选项卡的中部显示了该磁盘的类型、文件系统、已用空间及可用空间等信息；在该选项卡的下部显示了该磁盘的容量，并用饼图的形式显示已用空间和可用空间的比例信息。单击"磁盘清理"按钮，可启动磁盘清理程序，进行磁盘清理。

⑤ 单击"应用"按钮，即可应用在该选项卡中更改的设置。

3. 磁盘清理

使用磁盘清理程序可以帮助用户释放硬盘驱动器空间，删除临时文件、Internet 缓存文件和可以安全删除的不需要的文件，腾出它们占用的系统资源，以提高系统性能。

执行磁盘清理程序的具体操作如下：

① 单击"开始"菜单，选择【所有程序】|【附件】|【系统工具】|【磁盘清理】命令。

② 打开"选择驱动器"对话框，如图 2-29 所示。

③ 在该对话框中可选择要进行清理的驱动器。选择后单击"确定"按钮则弹出该驱动器的磁盘清理对话框，默认选中"磁盘清理"选项卡，如图 2-30 所示。

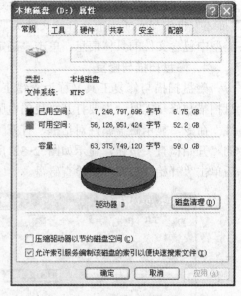

图 2-28 磁盘属性"常规"选项卡

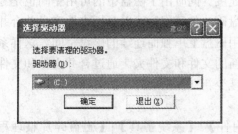

图 2-29 "选择驱动器"对话框

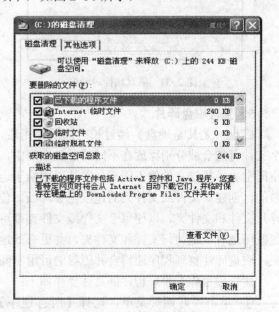

图 2-30 "磁盘清理"选项卡

④ 在该选项卡中的"要删除的文件"列表框中列出了可删除的文件类型及其所占用的磁盘空间大小，选中某文件类型前的复选框，在进行清理时即可删除这种类型的文件；在"获取的磁盘空间总数"中显示了若删除所有选中复选框的文件类型后，可得到的磁盘空间总数；在"描述"框中显示了当前选择的文件类型的描述信息；单击"查看文件"按钮，可查看该文件类型中包含文件的具体信息；单击"确定"按钮即可开始清理磁盘。

4. 磁盘扫描与修复

磁盘扫描与修复工具又称为查错工具，用于检查并修复指定驱动器中的错误。要使用磁盘扫描与修复工具，先要打开"我的电脑"窗口，右击要检查的磁盘，单击快捷菜单中的"属性"命令，显示磁盘属性对话框，打开"工具"选项卡，如图 2-31 所示。单击"查错"框中的"开始检查"按钮，显示如图 2-32 所示的检查磁盘对话框。选择所需的磁盘检查选项，然后单击"开始"按钮开始检查磁盘。

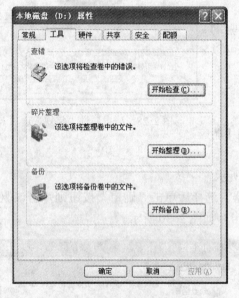

图 2-31 磁盘属性对话框

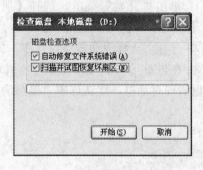

图 2-32 "检查磁盘"对话框

5. 整理磁盘碎片

磁盘（尤其是硬盘）经过长时间的使用后，难免会出现很多零散的空间和磁盘碎片，一个文件可能会被分别存放在不同的磁盘空间中，这样在访问该文件时系统就需要到不同的磁盘空间中去寻找该文件的不同部分，从而影响了运行的速度。同时由于磁盘中的可用空间也是零散的，创建新文件或文件夹的速度也会降低。使用磁盘碎片整理程序可以分析本地磁盘并合并碎片文件和文件夹，以便每个文件或文件夹都可以占用磁盘上单独而连续的磁盘空间。这样系统既可更有效地访问文件和文件夹，并更有效地保存新的文件和文件夹。通过合并文件和文件夹，磁盘碎片整理程序还将合并磁盘的可用空间，以减少新文件出现碎片的可能性。

运行磁盘碎片整理程序的具体操作如下：

① 单击"开始"菜单，选择【所有程序】|【附件】|【系统工具】|【磁盘碎片整理程序】命令，打开"磁盘碎片整理程序"对话框一，如图 2-33 所示。

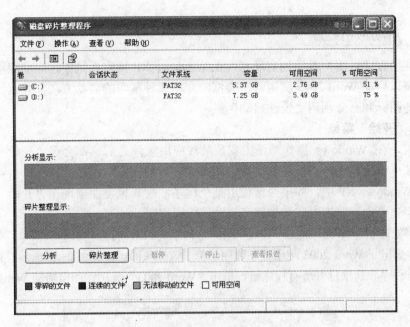

图 2-33 "磁盘碎片整理程序"对话框一

② 在该对话框中显示了磁盘的一些状态和系统信息。选择一个磁盘,单击"分析"按钮,系统即可分析该磁盘是否需要进行磁盘整理,并弹出提示是否需要进行磁盘碎片整理的"磁盘碎片整理程序"对话框二,如图 2-34 所示。

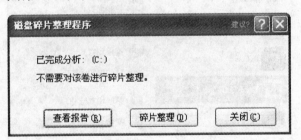

图 2-34 "磁盘碎片整理程序"对话框二

③ 单击"查看报告"按钮,可弹出"分析报告"对话框,显示该磁盘的卷标信息及最零碎的文件信息。单击"碎片整理"按钮,即可开始磁盘碎片整理程序,系统会以不同的颜色条来显示文件的零碎程度及碎片整理的进度。

2.4 Windows XP 应用程序的使用

计算机强大的功能离不开应用软件的支持,用户除了使用计算机管理个人文档之外,也离不开管理与使用应用程序。Windows XP 是一个支持多任务的操作系统,允许同时使用多个应用程序。例如,用户可以使用办公软件 Word 2003 处理文档资料,使用 PowerPoint 2003 制作幻灯片,并使用暴风影音播放 VCD 等。

2.4.1 启动应用程序

要使用应用程序，用户必须先启动它。在 Windows XP 操作系统中，启动应用程序有多种方法。本节将以启动 Word 2003 应用程序为例，介绍几种常用的启动方法，并且说明如何在桌面上创建快捷图标和充分利用"快速启动"栏。

1. 使用"开始"菜单

一般来说，在 Windows 操作系统中安装某种应用软件之后，都会在"开始"菜单的"所有程序"子菜单中创建该应用程序的快捷启动方式。启动该应用程序，只需单击对应的快捷方式即可。在 Windows XP 中，如果经常使用某个程序，则其也可能出现在"开始"菜单左侧最近使用的程序列表中，单击对应选项即可启动该应用程序。

以启动字处理软件 Word 2003 为例，单击"开始"按钮，打开"开始"菜单。如果在最近使用程序列表中列出了 Word 2003 应用程序选项，单击该选项即可，如图 2-35 所示。也可以将指针移动到"所有程序"选项打开所有程序组，单击"Word 2003"选项，即可启动 Word 2003。

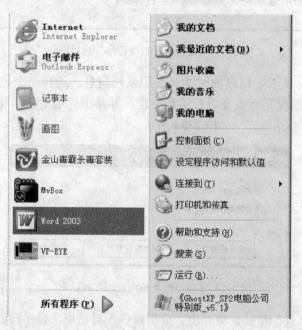

图 2-35 使用"开始"菜单启动 Word 2003

2. 使用桌面快捷图标

安装 Windows XP 之后，在桌面上仅仅显示一个"回收站"快捷图标。在安装某些应用软件时，安装程序会在桌面上创建启动该应用程序的快捷图标。用户也可添加或删除快捷图标，从而满足桌面视觉及启动应用程序便捷性的要求。

3. 使用"运行"命令

Windows XP 自带的一些应用程序并非都显示在"所有程序"列表中，利用"开始"菜单中的"运行"命令，可以方便地启动这些应用程序。

以启动 Windows XP 注册表编辑器为例，操作步骤如下：

① 单击【开始】|【运行】命令，打开"运行"对话框。

② 在"打开"文本框中键入注册表编辑程序名称"regedit"，如图 2-36 所示。

③ 单击"确定"按钮，即可启动 Windows XP
注册表编辑器。

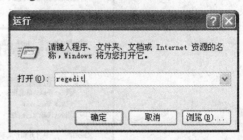

图 2-36 "运行"对话框

4．使用快速启动栏

当用户设置在任务栏上显示快速启动栏之后，
默认情况下，该栏中只有 3 个快捷图标，通常情况
下是"Windows Media Player"、"Internet Explorer"
和"显示桌面"，单击快速启动栏中的快捷图标，即
可启动相应的应用程序。

以 Word 2003 为例，在快速启动栏中添加启动应用程序的快捷图标的操作步骤如下：

① 单击快速启动栏的显示桌面图标，最小化 Word 2003 程序窗口并显示桌面。

② 将桌面上的图标拖动到快速启动栏中。

如果任务栏上没有显示快速启动栏，则右击"开始"按钮，单击快捷菜单中的"属性"
命令，打开"任务栏和「开始」菜单属性"对话框，在"任务栏"选项卡中选中"显示快速启
动"复选框，单击"确定"按钮。

2.4.2 退出应用程序

退出应用程序的方法很多，下面介绍 3 种常见的方法：

方法 1：用鼠标单击程序窗口右上角的"关闭"按钮，即标记为"❌"的按钮。

方法 2：用鼠标单击程序窗口中的"文件"菜单，再选取其中的"退出"命令。

方法 3：在键盘上按【Alt+F4】快捷键。

注意，关闭一个程序时，系统会提示是否保存一些与该程序有关的文件，可酌情选择。

2.4.3 安装/卸载应用程序

根据不同的应用目的，需要安装其他软件商开发的应用软件，如办公软件、网页制作软
件和游戏软件等。对于不再使用的应用程序，应及时将其从计算机中卸载，以释放硬盘空间。

1．运行 Setup 安装程序

大多数 Windows 应用软件都带有一个安装程序，运行该程序即可启动安装向导，按照安
装向导的提示执行操作即可完成安装。通常来说，安装程序的文件名为"Setup.exe"或者
"Install.exe"，双击该安装文件即可启动安装向导。有的光盘带有自动运行的功能，当用户将
安装光盘插入光驱后，系统就会自行启动安装向导。

2．添加 Windows XP 组件

在安装 Windows XP 时，如果用户选择的是典型安装，则安装程序仅安装一些较常用的组
件。如果在使用过程中发现需要 Windows XP 提供的其他功能，则可以通过添加 Windows XP
组件来实现。打开"添加或删除程序"窗口，单击"添加/删除 Windows 组件"按钮，打开如
图 2-37 所示的"Windows 组件向导"对话框。选择待安装的组件，单击"下一步"按钮直到
完成。

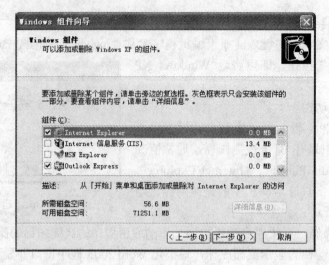

图 2-37 "Windows 组件向导"对话框

3. 卸载应用程序

一般的 Windows 应用程序在安装时都可能在计算机上执行如下过程：

● 复制应用程序文件到指定的安装路径下。

● 在系统目录中复制一些信息文件，如共享文件和动态链接文件等。

● 在 Windows 注册表中注册。

因此，单纯地删除应用程序所在的目录是错误的卸载程序的方法，该操作不仅会在计算机上遗留很多垃圾文件，同时会导致系统中某些注册信息的链接错误。

卸载应用软件和 Windows 组件都需要在"控制面板"窗口中借助卸载向导完成。

（1）卸载应用软件

以卸载"Microsoft Web 发布向导"为例，操作步骤如下：

① 打开"控制面板"窗口，单击"添加或删除程序"图标，打开"添加或删除程序"窗口。

② 确认当前选中"更改或删除程序"图标，上下移动右侧的滚动条在"当前安装的程序"列表中选择"Microsoft Web 发布向导"选项，如图 2-38 所示。

③ 单击该选项右侧的"更改/删除"按钮，弹出提示对话框，如图 2-39 所示。

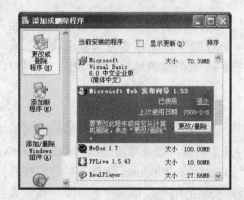

图 2-38 "Microsoft Web 发布向导"选项

图 2-39 提示对话框

④ 单击"是"按钮，卸载过程自动进行，在卸载过程中显示当前进度和卸载信息。

卸载过程结束之后，"Microsoft Web 发布向导"选项也将从"当前安装的程序"列表中清除。

（2）卸载 Windows 组件

卸载 Windows 组件的过程和添加过程正好相反，在打开的"Windows 组件向导"对话框中，清除需要卸载的组件选项前的复选框。然后单击"下一步"按钮，按照向导提示即可完成组件的卸载操作。

2.4.4 Windows 任务管理器

Windows 的任务管理器提供了有关计算机性能的信息，并显示了计算机上所运行的程序和进程的详细信息，可以显示最常用的度量进程性能的单位。

按下【Ctrl+Alt+Del】组合键，或在任务栏上右击，在打开的快捷菜单中单击"任务管理器"，打开"Windows 任务管理器"窗口，如图 2-40 所示。该窗口是一个特殊模式的窗口，在最小化或者关闭之前它始终位于其他窗口前，即不会被其他窗口遮盖。在 Windows 9x 系统中，【Ctrl+Alt+Del】组合键为系统热启动快捷键。

图 2-40 "Windows 任务管理器"窗口

任务管理器窗口主要包括 3 个部分，即菜单栏、选项卡和状态栏。

1. 状态栏信息显示

在状态栏中，用户可以看到当前的进程数，以及 CPU 和内存的使用状态。本例中当前打开的进程数为 38 个，CPU 使用率为 100%，当前可以使用的内存为 628 344MB，已经使用的内存为 283 708MB。如果 CPU 使用率总是很高，说明其速度太慢；如果当前使用的内存总是和可以使用的内存数接近，则说明计算机内存或者虚拟内存太小，这些都将影响计算机的性能。

2. "应用程序"选项卡

"应用程序"选项卡显示当前正在运行的应用程序。如果应用程序在运行过程中出现问题，如长时间不响应或用户无法使用正常方式关闭，此时即可通过"应用程序"选项卡强行终止程序，操作步骤如下：

① 按【Ctrl+Alt+Del】组合键，打开"Windows 任务管理器"窗口，在该选项卡中选择需要结束运行的应用程序。

② 单击"结束任务"按钮，在弹出的"结束程序"对话框中单击"立即结束"按钮，系统将强行终止应用程序。此时系统性能恢复正常，用户可以尝试再次启动之前结束的应用程序。

这种结束应用程序的方法通常应用在出现程序故障，从而导致系统长时间不响应的情况。一般不建议使用该方法关闭正在运行的应用程序，因为它会导致应用程序打开的数据和文件丢失。

3．"进程"选项卡

"进程"选项卡如图 2-41 所示，其中显示系统进程和用户当前打开的进程，以及进程占用的 CPU 百分比和内存的容量。"用户名"栏中显示的"LOCAL SERVICE"进程是当前用户启动的进程，其他为系统进程。

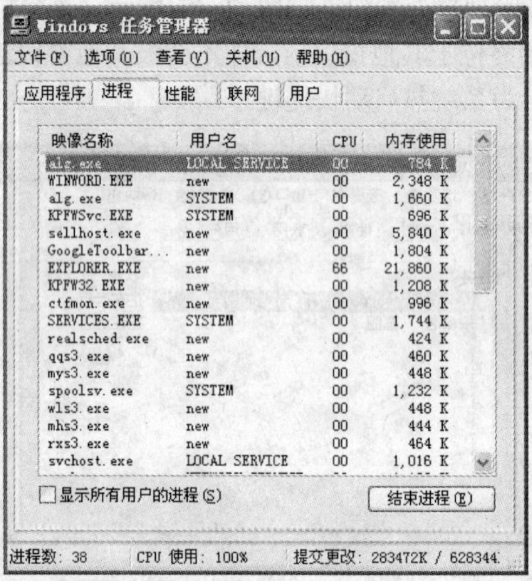

图 2-41 "进程"选项卡

对于某些非系统进程，用户可以像关闭应用程序那样关闭进程。虽然结束进程可以释放内存并减少 CPU 使用率，但是用户不能随意结束系统进程，否则将导致系统错误。另外，用户也可以在"进程"选项卡中发现计算机受到黑客程序侵犯的不正常进程。

4．"性能"、"联网"和"用户"选项卡

在"性能"、"联网"和"用户"选项卡中，用户可以查看当前计算机的运行性能、联网状态和已运行用户（多用户切换时）。

用户在使用计算机的过程中，如果希望暂时离开，并且不想关闭计算机，同时又不希望其他人使用计算机，可以借助于系统的锁定功能，两种操作方法如下：

方法 1：在"Windows 任务管理器"窗口中单击【关机】|【切换用户】命令，即可切换到用户登录界面，而当前用户打开的应用程序依然处于运行状态。

方法 2：单击【开始】|【注销】命令，然后在打开的"注销"对话框中单击"切换用户"按钮。

2.5　汉字输入

在使用计算机时输入文字是必不可少的，Windows XP 提供了多种中文输入法，用户可以根据不同的习惯选择所需的一种。

2.5.1　输入法的使用与设置

默认情况下，启动系统后使用的是英文输入法。用户可单击任务栏右端语言栏上的"■"图标，弹出当前系统已安装的输入法菜单。单击要使用的输入法，即可切换到该输入法。当任务栏上没有语言栏"■"图标时，双击"控制面板"窗口中的"区域和语言"图标，打开"区域和语言选项"对话框。打开"语言"选项卡，单击"详细信息"按钮打开"文字服务和输入语言"对话框。单击"语言栏"按钮打开"语言栏设置"对话框，选择"在桌面上显示语言栏"复选框后单击"确定"按钮即可。另外，用户也可以使用【Ctrl+Shift】组合键在英文和中文输入法之间切换，使用【Ctrl+Space】组合键在当前中文输入法和英文输入法之间切换。

每个用户都有自己习惯使用的输入法，如果 Windows XP 自带的输入法中没有所需的输入法，则必须另外安装。首先右击语言栏，单击快捷菜单中的"设置"命令，打开如图 2-42 所示的"文字服务和输入语言"对话框。单击其中的"添加"按钮，打开如图 2-43 所示的"添加输入语言"对话框，在"输入语言"下拉列表框中选择要输入的语言，然后在"键盘布局/输入法"下拉列表框中选择所需的输入法选项。单击"确定"按钮，该输入法即添加到语言栏中的输入法菜单中。

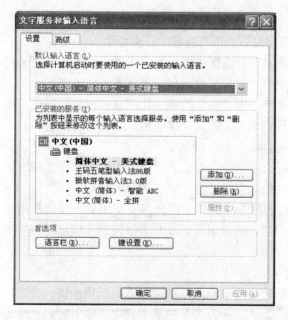

图 2-42　"文字服务和输入语言"对话框

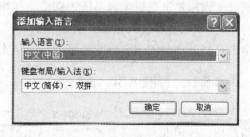

图 2-43　"添加输入语言"对话框

这种安装方法只能安装 Windows XP 自带的输入法，如果要安装其他输入法，例如五笔和搜狗拼音等，则需要使用相应的软件安装。

如果要删除某种输入法，同样需要打开"文字服务和输入语言"对话框。在"已安装的服务"列表框中选择要删除的输入法，然后单击"删除"按钮即可。

在"文字服务和输入语言"对话框中还可以设置输入法，如设置默认输入语言、语言栏、热键及当前所选输入方法的属性等。

1．设置默认输入法

计算机启动时会使用一个已安装的输入法作为默认输入法，Windows XP 中默认为英文输入法，用户可以将自己习惯使用的输入法设置为默认输入法。打开"文字服务和输入语言"对话框，在"默认输入语言"下拉列表框中选择要设置为默认语言的输入法，然后单击"确定"按钮。

2．设置语言栏

在"文字服务和输入语言"对话框中单击"语言栏"按钮，打开如图 2-44 所示的"语言栏设置"对话框，在其中可以设置语言栏。

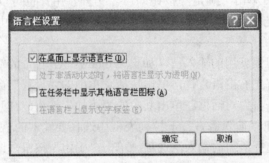

图 2-44 "语言栏设置"对话框

"语言栏设置"对话框中的选项功能如下：

● "在桌面上显示语言栏"复选框：用于指定是否将语言栏显示在桌面上。

● "处于非活动状态时，将语言栏显示为透明"复选框：用于指定当语言栏不活动时仍然可见，但它几乎是透明的。将指针移到语言栏上时，可使其返回到常规状态。

● "在任务栏中显示其他语言栏图标"复选框：用于指定当最小化语言栏时，将每个文字服务类型的图标显示在任务栏上。例如将手写体识别添加为文字服务后，当最小化语言栏时，在任务栏上会显示一个手写图标，单击该图标会显示一个选项菜单。

● "在语言栏上显示文字标签"复选框：用于指定是否要显示语言栏上每个按钮的标签。通过文本标签可以更加容易地识别每个按钮的功能，但却会占用更多的桌面空间。

"文字服务和输入语言"对话框的"高级"选项卡中的"关闭高级文字服务"复选框用于指定是打开还是关闭高级文字服务，包括字体识别、语音识别，以及一些辅助选项。

2.5.2 智能 ABC 输入法

智能 ABC 输入法是 Windows XP 中一种比较优秀的输入方法，它既可以用全拼，又可以用简拼，使用非常灵活方便。智能 ABC 输入法提供了 6 万多条的基本词库，输入时只要输入词组的各汉字声母即可。智能 ABC 输入法提供了一个颇具智能特色的中文输入环境，可以对用户一次输入的内容自动进行分词，并保存到词库中，下次即可按词组输入了。

在使用智能 ABC 输入法时，一定要选择符合自己使用习惯的输入方法。例如拼音不错，键盘也熟练，可采用"标准方式"，输入过程以全拼为主，其他为辅，这样最为节省脑力，能够很好地保持输入和思维的一致性；如果拼音不熟，而且有地方口音，则应以简拼加笔形的方式为主，辅之以其他方法；如果完全不懂拼音，而且也很难学会的，可使用笔形输入。智能 ABC 输入汉字过程中的常用键及其功能如表 2-2 所示。

表 2-2　智能 ABC 输入汉字过程中的常用键及其功能

按　　键	功　　能	作　　用
空格键	词转换键	结束一次输入过程，同时具有按词转换输入内容的功能
Enter 键	字转换键	结束一次输入过程，同时具有按字转换输入内容的功能
Esc 键	取消键	取消输入过程或者变换结果
←或 Backspace	逆转换及删除键	在输入字符过程中删除光标前的字符； 在转换过程中把光标前的一个汉字恢复到原输入码
Ctrl+—键	恢复及重复键	对记忆内容"朦胧回忆"
[、]键 PageUp 和 PageDown 键 Home 和 End 键	翻页键	[和 PageUp 键，向前翻页；] 和 PageDown 键，向后翻页； Home 键翻至首页、End 键翻至末页
1～9 数字键 Shift+数字键	候选结果选择键	在候选窗口中选择候选结果； 纯笔形输入时，在候选窗口中选择候选结果
CapsLock 键	大写键	只有在小写状态才能输入中文

1. 录入文字

在使用智能 ABC 输入汉字时，如果汉语拼音比较熟练，可以使用该输入法的全拼输入功能。该输入法的规则是按规范的汉语拼音输入，输入过程和书写汉语拼音的过程完全一致。值得注意的是，在按词输入汉字时，词与词之间要用空格或者标点隔开。如果不会用词组的方法输入汉字，可以一直写下去，当超过系统允许的字符个数时，系统将响铃警告。需要注意的是，必要时应在拼音之间添加间隔符"'"，汉语拼音ü在键盘上的代替符为 v。

2. 属性设置

右击智能 ABC 输入法的状态栏，单击快捷菜单中的"属性设置"命令，打开如图 2-45 所示的"智能 ABC 输入法设置"对话框，在其中可设置该输入法的风格和功能。

该对话框中的选项如下：

（1）"风格"选项组：设置输入汉字时外码窗口和候选窗口的移动状况。

● "光标跟随"单选按钮：选择后外码窗口和候选窗口跟随光标移动。

● "固定格式"单选按钮：选择后外码窗口和候选窗口的位置相对固定，不跟随光标移动。

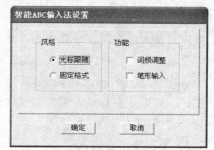

图 2-45　"智能 ABC 输入法设置"对话框

（2）"功能"选项组：设置应用何种方式输入汉字。

● "词频调整"复选框：选择后启用自动调整词频功能。

● "笔形输入"复选框：选择后启用纯笔形输入功能。

2.5.3 微软拼音输入法

微软拼音输入法融合了全拼与双拼两种拼音输入法，并具有中英文混合输入、不完整拼音输入、模糊拼音输入和输入板等功能。

右击语言栏，单击快捷菜单中的"设置"命令，打开"文字服务和输入语言"对话框。在"已安装的服务"列表框中选择"微软拼音输入法 3.0 版"选项，单击"属性"按钮，打开"微软拼音输入法 属性"对话框。在"输入模式"选项组中选择输入模式后单击"确定"按钮，如图 2-46 所示。

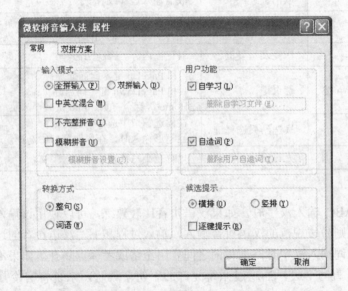

图 2-46 选择输入法模式

1．中英文混合输入

中英文混合输入是微软拼音输入法 3.0 中新增的输入模式，在这种输入模式下用户可以连续地输入英文单词和汉语拼音，而不必切换中英文输入状态。微软拼音输入法会根据上下文来判断用户输入的是英文还是拼音，然后自动转换，这种输入模式最适合输入混合少量英文单词的中文文章。

在中英文混合输入模式下，用户输入的英文单词有可能被错误地转换成汉字。出现这种情况时，可以用鼠标或左右方向键将光标定位到汉字的右边，然后按下 Backspace 键将汉字转换为英文字母。

2．不完整拼音输入

在不完整拼音输入模式下，用户可以只用声母来输入汉字。如输入不完整拼音 xzh，候选窗口中会自动出现以声母 x 和 zh 开头的词语。使用不完整拼音输入可以减少击键次数，但会降低微软拼音输入法的转换速率和准确率。

3. 模糊拼音输入

对某些地区的用户，汉语中有些读音的差别很难区分。如平舌音和翘舌音，前鼻韵和后鼻韵等。在使用微软拼音输入法时，如果对自己的普通话发音不是很有把握，可以使用模糊拼音输入模式。

在模糊拼音输入模式下，微软拼音输入法把容易混淆的拼音组成模糊音对。当用户输入模糊音对中的一个拼音时，另一个也会出现在候选窗口中。如输入 si 时，读音为 si 和 shi 的汉字都会出现在候选窗口中。微软拼音输入法支持 11 个模糊音对，如表 2-3 所示，用户可以根据自己的发音情况选择。

表 2-3　微软拼音输入法支持的 11 个模糊音对

模糊音对	默 认	模糊音对	默 认
Zh，z	是	F，hu	否
Ch，c	是	Wang，huang	是
Sh，s	是	An，ang	是
N，l	否	En，eng	是
L，r	否	In，ing	是
F，h	否		

2.6　Windows XP 的系统设置

初次进入 Windows XP 后，系统会为用户提供一个默认的工作环境。用户可以根据自己的习惯和爱好来更改系统设置，获得一个更加符合个人要求的工作环境，以提高工作和学习效率。

2.6.1　设置显示属性

显示属性包括桌面背景、屏幕保护程序、主题、外观和分辨率等，合理地设置计算机的显示属性不但可以提供一个具有人性化的用户环境，还可以延长计算机的使用寿命。右击桌面空白处，单击快捷菜单中的"属性"命令，打开"显示 属性"对话框，即可设置系统的显示属性。

1. 设置桌面主题

桌面主题是指 Windows XP 操作系统为用户提供的桌面配置方案，包括图标、字体、颜色和桌面墙纸等窗口元素，改变桌面主题将会得到另一种桌面外观。在 Windows XP 中，用户可以切换主题，创建自己的主题。如果通过更改任意一方面的特性修改了预先定义的主题，则该主题会自动变为自定义主题。设置桌面主题的操作如下：

① 在 Windows XP 桌面的空白区域单击鼠标右键，然后在弹出的快捷菜单中选择"属

性"命令。或者在"控制面板"窗口中双击"显示"图标，打开"显示 属性"对话框，如图 2-47 所示。

② 单击"主题"选项卡，然后单击"主题"下拉列表框的下拉按钮，从弹出的列表中选择一个主题，单击"确定"按钮。

用户可以对所选择的主题进行修改，例如修改它的颜色、桌面墙纸等内容，然后单击"另存为"按钮，保存为一个新的主题。以后使用时，就可以在"主题"下拉列表框中直接选用这个新主题了。选中某个不想保留的主题，单击"删除"按钮即可将其删除。

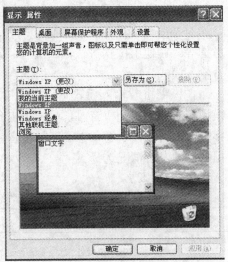

图 2-47 "主题"选项卡

2. 设置桌面背景

默认情况下，Windows XP 操作系统的桌面背景是蓝天白云，用户可以选择一幅自己喜爱的图片对桌面背景进行重新设置，其操作方法如下：

① 在"显示 属性"对话框中单击"桌面"选项卡，如图 2-48 所示。

图 2-48 "桌面"选项卡

② 在"背景"列表框中，选择一个系统提供的背景图片，所选择的背景会预览于上面的显示器窗口中。

③ 或者单击"浏览"按钮，在弹出的"浏览"对话框中选择一个图片文件作为背景。

④ 单击"位置"下拉列表的下拉按钮，选择一种背景图片在桌面中的位置。共有 3 种选项，意义如下：

- 居中：表示在桌面上只显示一幅图片并保持它的原始尺寸，图片位于桌面正中间。
- 拉伸：表示在桌面上只显示一幅图片并将它拉伸成与桌面尺寸一样。
- 平铺：表示以这幅图片为单元，一张一张地拼接起来平铺在桌面上。

⑤ 完成后单击"确定"按钮，所选择的图片就成为桌面的背景。

单击图 2-48 中的"自定义桌面"按钮打开"桌面项目"对话框，在其中可自定义桌面项目的显示状态，例如指定在桌面上添加或删除哪些 Windows 程序的图标，并且确定哪些图标将用来代表这些程序。还可以通过单击"现在清理桌面"按钮运行"清理桌面向导"删除桌面上从不使用的图标，并且自定义桌面使其包含网页内容等。

3. 设置屏幕保护程序

计算机是通过显示器产生图像的，如果一个高亮度的图像长时间地停留在屏幕的某一个位置，对显示器是非常有害的。因此，当长时间不操作计算机时，就应该让计算机显示较暗或活动的画面。屏幕保护程序正是为自动显示这种画面而设计的，不论何时，只要屏幕在某一个指定的时间内没有变化，屏幕保护程序就会显示连续不断的变化图像，直到按任意键或者移动鼠标，屏幕才会恢复到原始的工作窗口。

屏幕保护程序的设置方法如下：

① 在"显示 属性"对话框中，单击"屏幕保护程序"选项卡，如图 2-49 所示。

图 2-49 "屏幕保护程序"选项卡

② 打开"屏幕保护程序"下拉列表框并选取一个屏幕保护程序，其效果可在上面的显示器窗口中预览；单击"预览"按钮，也可以预览屏幕保护的全屏效果；单击"设置"按钮，可以进行相应的设置。

③ 在"等待"变数框中，单击微调按钮可以改变等待时间。等待时间是指没有键盘和鼠

标输入的时间，系统将在等待时间过后运行屏幕保护程序。

④ 暂时不用计算机时，为防止他人使用自己的计算机，用户可以把屏幕设置为在恢复时使用密码保护。选中"在恢复时使用密码保护"复选框，单击"应用"按钮即可启用密码保护功能。在屏幕保护程序运行时，如果有键盘或鼠标输入，系统将弹出"计算机已锁定"对话框。按【Ctrl+Alt+Del】组合键，然后输入当前用户或系统管理员的密码即可解除锁定，回到正常的工作窗口。

⑤ 设置完成后单击"确定"按钮，关闭对话框，设置生效。

4．设置外观

Windows 外观是指 Windows 的操作界面给人的视觉感受，包括窗口和对话框的标题栏、菜单、按钮和滚动条等。Windows XP 安装完成之后，系统为用户提供了一个默认的外观设置。但是，这种默认的设置未必都能适合每个人的"口味"。在 Windows XP 中，用户可以选择不同的窗口样式和色彩方案，也可以对标题栏、菜单、按钮和滚动条等的颜色和字体进行更详细的设置，其操作方法如下：

① 在"显示 属性"对话框中，单击"外观"选项卡，如图 2-50 所示。上半部分是 Windows 外观的预览窗口，当为窗口和按钮选择不同的样式、色彩方案和字体时，预览窗口就会显示出每个元素的外观效果。下半部分可以设置 Windows 外观。

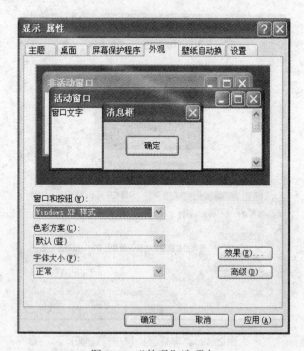

图 2-50 "外观"选项卡

② 在"窗口和按钮"下拉列表框中可以选择窗口和按钮的样式。

③ 在"色彩方案"下拉列表框中可以选择一种色彩搭配方案。

④ 在"字体大小"下拉列表框中可以选择正常、大字体、特大字体 3 种字体大小。

⑤ 单击"效果"按钮，弹出"效果"对话框，如图 2-51 所示。选中"为菜单和工具提示使用下列过渡效果"复选框，在下面的列表框中可以选择"淡入淡出效果"或"滚动效果"；选中"使用下列方式使屏幕字体的边缘平滑"复选框，在下面的列表框中可以选择"标准"或"清晰"。另外，在下面几个复选框中，可以设置是否使用大图标、菜单是否显示阴影等。完成后单击"确定"按钮，返回"显示 属性"对话框。

⑥ 单击"高级"按钮，将弹出"高级外观"对话框，如图 2-52 所示。上半部分是当前 Windows 外观的显示效果，单击鼠标将选中相应的项目，例如标题栏、菜单、按钮和滚动条等。在下半部分可以设置该项目的大小、颜色、字体、字体的大小以及颜色等。完成后单击"确定"按钮，返回"显示 属性"对话框。

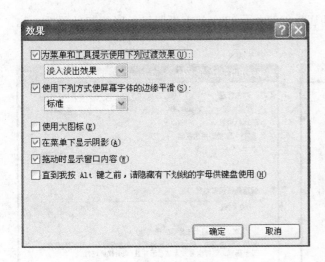

图 2-51 "效果"对话框　　　　　　　　图 2-52 "高级外观"对话框

⑦ 在"显示 属性"对话框中，单击"确定"按钮，关闭对话框，设置生效。

5. 设置屏幕分辨率和颜色质量

屏幕分辨率是指屏幕的水平和垂直方向最多能显示的像素点，它以水平显示的像素数乘以垂直扫描线数表示。例如，800×600 表示每帧图像由水平 800 个像素、垂直 600 条扫描线组成。分辨率越高，屏幕中的像素点越多，可显示的内容就越多，所显示的对象也就越小；反之，分辨率越低，屏幕中的像素点越少，可显示的内容就越少，所显示的对象也就越大。

颜色质量是指系统能提供的颜色数量，它以存储一个像素点的颜色所需要的二进制位数来表示。例如，32 位色是指存储一个像素点的颜色所需要的二进制位数为 32 位，系统可以提供 2^{32} 种颜色。颜色数越多，图像的色彩就越逼真，图像文件所占的空间也就越大。

在计算机中使用的分辨率越高和色彩数越多，对系统和硬件的要求就越高。能否使用某种分辨率和使用多少种颜色，取决于显示器是否支持该分辨率，以及显示器是否能够显示所要求数量的颜色。另外，如果 CPU 的处理速度比较低，最好不要把分辨率设置得太高，也不要让系统使用太多的颜色，因为这样会降低系统的性能，影响应用程序的运行速度。

在完成 Windows XP 的安装之后。系统会将屏幕分辨率和颜色质量调整到比较合理的程度。一般情况下，这种基本的设置就能满足要求。如果需要重新调整，可按下列步骤进行：

① 在"显示 属性"对话框中，单击"设置"选项卡，如图 2-53 所示。

② 在"屏幕分辨率"选项组中，拖动滑块即可调整屏幕分辨率。

③ 在"颜色质量"选项组中，可以从下拉列表中选择一种颜色质量。

④ 调整完之后单击"确定"按钮，此时将会出现几秒钟的黑屏，然后屏幕将按新的设置显示。

⑤ 单击"高级"按钮，打开显示器的属性对话框，可在其中设置显示器的各种属性，如图 2-54 所示。

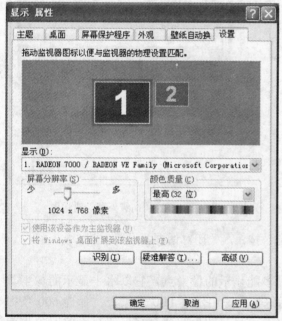

图 2-53 "设置"选项卡

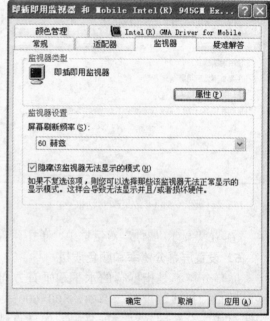

图 2-54 显示器的属性对话框

2.6.2 使用文件夹选项

一般情况下，显示文件夹窗口内容的方式是预先设置的，例如默认显示窗口中的任务窗格中不显示文件扩展名及具有隐藏属性的文件和文件夹等，可以在"文件夹选项"对话框中更改文件夹窗口的显示方式。

1. 显示和隐藏任务窗格

任务窗格是 Windows XP 的新增功能之一，它可以使用户方便地执行某些常用的任务，但是同时也占用了部分窗口的空间。如果需要最大限度地利用窗口空间，可以隐藏任务窗

格。方法是在文件夹窗口中单击【工具】|【文件夹选项】命令，打开"文件夹选项"对话框，如图 2-55 所示。

打开"常规"选项卡，在"任务"选项组中选择"使用 Windows 传统风格的文件夹"单选按钮。如果要显示任务窗格，在"任务"选项组中选择"在文件夹中显示常见任务"单选按钮，选择后单击"确定"按钮。

在"常规"选项卡中还可以设置以下选项：

● "浏览文件夹"选项组：用于选择浏览文件夹的方式，"在同一窗口中打开每个文件夹"单选按钮用于指定在同一窗口中打开每个文件夹的内容。要返回到前一个文件夹，单击工具栏上的"返回"按钮或按下 Backspace 键即可。"在不同窗口中打开不同的文件夹"单选按钮用于指定在新窗口中打开每个文件夹的内容，前一文件夹将仍显示在其窗口中，从而可在文件夹之间切换。

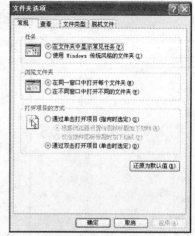

图 2-55 "常规"选项卡

● "打开项目的方式"选项组：用于选择打开文件或文件夹的方式，"通过单击打开项目（指向时选定）"单选按钮用于指定通过单击来打开文件或文件夹，以及桌面上的项目，如同单击网页上的链接一样。如果希望选中某一项而不打开，只需将指针停在上面。"通过双击打开项目（单击时选定）"单选按钮用于在单击时选择项目，双击时打开项目，这是默认的打开项目的方式。

2．显示所有文件和文件夹

默认情况下，不显示具有隐藏属性的文件或文件夹。当需要查看或操作这些文件或文件夹时，必须首先显示所有文件和文件夹。方法是在图 2-56 所示的"文件夹选项"对话框的"查看"选项卡中，选择"显示所有文件和文件夹"单选按钮，然后单击"确定"按钮。

例 2.2 打开 Windows XP 资源管理器，完成以下操作：

（1）设置浏览文件夹方式为在同一窗口中打开每个文件夹。

（2）设置打开项目方式为通过双击打开项目。

操作步骤：

打开 Windows XP 资源管理器，单击【工具】|【文件夹选项】命令，打开"文件夹选项"对话框。在"常规"选项卡中设置"浏览文件夹的方式"为"在同一窗口中打开每个文件夹"，"打开项目的方式"为"通过双击打开项目（单击时选定）"。

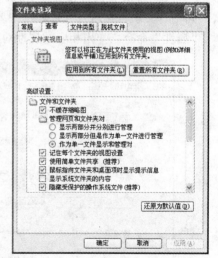

图 2-56 "查看"选项卡

2.6.3 设置系统属性

双击控制面板中的"系统"图标，或者右键单击"我的电脑"，在弹出的快捷菜单中选择"属性"命令，弹出"系统属性"对话框，如图 2-57 所示。

图 2-57 "系统属性"对话框

① 单击"计算机名"标签，打开"计算机名"选项卡。在该选项卡中，用户可对计算机的名称进行设定。

② 单击"硬件"标签，打开"硬件"选项卡，如图 2-58 所示，单击相关按钮可进行相应的设置。

③ 单击"设备管理器"控钮，打开"设备管理器"窗口，如图 2-59 所示，在该窗口中可对计算机设备进行管理。选中要管理的设备项目，单击鼠标右键，在弹出的快捷菜单中选择"属性"命令，弹出相应的属性对话框，可在该对话框中对设备进行管理。

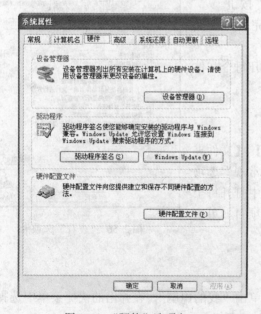

图 2-58 "硬件"选项卡

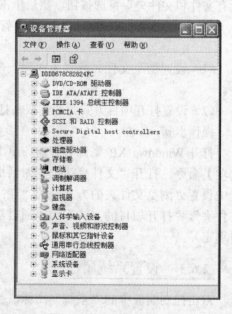

图 2-59 "设备管理器"窗口

2.6.4 设置鼠标和键盘

默认情况下，鼠标和键盘根据大多数用户的习惯设置。例如，鼠标的右手习惯（单击、双击和右击）就是针对广大习惯使用右手的用户。然而这些默认设置并不适合个别用户，例如，左手习惯的用户需要根据自己的实际情况重新设置鼠标。

1．设置鼠标

要设置鼠标，双击"控制面板"窗口中的"鼠标"图标，打开"鼠标 属性"对话框，如图 2-60 所示。

其中的主要选项卡描述如下：

（1）"鼠标键"选项卡

● "切换主要和次要的按钮"复选框：用于交换鼠标左键和右键的作用。

● "速度"滑块：用于设定系统双击的灵敏程度。

● "启用单击锁定"复选框：用于用户在选择文本或拖动文件时，不必持续按住鼠标。例如，在使用拖动的方法移动一个文件夹时，在文件夹上按住鼠标左键片刻后松开左键，则鼠标将自动"粘贴"到文件夹上，用户只需拖动鼠标即可移动文件夹。

（2）"指针"选项卡

● "方案"下拉列表框：用于选择系统提供的鼠标指针形状方案。

● "自定义"下拉列表框：当用户从"方案"下拉列表框中选择一种指针方案后，在该列表框中列出该方案中鼠标指针的形状。如果要更改某一指针方案，则在该"自定义"列表框中选中要更改的选项，然后单击"浏览"按钮，为当前选定的指针操作方式指定一种新的指针外观。

● "启用指针阴影"复选框：使鼠标指针的外观更有立体感。

2．设置键盘

要设置键盘，双击"控制面板"窗口中的"键盘"图标，打开"键盘 属性"对话框，默认为"速度"选项卡，如图 2-61 所示。

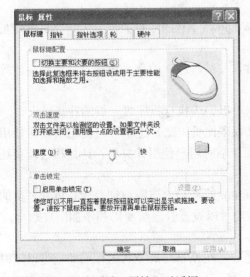

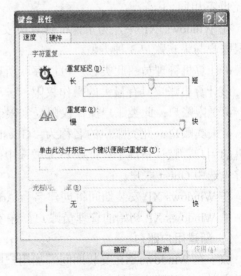

图 2-60 "鼠标 属性"对话框　　　　　　图 2-61 "速度"选项卡

- "重复延迟"滑块：用于调整按住某个键后某个字符开始重复所需的等待时间。
- "重复率"滑块：用于调整按住某个键后该字符的重复速度，可以单击下面的文本框，然后按住某个键，以测试重复率。
- "光标闪烁频率"滑块：用于调整光标或插入的闪烁频率。如果要禁止光标闪烁，可将滑块拖至最左端。

2.6.5　调整日期或时间

在 Windows XP 中，系统会自动为存档文件添加日期和时间，以供用户查询。在用户向其他计算机发送电子邮件时，系统也将在邮件中标上本机的日期和时间。Windows XP 任务栏的右侧显示当前系统的时间，在系统时间和日期不准确或在特定的情况下，用户可以更改。双击任务栏右侧显示的时间，打开如图 2-62 所示的"日期和时间 属性"对话框，在"时间和日期"选项卡中可设置日期和时间。

如果用户所在的时区与系统默认的时区不一致，则打开"时区"选项卡，在"时区"下拉列表框中根据自己所在的具体位置选择所属的时区，中国用户应选择"北京，重庆，香港特别行政区，乌鲁木齐"选项。

图 2-62　"日期和时间 属性"对话框

2.6.6　多用户管理

用户账户定义了用户可以在 Windows XP 中执行的操作，建立了分配给每个用户的特权。Windows XP 具有多用户管理功能，允许多个用户共用一台计算机。每个用户都可以建立自己专用的运行环境，不同的运行环境间各自独立，互不干扰，而且保存文件时的默认路径也不相同。

在 Windows XP 中，为了保证计算机安全，Windows XP 的账户类型分为计算机管理员、受限账户与来宾账户 3 种类型。

- 计算机管理员：此类账户可以存取所有文件、安装程序、改变系统设置并添加与删除账户，该计算机账户具有最大的操作权限。
- 受限账户：此类账户操作权限受到限制，只可以完成执行程序等一般的计算机操作。
- 来宾账户：此类账户的名称为"Guest"，其权限比受限账户更小，可提供给临时使用计算机的用户。默认情况下，此账户未被选中。要想让临时用户使用计算机，计算机管理员还必须首先选中 Guest 账户。

在 Windows XP 安装期间将创建名为 Administrator 的账户，该账户拥有计算机管理员的特权，是 Windows XP 初始的管理员账户。在安装期间可以设置管理员密码和添加用户账户。

1．新建用户账户

除了在 Windows XP 安装期间添加用户账户之外，在 Windows XP 运行期间也可以随时建立用户账户，其建立方法如下：

① 双击"控制面板"窗口中的"用户账户"图标,打开"用户账户"窗口,如图 2-63 所示。

图 2-63 "用户账户"窗口

② 在"用户账户"窗口中,选择"创建一个新账户"选项,打开"用户账户"向导,如图 2-64 所示。在"为新账户键入一个名称"文本框中键入新的用户名,然后单击"下一步"按钮,切换到向导的第 2 步,选择账户类型,这里选择"受限"单选按钮。

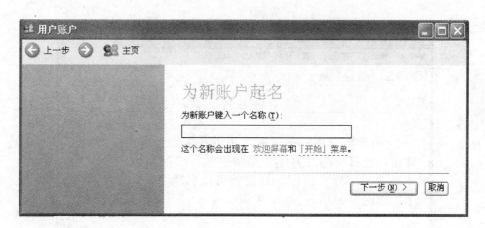

图 2-64 "用户账户"向导

③ 单击"创建账户"按钮,在"用户账户"窗口中将显示出新建用户的图标。

2．账户管理

对于账户，可以进行更改名称、密码、图标图片和账户类型等操作。计算机管理员有权限更改自己和其他用户的有关信息，并且可以删除账户。

如果用户是以计算机管理员身份登录的，在"用户账户"窗口中单击某个用户账户后会出现此账户的可更改选项，用户可以根据需要选择相应的选项以更改具体的信息。如果用户是受限账户类型，则只能更改自己账户的信息。

2.7 Windows XP 的附件

Windows XP 的"附件"程序为用户提供了许多使用方便而且功能强大的工具，当用户要处理一些要求不是很高的工作时，可以利用附件中的工具来完成，比如使用"画图"工具可以创建和编辑图画，以及显示和编辑扫描获得的图片；使用"计算器"来进行基本的算术运算；使用"写字板"进行文本文档的创建和编辑工作。进行以上工作虽然也可以使用专门的应用软件，但是运行程序要占用大量的系统资源，而附件中的工具都是非常小的程序，运行速度比较快，这样用户可以节省很多的时间和系统资源，有效地提高工作效率。

2.7.1 写字板

写字板是一个使用简单但功能强大的文字处理程序，用户可以利用它进行日常工作中文件的编辑。它不仅可以进行中英文文档的编辑，而且还可以图文混排，插入图片、声音、视频剪辑等多媒体资料。

1．认识写字板

当用户要使用写字板时，可在桌面上单击"开始"按钮，在打开的"开始"菜单中执行【所有程序】|【附件】|【写字板】命令，这时就可以启动"写字板"程序，如图 2-65 所示。

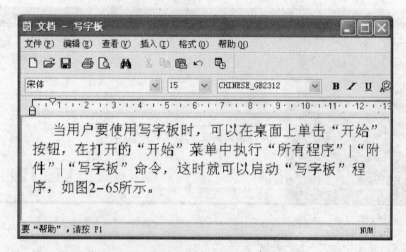

图 2-65 "文档-写字板"窗口

从图中可以看到，它由标题栏、菜单栏、工具栏、格式栏、水平标尺、工作区和状态栏几部分组成。

2．新建文档

当用户需要新建一个文档时，可以在"文件"菜单中进行操作，执行"新建"命令，弹出"新建"对话框，如图 2-66 所示，用户可以选择新建文档的类型，默认选中 RTF 格式的文档。单击"确定"后，即可新建一个文档进行文字的输入。

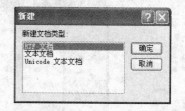

图 2-66 "新建"对话框

设置好文件格式后，还要进行页面的设置，在"文件"菜单选择"页面设置"命令，弹出"页面设置"对话框，在其中用户可以选择纸张的大小、来源及使用方向，还可以进行页边距的调整，如图 2-67 所示。

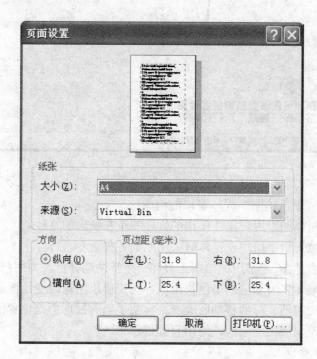

图 2-67 "页面设置"对话框

3．编辑文档

编辑功能是写字板程序的灵魂，通过各种方法，比如复制、剪切、粘贴等操作，可以使文档更加符合用户的需要，具体操作方法和 Word 2003 类似。

2.7.2 画图

画图程序是一个位图编辑器，可以对各种位图格式的图画进行编辑，用户可以自己绘制图画，也可以对扫描的图片进行编辑修改，在编辑完成后，可以以 BMP、JPG、GIF 等格式存档，用户还可以发送到桌面和其他文本文档中。

1. 认识"画图"程序界面

当用户要使用画图工具时，可单击"开始"按钮，选择【所有程序】|【附件】|【画图】，即可启动"画图"程序，如图 2-68 所示。

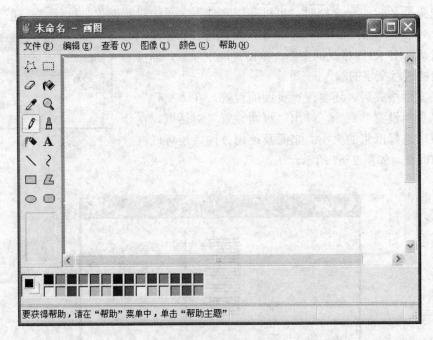

图 2-68 "画图"窗口

下面来简单介绍一下"画图"程序窗口的构成：

- 标题栏：在这里标明了用户正在使用的程序和正在编辑的文件。
- 菜单栏：此区域提供了用户在操作时要用到的各种命令。
- 工具箱：它包含了 16 种常用的绘图工具和一个辅助选择框，为用户提供多种选择。
- 颜料盒：它由显示多种颜色的小色块组成，用户可以随意改变绘图颜色。
- 状态栏：它的内容随光标的移动而改变，标明了当前鼠标所处位置的信息。
- 绘图区：处于整个界面的中间，为用户提供画布。

2. 页面设置

在用户使用"画图"程序之前，首先要根据自己的实际需要进行画布的选择，也就是要进行页面设置，确定所要绘制的图画大小以及各种具体的格式。用户可以通过选择"文件"菜单中的"页面设置"命令来实现，如图 2-69 所示。

在"纸张"选项组中，用户可以选择纸张的大小及来源，在"方向"选项组中，可通过"纵向"和"横向"单选按钮选择纸张的方向，还可进行页边距及缩放比例的调整，当一切设置好之后，用户就可以进行绘画了。

3. 使用工具箱

在"工具箱"中，为用户提供了 16 种常用的工具，当每选择一种工具时，在下面的辅助选择框中会出现相应的信息。比如当选择"放大镜"工具时，会显示放大的比例；当选择"刷子"工具时，会出现刷子大小及显示方式的选项，用户可自行选择。下面分别介绍这些常用工具：

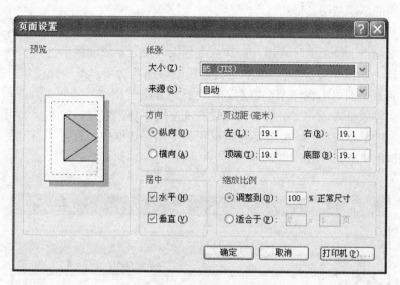

图 2-69 "页面设置"对话框

- 裁剪工具"⬚"：利用此工具，可以对图片进行任意形状的裁切。单击此工具按钮，按下左键不松开，对所要进行的对象进行圈选后再松开鼠标，此时出现虚框选区，拖动选区，即可看到效果。

- 选定工具"▭"：此工具用于选中对象。使用时单击此按钮，拖动鼠标左键，可以拉出一个矩形选区对所要操作的对象进行选择，用户可对选中范围内的对象进行复制、移动、剪切等操作。

- 橡皮工具"⬭"：用于擦除绘图中不需要的部分。用户可根据要擦除的对象范围大小，来选择合适的橡皮擦，橡皮工具根据背景而变化。当用户改变其背景色时，橡皮会转换为绘图工具，类似于刷子的功能。

- 填充工具"⬚"：运用此工具可对一个选区内进行颜色的填充，来达到不同的表现效果。用户从颜料盒中选定某种颜色后，单击改变前景色，右击改变背景色。在填充时，一定要在封闭的范围内进行，否则整个画布的颜色会发生改变，达不到预想的效果。

- 取色工具"✎"：此工具的功能等同于在颜料盒中进行颜色的选择。运用此工具时可单击该工具按钮，在要操作的对象上单击，颜料盒中的前景色随之改变，而对其右击，则背景色会发生相应的改变。当用户需要对两个对象进行相同颜色的填充时，如果前景色和背景色的颜色已经调乱，可采用此工具，能保证其颜色的绝对相同。

- 放大镜工具"🔍"：当用户需要对某一区域进行详细观察时，可以使用放大镜工具进行放大。选择此工具按钮，绘图区会出现一个矩形选区，选择所要观察的对象，单击即可放大，再次单击回到原来的状态，用户可以在辅助选框中选择放大的比例。

- 铅笔工具"✐"：此工具用于不规则线条的绘制。直接选择该工具按钮即可使用，线条的颜色依前景色而改变。

● 刷子工具"🖌": 使用此工具可绘制不规则的图形。使用时单击该工具按钮, 在绘图区按下左键拖动即可绘制显示前景色的图画, 按下右键拖动可绘制显示背景色图画。用户可以根据需要选择不同的笔刷粗细及形状。

● 喷枪工具"🖋": 使用喷枪工具能产生喷绘的效果。选择好颜色后, 单击此按钮, 即可进行喷绘。在喷绘点上停留的时间越久, 其浓度越大, 反之, 浓度越小。

● 文字工具"**A**": 用户可采用文字工具在图画中加入文字。单击此按钮, 在图画上需要加入文字的位置双击即可出现一个文字输入框, 这时还会弹出"字体"工具栏, 如图 2-70 所示。用户在文字输入框内输完文字后, 可以设置文字的字体、字号, 给文字加粗、倾斜、加下划线, 改变文字的显示方向等。此外还可将鼠标移至四条边框中间位置, 当出现双向箭头时可调整文字输入框的大小。

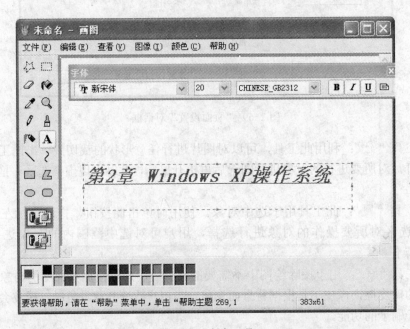

图 2-70 文字工具

● 直线工具"╲": 此工具用于直线线条的绘制。先选择所需要的颜色以及在辅助选择框中选择合适的宽度, 单击直线工具按钮, 拖动鼠标至所需要的位置再松开, 即可得到直线。在拖动的过程中同时按 Shift 键, 可起到约束的作用, 这样可以画出水平线、垂直线或与水平线成 45°的线条。

● 曲线工具"ⵗ": 此工具用于曲线线条的绘制。先选择好线条的颜色及宽度, 然后单击曲线按钮, 拖动鼠标至所需要的位置再松开, 然后在线条上选择一点, 移动鼠标则线条会随之变化, 调整至合适的弧度即可。

● 矩形工具"▢"、椭圆工具"⬭"、圆角矩形工具"▢": 这三种工具的应用基本相同, 当单击工具按钮后, 在绘图区直接拖动即可拉出相应的图形。在其辅助选择框中有三种选项, 包括以前景色为边框的图形、以前景色为边框背景色填充的图形、以前景色填充没有边框的图形。在拉动鼠标的同时按 Shift 键,可以分别得到正方形、正圆、正圆角矩形。

● 多边形工具 "⬠":利用此工具用户可以绘制多边形。选定颜色后,单击工具按钮,在绘图区拖动鼠标左键,当需要弯曲时松开手,如此反复,最后双击鼠标,即可得到相应的多边形。

4. 图像及颜色的编辑

在画图工具栏的"图像"菜单中,用户可对图像进行简单的编辑。

● 翻转和旋转:在"翻转和旋转"对话框内,有三个单选按钮:"水平翻转"、"垂直翻转"及"按一定角度旋转",用户可以根据自己的需要进行选择,如图 2-71 所示。

● 拉伸和扭曲:在"拉伸和扭曲"对话框中,有"拉伸"和"扭曲"两个选项组,用户可以选择水平和垂直方向拉伸的比例和扭曲的角度,如图 2-72 所示。

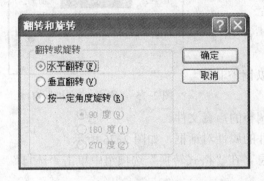

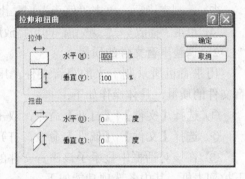

图 2-71 "翻转和旋转"对话框   图 2-72 "拉伸和扭曲"对话框

● 反色:选择"图像"下的"反色"命令,图形即可呈反色显示,图 2-73、图 2-74 是执行"反色"命令前后的两幅对比图。

图 2-73 "反色"前   图 2-74 "反色"后

当用户的一幅作品完成后,可以设置为墙纸,还可以打印输出,具体的操作都是在"文件"菜单中实现的,用户可以直接执行相关命令并根据提示操作完成,这里不再过多叙述。

2.7.3 录音机

录音机通过麦克风和已安装的声卡来记录声音，使用录音机可以录制、混合、播放和编辑声音文件（.wav），也可以将声音文件链接或插入到另一文档中。

1. 使用录音机进行录音

使用录音机进行录音的操作如下：

① 单击"开始"菜单，选择【所有程序】|【附件】|【娱乐】|【录音机】命令，打开"声音-录音机"程序，如图 2-75 所示。

② 单击"录音"　●　按钮，即可开始录音。最大录音长度为 60 秒。

③ 录制完毕后，单击"停止"　■　按钮即可。

④ 单击"播放"　▶　按钮，即可播放所录制的声音文件。

2. 调整声音文件的质量

用录音机所录制下来的声音文件，用户还可以调整其声音文件的质量，具体操作如下：

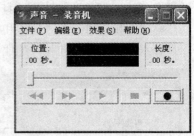

图 2-75　"声音-录音机"窗口

① 选择【文件】|【打开】命令，双击要进行调整的声音文件。

② 选择【文件】|【属性】命令，打开声音文件的属性对话框，如图 2-76 所示。

③ 在该对话框中显示了该声音文件的具体信息，在"格式转换"选项组中单击"选自"下拉列表框，其中各选项功能如下：

● 全部格式：显示全部可用的格式。

● 播放格式：显示声卡支持的所有可能的播放格式。

● 录音格式：显示声卡支持的所有可能的录音格式。

④ 选择一种所需格式，单击"立即转换"按钮，打开"声音选定"对话框，如图 2-77 所示。

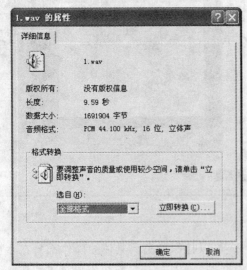

图 2-76　声音文件的属性对话框

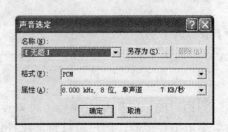

图 2-77　"声音选定"对话框

⑤ 在该对话框中的"名称"下拉列表框中可选择"无题"、"CD 质量"、"电话质量"和"收音质量"选项。在"格式"和"属性"下拉列表框中可选择该声音文件的格式和属性。

⑥ 调整完毕后，单击"确定"按钮即可。

2.7.4 媒体播放器

使用 Windows Media Player 可以播放、编辑和嵌入多种多媒体文件，包括视频、音频和动画文件。Windows Media Player 不仅可以播放本地的多媒体文件，还可以播放来自 Internet 的流式媒体文件。

使用 Windows Media Player 播放多媒体文件、CD 唱片的操作步骤如下：

① 单击"开始"菜单，选择【所有程序】|【附件】|【娱乐】|【Windows Media Player】命令，启动"Windows Media Player"程序，如图 2-78 所示。

图 2-78　Windows Media Player 窗口

② 若要播放本地磁盘上的多媒体文件，可选择【文件】|【打开】命令，选中要播放的文件，单击"打开"按钮或双击即可播放。

③ 若要播放 CD 唱片，可先将 CD 唱片放入 CD-ROM 驱动器中，单击"CD 音频"按钮，再单击"播放"按钮即可。

2.7.5 命令提示符

命令提示符即 Windows 95/98 下的"MS-DOS 方式"。虽然随着计算机产业的发展，Windows 操作系统的应用越来越广泛，DOS 面临着被淘汰的命运，但是因为它运行安全、稳定，有的用户还在使用，所以一般 Windows 的各种版本都与其兼容。用户可以在 Windows 系统下运行 DOS，中文版 Windows XP 中的命令提示符进一步提高了与 DOS 下操作命令的兼容性，用户可以在命令提示符中直接输入中文调用文件。

1. 应用命令提示符

当用户需要使用 DOS 时，可以在桌面上单击"开始"按钮，选择【所有程序】|【附件】|

【命令提示符】命令，即可启动 DOS。系统默认的当前位置是 "C:\Documents and Settings" 路径下的当前用户名，如图 2-79 所示。

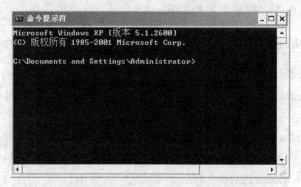

图 2-79 "命令提示符"窗口

这时用户已经看到熟悉的 DOS 界面了，可以执行 DOS 命令来完成日常工作。在工作区域内右击鼠标，会出现编辑快捷菜单，用户可以先选择对象，然后可以进行"复制"、"粘贴"、"查找"等编辑工作。

2. 设置命令提示符的属性

在命令提示符中，默认的是白字黑底显示，用户可以通过"属性"命令来改变其显示方式、字体字号等一些属性。

在命令提示符的标题栏上右击鼠标，在弹出的快捷菜单中选择"属性"命令，这时弹出"'命令提示符'属性"对话框。

① 在"选项"选项卡中，用户可以改变光标的大小，改变其显示方式，包含"窗口"和"全屏显示"两种方式；在"命令记录"选项组中可以改变缓冲区的大小和数量，如图 2-80 所示。

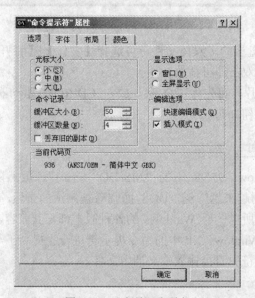

图 2-80 "选项"选项卡

② 在"字体"选项卡中，为用户提供了"点阵字体"和"新宋体"两种字体，用户还可以选择不同的字号。

③ 在"布局"选项卡中，用户可以自定义屏幕缓冲区及窗口的大小，在"窗口位置"选项组中，显示了窗口在显示器上所处的位置。

④ 在"颜色"选项卡，用户可以自定义屏幕文字、背景以及弹出窗口文字、背景的颜色。

2.8 习题

一、选择题

1. 在窗口中关于当前窗口的有关信息显示在（　　）中。
   - A. 标题栏
   - B. 任务窗格
   - C. 状态栏
   - D. 地址栏

2. 在 Windows XP 的桌面上单击鼠标右键，将弹出一个（　　）。
   - A. 窗口
   - B. 对话框
   - C. 快捷菜单
   - D. 工具栏

3. 当一个应用程序窗口被最小化后，该应用程序（　　）。
   - A. 终止执行
   - B. 暂停执行
   - C. 继续在前台执行
   - D. 继续在后台执行

4. 在 Windows XP 中，任务栏的作用是（　　）。
   - A. 实现窗口之间的切换
   - B. 只显示活动窗口名
   - C. 只显示正在后台工作的窗口名
   - D. 显示系统的所有功能

5. 在 Windows XP 中，如果删除的目标是一个文件夹，将（　　）。
   - A. 仅删除该文件夹
   - B. 删除该文件夹及内部的所有内容
   - C. 删除文件夹中部分文件
   - D. 仅删除该文件夹中的文件

6. 下面是关于 Windows XP 文件名的叙述，错误的是（　　）。
   - A. 文件名中可以使用"*"
   - B. 文件名中可以使用多个圆点分隔符
   - C. 文件名中可以使用空格
   - D. 文件名中可以使用文字

7. 可执行文件的扩展名为（　　）。
   - A. COM
   - B. EXE
   - C. BAK
   - D. BAT

8. 在"显示 属性"对话框中，下列描述错误的是（　　）。
   - A. "桌面"选项卡用来设置桌面的背景图案和墙纸

B．"外观"选项卡用来设置对象的颜色、大小和字体等

C．"设置"选项卡用来设置分辨率、调色板的颜色数和更改显示器类型等

D．"主题"选项卡用来设置屏幕保护程序

9．计算机中有两个管理系统资源的程序组，它们是（　　）。

A．"我的电脑"和"控制面板"　　　　B．"资源管理器"和"控制面板"

C．"我的电脑"和"资源管理器"　　　D．"控制面板"和"键盘"

10．当已选定文件夹后，下列操作中能删除该文件夹的是（　　）。

A．用鼠标左键双击该文件夹

B．在"文件"菜单中选择"删除"命令

C．用鼠标左键单击该文件夹

D．在"编辑"菜单中选择"清除"命令

11．使用（　　）可以帮助用户释放硬盘驱动器空间，删除临时文件、Internet 缓存文件和可以安全删除不需要的文件，腾出它们占用的系统资源，以提高系统性能。

A．格式化　　　　　　　　　　　　B．磁盘清理程序

C．整理磁盘碎片　　　　　　　　　D．磁盘查错

12．在任务栏上不需要进行添加而系统默认存在的工具栏是（　　）。

A．地址工具栏　　　　　　　　　　B．链接工具栏

C．语言工具栏　　　　　　　　　　D．快速启动工具栏

13．资源管理器可以（　　）显示计算机内所有文件的详细图表。

A．在同一窗口　　　　　　　　　　B．多个窗口

C．分节方式　　　　　　　　　　　D．分层方式

14．想查看隐藏文件需要在（　　）菜单下的"文件夹选项"里设置。

A．文件　　　　　　　　　　　　　B．工具

C．查看　　　　　　　　　　　　　D．编辑

15．Windows XP 操作系统是一个（　　）。

A．单用户多任务操作系统　　　　　B．单用户单任务操作系统

C．多用户单任务操作系统　　　　　D．多用户多任务操作系统

16．复制文件使用的快捷键是（　　），粘贴文件使用的快捷键是（　　）。

A．【Shift+C】,【Shift+V】　　　　B．【Shift+V】,【Shift+C】

C．【Ctrl+C】,【Ctrl+V】　　　　　D．【Ctrl+V】,【Ctrl+C】

17．下列哪一种方法不是关闭应用程序窗口的方法（　　）。

A．使用【Ctrl+D】组合键

B．双击该应用程序所在窗口标题栏的关闭按钮

C．双击标题栏的应用程序图标

D．选择【文件】|【关闭】命令

18．打开"资源管理器"窗口后，要改变文件或文件夹的显示方式，应选用（　　）。

A．"文件"菜单　　　　　　　　　　B．"查看"菜单

C．"编辑"菜单　　　　　　　　　　D．"帮助"菜单

19. 为了弹出"显示 属性"对话框以进行显示器的设置，下列操作中正确的是（　　）。

    A．鼠标右键单击任务栏空白处，在弹出的快捷菜单中选择"属性"命令

    B．鼠标右键单击桌面空白处，在弹出的快捷菜单中选择"属性"命令

    C．鼠标右键单击"我的电脑"，在弹出的快捷菜单中选择"属性"命令

    D．鼠标右键单击"资源管理器"窗口空白处，在弹出的快捷菜单中选择"属性"命令

20. 在 Windows XP 中，能弹出对话框的操作是（　　）。

    A．选择带省略号的菜单项

    B．选择带向右三角形箭头的菜单项

    C．选择颜色变灰的菜单项

    D．运行与对话框对应的应用程序

二、填空题

1. 不重新启动计算机的情况下要实现多用户快速登录，应使用 ＿＿＿＿ 功能。

2. 在 Windows XP 中，桌面上的图标可按 ＿＿＿＿ 、类型、大小、日期等排列。

3. Windows XP 的任务栏通常由 ＿＿＿＿ 、 ＿＿＿＿ 、 ＿＿＿＿ 和 ＿＿＿＿ 4 个部分构成。

4. 文件是一组 ＿＿＿＿ 的集合，可以是一个程序、一批数据或其他各种信息。

5. Windows 任务管理器提供了 ＿＿＿＿ 的信息，并显示了计算机上所运行的＿＿＿＿的详细信息。

6. 当使用一幅图片作为桌面背景时，如果要使其拉伸以平铺整个屏幕，应在"显示 属性"对话框的"桌面"选项卡的"位置"下拉列表框中选择 ＿＿＿＿ 选项。

7. 在 Windows XP 中，连续两次快速按下鼠标左键称为＿＿＿＿ 。

8. 格式化磁盘可以 ＿＿＿＿ ，同时检查整个磁盘上有无损坏的磁道，并且＿＿＿＿加注标记，以免把信息存储在这些坏磁道上。

9. 使用磁盘碎片整理程序可以 ＿＿＿＿ 本地磁盘和 ＿＿＿＿ 碎片文件和文件夹，以便每个文件或文件夹都可以占用磁盘上单独而连续的磁盘空间。

10. Windows XP 具有多用户管理功能，可以让多个用户共用一台计算机。每个用户都可以 ＿＿＿＿ ，不同的运行环境间各自独立、互不干扰，而且保存文件时的默认路径也不相同。

三、判断题

1. 对话框的大小是可以调整的。（　　）

2. 注销计算机和重新启动计算机其作用完全相同。（　　）

3. 在 Windows XP 中，任务栏的作用是显示系统的所有功能。（　　）

4. 设置屏幕保护是为了使 Windows 桌面更美观。（　　）

5. 将某一应用程序设置成桌面快捷方式，可以通过右击该程序，然后单击快捷菜单中的【发送】|【桌面快捷方式】命令实现。（　　）

6. 删除程序快捷方式同时也删除了文件。（　　）

7. 在 Windows XP 操作系统的桌面上能打开多个窗口，活动窗口必定是处在最前面的窗口。（　　）

8. 当我们锁定了任务栏仍可以对快速启动区域的大小进行修改。（　　）

9. 在 Windows XP 操作系统中，一个文件只能由一种程序打开。（　　　）

10. 在 Windows 的资源管理器中能查看磁盘的剩余空间。（　　　）

四、操作题

1. 打开 Windows XP 资源管理器，在 D 盘的 exam 文件夹下实现下列操作：

（1）删除 AAA 文件夹，然后恢复删除，并复制到 BBB 文件夹下。

（2）在 exam 文件夹下建立 BBB 文件夹下的 test.txt 文件的快捷方式，名称为 test。

（3）设置 BBB 文件夹的属性为"存档"和"只读"。

（4）将 CCC 文件夹下的 word1.doc 文件移动到 BBB 文件夹下，并重命名为 word2.doc。

（5）设置文件夹选项为"不显示隐藏的文件和文件夹"。

2. 按照下列题目要求设置系统属性：

（1）将系统的视觉效果设置为在菜单下显示阴影。

（2）设置鼠标指针下显示阴影。

（3）将"内存使用"设置为"系统缓存"。

第 **3** 章

字处理软件 Word 2003 的使用

本章导读

Word 2003 中文版（以下简称"Word 2003"）是微软公司推出的中文版 Office 2003 套装软件的一个重要组成部分，它具有强大的文字处理、图片处理，以及表格处理功能，是一款优秀的文字处理软件。

通过本章学习，应重点掌握以下内容：

1. 文字处理软件的基本概念，中文 Word 的基本功能、运行环境、启动和退出。
2. 文档的创建、打开和基本编辑操作，文本的查找与替换，多窗口和多文档的编辑。
3. 文档的保存、保护、复制、删除和插入。
4. 字体格式、段落格式设置和文档的页面设置等基本的排版操作，打印预览和打印。
5. Word 的对象操作：对象的概念及种类，图形、图像对象的编辑，文本框的使用。
6. Word 的表格制作功能：表格创建与修饰，表格中数据的输入与编辑，数据的排序和计算。

3.1 Word 2003 概述

3.1.1 Word 2003 的基本功能

Word 2003 作为文字处理软件具有以下基本功能：

1. 文字处理功能

● 文字录入

在打开的 Word 2003 窗口中，利用 Windows 提供的各种输入法进行中英文的输入。

● 文本编辑

Word 2003 提供对文本格式进行加工的多种功能，它可以为文字设置字体、字号、字符间距；为段落设置首行缩进格式等、段间距；设置整页文档中文字的行数；为页面设置页眉、页脚等。Word 2003 还提供了对正在加工的文本自动进行拼写及语法检查、自动编写摘要、按用户的要求查找和替换指定的字、词等功能，为用户编辑文本提供了很大的方便。

● 文件管理

Word 2003 可以按用户指定的路径存取、查找文件；提供对文件的复制、删除、打印等功能；给文档设置密码，通过这种方式对文档进行保护。

2．表格、图形处理功能

● 表格处理

可以在文档中插入表格，并为表格添加边框、底纹；可以调整表格行列的多少，重新设置表格的宽度、高度；也可以对表格内的数据进行排序、计算。

● 图形加工

Word 2003 可以在文档中插入图片，并可以对图片进行加工；Word 2003 提供绘图功能，用户可以根据需要自行绘制图形。

3.1.2 Word 2003 的启动和退出

1．启动

启动 Word 2003 有多种方法，用户可以根据个人的习惯选择。比较常用的方法有：

方法1：通过"开始"菜单。

单击【开始】|【所有程序】|【Microsoft Office】|【Microsoft Office Word 2003】命令，如图 3-1 所示。

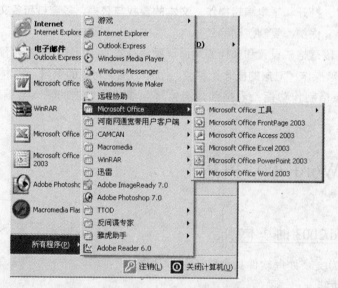

图 3-1　通过"开始"菜单启动 Word 2003

方法2：通过桌面上的 Word 2003 的快捷方式图标。

如果桌面上有 Word 2003 的快捷方式图标，则直接双击该图标即可。

方法 3：利用文档启动 Word 2003。

打开保存有 Word 文档的文件夹，双击一个 Word 2003 文档的文件名，系统会自动启动 Word 2003，并将该文档载入到系统内。

2．退出

几种常用的退出 Word 2003 的方法如下：

方法 1：利用关闭按钮。单击标题栏右侧的"关闭"按钮。

方法 2：利用菜单命令。单击【文件】|【退出】命令。

方法 3：利用控制菜单。右击标题栏的任意位置或单击其左侧的控制菜单，然后单击弹出菜单中的"关闭"命令。

方法 4：利用快捷键。按下【Alt+F4】组合键。

如果文档编辑区中的内容自上次存盘之后又进行了更新，则在退出 Word 2003 之前，弹出如图 3-2 所示的对话框。提示用户保存或取消修改的内容，单击"是"按钮将保存修改；单击"否"按钮将取消修改；单击"取消"按钮则退出 Word 2003 的操作被终止。

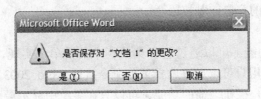

图 3-2　提示用户保存修改内容对话框

3.1.3　Word 2003 的程序窗口

成功启动 Word 2003 后，首先显示启动画面，然后显示主窗口，其组成如图 3-3 所示。

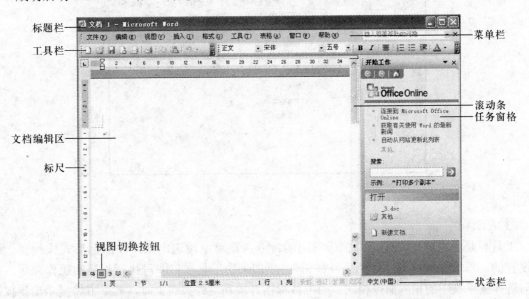

图 3-3　Word 2003 主窗口组成

1. 窗口组成

如图 3-3 所示，Word 2003 的主窗口包括标题栏、菜单栏、工具栏、文档编辑区、任务窗格和状态栏等，并且在文档编辑区的四周设置了多种用来编辑和处理文档的按钮、菜单、标尺及各种工具。

（1）标题栏

主窗口最上面的色条为标题栏，主要包括控制菜单按钮、文档名称、程序名称和窗口控制按钮。

控制菜单按钮，位于标题栏的最左侧，单击该按钮，可以打开控制菜单。控制菜单用于控制窗口的大小、移动和关闭等操作，其中只有呈黑色显示的选项才可以被选中。

文档名称，即当前打开文档的名称，如果是新建文档，则自动以"文档 1"或"文档 2"等默认名称顺序为文档命名。

程序名称，即当前打开的应用程序名称，对于 Word 2003 来说，为"Microsoft Word"。

窗口控制按钮，即最右侧的最小化、最大化（还原）和关闭 3 个按钮，它们是 Windows 应用程序窗口中普遍都有的窗口控制按钮。

（2）菜单栏

Word 2003 的所有功能都可以通过选择菜单栏中的菜单来实现，菜单栏位于标题栏的下面，由 9 个菜单项组成，用户可以通过选择菜单命令执行 Word 2003 的某项功能。Word 2003 为用户提供了自动记录用户操作习惯的功能，可以只在菜单中显示最近常用的命令，在一段时间内未被使用的命令则会被自动隐藏。

单击菜单名称，可以打开该菜单，图3-4 所示为打开的"插入"菜单。单击其中的某个命令，即可执行相应的操作。

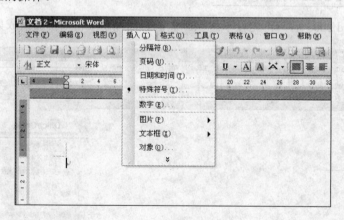

图 3-4　"插入"菜单

（3）工具栏

工具栏是为方便用户操作，把最常用的命令从菜单中挑选出来，以图标形式排列在一起而设置的。每个图标称为一个"工具按钮"，单击某个工具按钮即可执行相应的操作命令，效果与选择菜单项中的相应命令相同。当把鼠标指针放在这些按钮上时，其下方将显示出该按钮的命令名称。

Word 2003 提供了多个工具栏，常用的是常用、格式和绘图工具栏等。在默认情况下，只有常用和格式工具栏显示在主窗口中。常用工具栏中包含了一些与文档的打开、保存、复制、粘贴，以及插入表格等功能相关的按钮；格式工具栏中包含了一些常用的格式设置和排版工具，如字体、字号、段落对齐方式和项目编号设置等。

（4）文档编辑区

文档编辑区是 Word 2003 主窗口中的主要组成部分，位于主窗口的中心位置，并以白色显示。它既是用户输入文档和编辑文档的主要区域，也是显示文档内容的主要区域。

（5）状态栏

状态栏位于 Word 2003 主窗口的底部，用来显示当前文档信息，如当前文档的页数、节数，以及光标所在页的行列数等。此外，在状态栏中还显示一些特定命令的工作状态，如录制宏、修订、扩展、改写，以及当前所使用的语言等。当这些命令所对应的按钮呈黑色显示时，表示当前该命令正处于工作状态；若呈灰色显示，则表示当前未在该命令工作状态下。

（6）标尺

分为水平标尺和垂直标尺，通常位于文档窗口的上方与左侧。用户可以通过单击【视图】|【标尺】命令，控制是否显示标尺。使用标尺可以查看文档的高度和宽度，也可以用来设置段落缩进、左右页边距、制表位和栏宽。

（7）视图切换按钮组

Word 2003 提供了 5 种版式视图，该按钮组中的每个按钮与某种版式的视图对应，单击对应按钮即可切换到相应的版式视图。

（8）任务窗格

任务窗格可以简化操作步骤，提高工作效率。在 Word 2003 中提供了 14 种任务窗格，分别是开始工作、帮助、搜索结果、剪贴画、信息检索、剪贴板、新建文档、共享工作区、文档更新、保护文档、样式和格式、显示格式、邮件合并和 XML 结构等。

默认情况下，首次启动 Word 2003 时，打开"开始工作"任务窗格，在此可以打开原有的文档或者创建新文档，还可以搜索帮助内容等。其中每个任务都以超链接的形式给出，单击即可。

（9）滚动条

滚动条分为水平滚动条和垂直滚动条，位于文本编辑区的下方与右侧，用户利用滚动条可以上下或者左右翻滚页面，以查看在一屏中无法完全显示的文档其他部分，从而浏览整个文档。需要注意的是，垂直滚动条下面的几个按钮可以用来上下翻页。

2．菜单操作

菜单操作需要注意以下几个问题：

① 如果在打开某个菜单时，下拉菜单的最下面显示一个"˅"符号，表示当前显示的仅仅为该菜单下的部分命令。单击或用鼠标指针在其上停留片刻，即可显示全部命令。

② 如果某个菜单项右侧显示一个黑色三角，表示该菜单项下还有子菜单，将鼠标指针指向它时，会弹出子菜单命令。

③ 如果某个命令或菜单名称显示为浅灰色，表示当前状态下该命令无效。只有在选定某个操作对象之后，该命令才会变为正常显示，即生效。

④ 如果菜单命令前面有图标，表示在工具栏中包含这些命令的工具按钮。

⑤ 如果某个命令之后带有后缀"…"，表示执行该命令后会出现对话框，用户可以在其中完成更复杂的设置。

⑥ 如果菜单命令的右边有组合键，表示在编辑状态下直接使用该组合键即可执行该命令，这些组合键又称为"快捷键"。

3. 工具栏操作

工具栏可以固定在 Word 2003 窗口的顶部、底部、左侧及右侧等，它们占据的行和列数可以根据需要调整。

（1）打开/关闭工具栏

方法 1：单击【视图】|【工具栏】命令，在打开的子菜单中可以看到 Word 2003 提供的工具栏。已经打开的工具栏名称左侧显示一个"√"的符号。单击该名称，则关闭该工具栏；单击没有打开的工具栏名称，则打开该工具栏。

方法 2：右击工具栏上的任意位置，打开工具栏快捷菜单，利用其中的命令可以快速打开需要的工具栏或者关闭不再需要的工具栏。

方法 3：单击【工具】|【自定义】命令，在打开的对话框中选择"工具栏"选项，然后单击所要选择的工具栏。

在使用工具栏时，需要注意单击工具栏右侧的"工具栏选项"按钮，可以打开"工具栏选项"下拉菜单。当工具栏中的按钮无法在一行内完全显示时，在该菜单中列出了未显示的按钮。

此外，移动鼠标指针到"工具栏选项"下拉菜单中的"添加或删除按钮"选项，弹出与该按钮所在工具栏相关的一个子菜单。例如，"格式"工具栏的"添加或删除按钮"子菜单中对应的是"格式"选项，移动鼠标指针到"格式"选项上，将列出"格式"工具栏中所有的按钮名称。单击已经显示的按钮名称，在"格式"工具栏中隐藏该按钮；单击未显示的按钮名称，在"格式"工具栏中显示该按钮。

（2）自定义工具栏

用户可以根据需要通过自定义的方式创建一个满足个人需要的工具栏，操作步骤如下：

① 单击【工具】|【自定义】命令，打开"自定义"对话框。

② 单击"工具栏"选项。

③ 单击"新建"按钮，打开"新建工具栏"对话框，输入要创建的工具栏名称。

④ 单击"确定"按钮。

⑤ 打开"命令"选项卡，将需要的命令拖动到新定义的工具栏中。

⑥ 单击"确定"按钮。

3.1.4 获取帮助

Word 2003 提供了更加完善的帮助系统，能够帮助用户解决使用中遇到的各种问题。应用帮助系统不仅可以加快用户掌握软件的进度，而且可以大大提高工作效率。

Word 2003 提供了多种获取帮助的方法，用户可以使用帮助目录和索引获得帮助，也可以连接到 Microsoft Web 站点，在不离开 Word 2003 应用程序的情况下访问技术资源网站并下载所需要的免费资料。

1. 利用菜单栏获取帮助

Word 2003 主窗口如图 3-5 所示，其中可以看出，菜单栏的左侧显示菜单项，右侧有一个"键入需要帮助的问题"下拉列表框，在其中输入需要帮助问题的关键字，按 Enter 键即可查询到相关的帮助信息，如图 3-6 所示，这是中文版 Word 2003 中新增的获取帮助的方法。

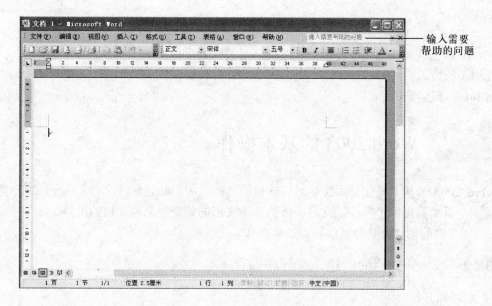

图 3-5　Word 2003 主窗口

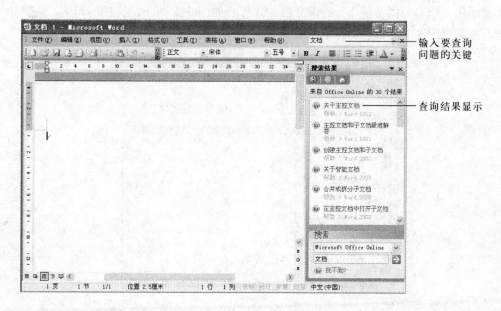

图 3-6　查询到的信息

2. 利用"帮助"菜单获取帮助

按 F1 键或单击【帮助】|【Microsoft Office Word 2003 帮助】命令,显示"Word 帮助"任务窗格,如图 3-7 所示。在"协助"搜索文本框中,键入与问题相关的关键字。单击箭头按钮搜索帮助文件,查找包含这些文字的信息,也可以单击"目录"按钮,打开一个列表,其中包括帮助文件的所有主题。

在"Word 2003 帮助"任务窗格中,单击链接提示,Word 2003 将自动与 Internet 连接,从微软公司的网站上免费下载相关的技术资料和新闻。需要说明的是,计算机必须可以与 Internet 连接。

图 3-7 "Word 帮助"任务窗格

3.2 Word 2003 的基本操作

Word 2003 的基本操作是系统学习该软件的基础,用户必须熟练掌握。Word 2003 为建立和完成一个新文档提供了多种工具,以帮助修饰文档的外观并完善文档的内容。本节主要介绍 Word 2003 文档的创建、打开及保存等基本操作。

3.2.1 Word 文档的创建、打开和保存

1. 创建新文档

使用 Word 2003 的第一步就是新建一个以 doc 为扩展名的文档。通常用户启动 Word 2003 后会自动创建一个名为"文档 1"的新文档,并打开如图 3-8 所示的文档编辑区,在其中用户可以输入所需要的文本,插入所需要的表格或者绘制所需的图形。

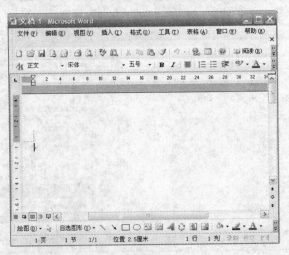

图 3-8 文档编辑区

如果需要另外建立一个新的空白文档,可以用以下方法实现:

方法 1：使用"常用"工具栏中的新建按钮。

方法 2：使用【Ctrl+N】组合键。

当用户需要创建一个对样式没有特殊要求的文档时，使用【Ctrl+N】组合键最为方便，此时将以默认模板文件新建一个空白文档。

方法 3：单击【文件】|【新建】命令，文档编辑区右侧就会出现"新建文档"任务窗格，如图 3-9 所示，然后在"新建"类型中，选择"空白文档"即可。

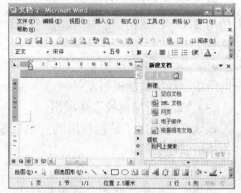

图 3-9 "新建文档"任务窗格

"新建文档"任务窗格由 3 个部分组成，即"新建"选项组、"模板"选项组和"最近所用模板"选项组。

（1）"新建"选项组

可以完成以下操作：

● 单击"空白文档"超链接，将以默认模板创建一个空白文档。

● 单击"XML 文档"超链接，将以默认模板创建一个空白 XML 文档。

● 单击"网页"超链接，将以默认的模板创建一个空白网页文档。

● 单击"电子邮件"超链接，将打开如图 3-10 所示的电子邮件窗口。在"发件人"地址栏中将自动填入用户所在计算机配置的默认邮件地址（如在 Outlook 中设置的默认邮件账户）。

● 单击"根据现有文档"超链接，弹出如图 3-11 所示的"根据现有文档新建"对话框，在其中选择某一文件，单击"创建"按钮，Word 2003 将自动以该文档为基础新建一个文档，即新建的文档包含所选文档的所有内容。

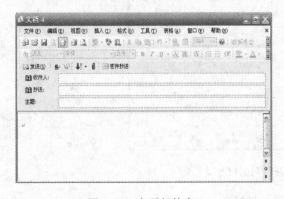

图 3-10 电子邮件窗口

图 3-11 "根据现有文档新建"对话框

（2）"模板"选项组

模板是 Word 2003 编写文档过程中非常重要的一个概念。在一个模板文件中包含了所有定义的样式。所谓样式，即文本段落所设定的字体、颜色及行间距等所有版式信息。当利用 一个模板来新建文档时，其中定义的所有样式都将出现在新建文档编辑区"格式"工具栏中的"样式"下拉列表中，从而方便用户设定文本段落的样式，也可保持样式的统一。

● 单击"Office online 模板"超链接，将自动启动并连接 Office 的官方网站，从中可以选择所需的模板文件。该方法通常用于已知网站中有所需模板，而用户又不愿创建的情况。

● 单击"本机上的模板"超链接，打开"本机上的模板"对话框，其中列出了本机上所有的模板文件，选中所需的模板；然后单击"确定"按钮，以该模板文件为模板新建文档。

● 单击"网站上的模板"超链接，打开"基于网站上的模板新建"对话框，从中可以在本地网络中寻找所需的模板文件。

（3）"最近所用模板"选项组

该选项组列出了最近使用的一些模板文件的超链接，单击某个超链接，即可以该模板文件为模板新建文档。

2．打开文档

如果需要编辑、修改、排版和打印已经存在的文档，需要打开该文档。

在 Word 2003 中，不仅可以打开本机硬盘中位于不同位置的文档，还可以通过网络打开与本机相连网络中的文档。

打开文档时，要清楚文档三要素，即位置、名称及类型。打开硬盘或网络上文档的操作步骤如下：

① 单击"常用"工具栏中的打开按钮，或单击【文件】|【打开】命令，弹出如图 3-12 所示的"打开"对话框。

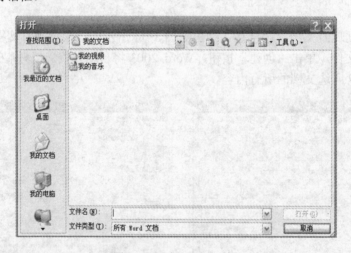

图 3-12　"打开"对话框

② 在"查找范围"下拉列表框中选择包含该文档的驱动器、文件夹或 Internet 地址，或使用左侧的常用文件夹的按钮。

③ 在"文件类型"下拉列表框中选择要打开的文件类型，选择后，在下拉列表框中仅显示该种类型的文件。

④ 双击要打开的文档名称。

如果要同时打开多个文档，则首先选定这些文档，然后单击"打开"按钮。

3. 保存文档

编辑和排版的文档保存在计算机的随机存储器中，关机或突然断电都会造成数据丢失，因此用户在工作中应养成随时保存文档的好习惯，以避免突然断电或误操作造成的数据丢失。

常见的保存文档的方法如下：

方法 1: 单击【文件】|【保存】命令。

方法 2: 单击工具栏中的保存按钮。

方法 3: 使用【Ctrl+S】组合键。

说明：

① 如果要保存的文档是一个新文档（未存过盘），Word 2003 会弹出如图 3-13 所示的"另存为"对话框，用户可以选择保存文档的位置和名称。

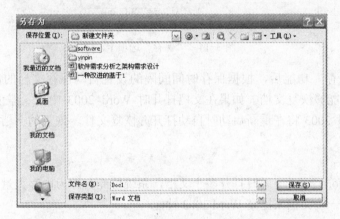

图 3-13 "另存为"对话框

② 如果要保存的文档是一个旧文档，Word 2003 会按原来的位置和名称保存修改后的文档。当用户需要用不同的文件名保存当前打开的文档或将其保存到不同的位置上，则单击【文件】|【另存为】命令，弹出"另存为"对话框。

在"文件名"下拉列表框中输入文档的名称，文件名最多为 255 个字符。如果未输入扩展名，系统默认为"doc"。在"保存位置"下拉列表框中选择存放文档的位置。

③ 将文档保存为其他格式的文档，系统默认为 Word 2003 文档格式，用户可以通过"保存类型"下拉列表框更改文件的保存格式，如纯文本（txt）、RTF 格式（rtf）等。

④ 保存所有打开的文档，按住 Shift 键单击【文件】|【全部保存】命令，同时保存所有打开的文档和模板。若在打开的文档中含有未命名文档，则弹出"另存为"对话框，提示用户为文档命名。

⑤ 自动保存文档，Word 2003 可以自动保存文档，以避免因程序中止（停止响应）或断电造成的数据丢失。单击【工具】|【选项】命令，在打开的"选项"对话框中切换到"保存"选项卡，如图 3-14 所示。选中"自动保存时间间隔"复选框，可以启用该功能并设置间隔时间；选中"保留备份"复选框，启用备份保存功能。

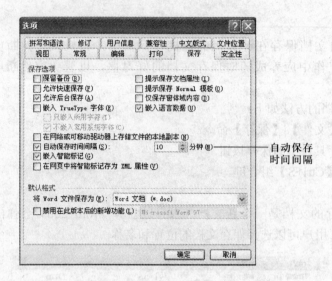

图 3-14 "保存"选项卡

启用"自动保存"功能后，根据保存时间间隔的设置自动保存文档的修改，以便在系统停止响应或断电后能够恢复文档。如果在文档打开时 Word 2003 中止（停止响应），并且不得不重新启动，Word 2003 将在重新启动时自动打开并恢复文件。恢复的文档内容为最后一次自动保存的文档内容。

4. 关闭文档

如果用户在 Word 2003 中同时打开多个文档，系统可能会因为内存大量损耗而导致性能降低，为此需要关闭一些文档来提高 Word 2003 性能。

若关闭一个文档，执行以下操作：

① 使用【Ctrl+F6】组合键或"窗口"菜单将需要关闭的文档设置为当前文档。

② 单击【文件】|【关闭】命令，或单击菜单栏右侧的关闭按钮。

若关闭当前打开的全部文档，按住 Shift 键单击【文件】|【全部关闭】命令。

如果没有保存修改后的文档，Word 2003 在关闭文档时会弹出一个对话框提示用户是否保存文档。

3.2.2 文本的输入

1. 输入文本

在启动 Word 2003 后，无论是新建或打开一个文档，都可以看到文档编辑区中会有个光标在闪烁，称为"插入点"，表示可以在此位置输入文档中的文本。输入文本时，插入点自动从左向右移动，用户可以连续不断地输入文本。当插入点移到页面右边界时，如果再次输入字符，插入点会自动移到下一行的行首位置。输入一个段落后，按 Enter 键插入一个段落标记，并将插入点移到新一段的行首。

在 Word 2003 中，用户可以在文档的任何部分开始输入操作。为此只需双击想要输入文字的位置，Word 2003 会自动将光标移动到双击处，在前面自动插入多个回车符。这种便捷的输入方式称为"即点即输"。

如果不能使用"即点即输"功能，可按如下步骤设置：

① 单击【工具】|【选项】命令，打开"选项"对话框，如图 3-15 所示。

② 切换到"编辑"选项卡，在"即点即输"选项组中选中"启用'即点即输'"复选框，单击"确定"按钮。

在输入过程中，如果不小心输入了一个错误字符，按 BackSpace 键删除插入点之前的字符，按 Delete 键可以删除插入点之后的字符。

Word 2003 提供了两种编辑模式，即插入和改写，默认为插入模式。在这种模式下，输入的内容将出现在光标所在位置，而该位置的原有内容将依次后移；在改写状态下，当光标后面有字符时，输入的内容将替换它，以实现对文档的修改。改写与插入的切换可以通过双击 Word 2003 窗口状态栏中

图 3-15 "选项"对话框

的"改写"按钮来实现，当"改写"按钮变成灰色时，当前处于插入模式下；正常显示时，当前处于改写模式。除此以外，还可以通过按键盘上的 Insert 键来实现两种输入模式的切换。

2．输入符号

如果在录入文字时要输入一些不能用键盘直接输入的特殊符号，则可以使用 Word 2003 提供的插入符号功能，操作步骤如下：

① 将光标移动到要插入符号的位置

② 单击【插入】|【符号】命令，打开如图 3-16 所示的"符号"对话框，打开"符号"或"特殊符号"选项卡。

图 3-16 "符号"对话框

③ 双击要插入的符号（或选中需要插入的符号，然后单击"插入"按钮）。

这种方法比较简单，但是在频繁地插入这些特殊符号时非常麻烦。

通常情况下，Word 2003 为常用的符号提供了快捷键，在"符号"对话框中可以看到其定

义，参见图 3-16。

如果认为 Word 2003 定义的快捷键使用起来不方便，用户也可以为该字符定义快捷键，操作步骤如下：

① 在"符号"对话框中选择要为其定义快捷键的符号。

② 单击"快捷键"按钮，打开"自定义键盘"对话框，如图 3-17 所示。

③ 在"请按新快捷键"文本框中按新的快捷键，该快捷键显示在该文本框中。

④ 单击"指定"按钮，然后单击"关闭"按钮。

如果要删除这个快捷键的定义，则在"自定义键盘"对话框中选择"当前快捷键"列表框中的快捷键定义。单击"删除"按钮，然后单击"关闭"按钮即可。

如果要插入版权符号©、注册符号®或商标符号™等不常见的特殊符号时，则可打开"符号"对话框中的"特殊字符"选项卡，选择后单击"插入"按钮即可。

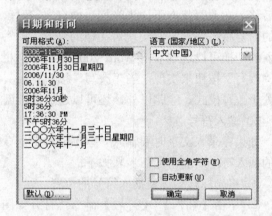

图 3-17 "自定义键盘"对话框   图 3-18 "日期和时间"对话框

3．插入日期和时间

在文档中插入日期和时间有两种方式，即利用键盘输入和菜单插入方式。利用前者可以输入任意时间和日期；而利用后者插入当前系统的日期和时间到文档中，并且还可以根据需要自动更新。

方式 1：利用键盘直接输入。

用键盘直接输入的时间和日期可以是任意的，不受系统时间的限制，也不会自动更新。

方式 2：利用菜单插入。

利用这种方式插入的是系统时间和日期，插入后保持不变，操作步骤如下：

① 将光标移动到要插入时间或日期的位置。

② 单击【插入】|【日期和时间】命令，打开"日期和时间"对话框，如图 3-18 所示。

③ 在"可用格式"列表框中选择需要的日期和时间格式。

④ 单击"确定"按钮，日期或时间按选定的格式插入到文档中。

如果选中"日期和时间"对话框中的"自动更新"复选框，则插入的日期和时间还会随着系统时间的改变而自动更新。在打印文档时打印出的总是当前日期和时间，这适合用于通知及信函等文档类型。

例 3.1　在 Word 2003 中输入下列文字，然后将文件保存到 D 盘根目录下的"张三"文件夹下，文件名为"快报.doc"。

> 巨人网络此次美国 IPO 的主承销商是美林和瑞银，目前融资额尚未确定。
>
> 不久前，完美时空在纳斯达克上市募集了 1.88 亿美元，其第 1 季度收入和净利润分别只有 8 720 万元和 4 000 万元，此次巨人募集资金毫无疑问要远超过完美时空。而业界人士更认为，巨人上市之后，史玉柱在网络游戏业界的地位很有可能超过网游老大陈天桥。

操作步骤如下：

① 打开 Word 2003，在默认新文档内输入上述内容。

② 输入完毕后，单击【文件】|【保存】命令或【Ctrl+S】组合键，打开"另存为"对话框，在"保存位置"下拉列表中找到"D："，单击新建文件夹按钮或右键单击鼠标，打开快捷菜单【新建】|【文件夹】命令，新建"张三"文件夹，在"文件名"列表框中输入文件名"快报"，保存类型为"Word 文档"。

③ 单击"保存"按钮。

3.2.3　文本的编辑

输入一篇 Word 2003 文稿后，往往需要编辑文本，编辑的基本操作包括移动、复制、删除及改写等。

1. 选择文本

要编辑文本，首先必须选择要处理的部分。被选择的文本以黑底白字高亮显示，这样很容易与未被选择的部分区分，如图 3-19 所示。选择文本之后，用户所做的任何操作都只作用于选择的文本。

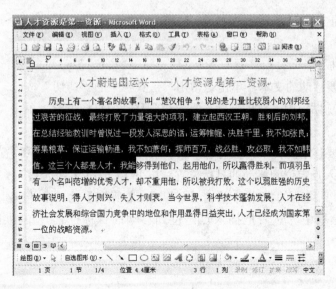

图 3-19　被选择的文本

几种常用的选择方法如下：

（1）用鼠标选择

- 选定任意数量的文本：通过拖动选择。
- 选定一个单词：双击该单词。
- 选定一句：按住 Ctrl 键单击句中的任意位置。
- 选定一行文本：单击该行左侧的选定栏。
- 选定多行文本：从待选文本第一行左侧的选定栏中拖动至最后一行。
- 选定一段：双击该段左侧的选定栏，也可连续单击 3 次该段中的任意部分。
- 选定多段：双击第 1 段左侧的选定栏，然后拖动至最后一段。
- 选定大块文本：把插入点移到要选定文本的开始处，按住 Shift 键单击要选定文本的末尾，这种方法适合于选定跨页的文本。
- 选定整篇文档：按住 Ctrl 键单击文档中选定栏的任意位置或 3 次单击选定栏。

（2）用键盘选择文本

- 【Shift+左右箭头键】组合键：选定光标左右的一个字符。
- 【Shift+上下箭头键】组合键：选择光标上下的一行文本。
- 【Shift+Ctrl+左右箭头键】组合键：选择光标左右的一个单词。
- 【Shift+Home】或【Shift+End】组合键：选择光标到当前行首或行尾的文本。
- 【Shift+Ctrl+Home】或【Shift+Ctrl+End】组合键：选择光标到文档开始或结尾的文本。
- 【Ctrl+A】组合键：全选。

2．移动文本

（1）使用鼠标

选定要移动的文本，拖动选定文本（此时指针变成箭头下带一个矩形的形状）到目标位置。

（2）使用剪贴板

方法 1：选中要移动的文本，单击"常用"工具栏中的"剪切"按钮，将选定文本从原位置处剪切，并放入剪贴板中。然后把插入点定位到移动的目标位置，单击"常用"工具栏中的"粘贴"按钮。

方法 2：选中要移动的文本，按【Ctrl+X】组合键将选定文本从原位置处剪切，并放入剪贴板中。然后把插入点定位到移动的目标位置，按下【Ctrl+V】组合键。

方法 3：选中要移动的文本，单击【编辑】|【剪切】命令，将选定文本从原位置处剪切，并放入剪贴板中。然后把插入点定位到移动的目标位置，单击【编辑】|【粘贴】命令。

3．复制文本

（1）使用鼠标

选定要复制的文本，按住 Ctrl 键拖动选定文本（此时指针变成箭头下带一个正方形内有加号的形状）到目标位置。

（2）使用剪贴板

方法 1：选中要复制的文本，单击"常用"工具栏中的"复制"按钮将选定文本复制到剪贴板中。然后把插入点定位到复制的目标位置，单击"常用"工具栏中的"粘贴"按钮。

方法 2：选中要复制的文本，按【Ctrl+C】组合键将选定文本复制到剪贴板中。然后把插入点定位到复制的目标位置，按【Ctrl+V】组合键。

方法 3：选中要复制的文本，单击【编辑】|【复制】命令，将选定文本复制到剪贴板中。然后把插入点定位到复制的目标位置，单击【编辑】|【粘贴】命令。

4．删除文本

在编辑文档过程中，经常需要删除一些文本。如果要删除一个字符，则将光标定位到要删除字符的前面，按 Delete 键删除该字符，其后字符依次前移；如果要删除一个段落，则选取段落，然后按 Delete 键或者单击【编辑】|【清除】|【内容】命令。

3.2.4　查找与替换

查找和替换是文字处理软件中非常有用的功能，在编辑一篇较长的文档时利用查找功能可以快速定位要查找字符的位置；利用替换功能，可以高效地完成文字内容的替换。Word 2003 提供的查找和替换功能可以查找和替换非打印字符，可以区分全角、半角和大小写，并且可以查找和替换带格式的文本，甚至还可以查找和替换格式符本身。

1．查找文本

查找文本的操作步骤如下：

① 如果要查找某一特定范围内的文档，则在查找之前应先选择该范围的文档。

② 单击【编辑】|【查找】命令，打开"查找和替换"对话框，如图 3-20 所示。

图 3-20　"查找和替换"对话框

③ 在"查找内容"下拉列表框中输入要查找的内容。

如果选中"突出显示所有在该范围找到的项目"复选框，其下拉列表框成为可用状态，从中可以选择要在文档中的哪些部分查找。

④ 单击"查找下一处"按钮找到指定的文本，Word 2003 会将该文本所在页移到屏幕中央并反白显示该文本。如果文档中还有同样的内容，则再次单击"查找下一处"按钮继续查找，直到查找整篇文档或单击"取消"按钮回到文档中为止。

如果用户需要限定查找的范围，或者查找带有格式的文本，则设置查找的高级选项。方法是单击"查找和替换"对话框中的"高级"按钮，打开其高级选项，如图 3-21 所示。

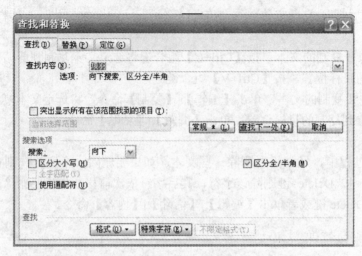

图 3-21 "查找和替换"对话框的高级选项

单击"格式"按钮，在弹出的下拉菜单中选择所需格式。用户通过设置，可以实现查找指定格式的内容；单击"特殊字符"按钮，在打开的下拉菜单中可以设定查找各种特殊符号。

⑤ 查找结束后出现一个提示对话框，显示查找结果，单击"确定"按钮返回编辑状态。

2. 替换文本

替换文本的操作步骤如下：

① 单击【编辑】|【替换】命令，打开"查找和替换"对话框，默认为"替换"选项卡。

② 在"查找内容"下拉列表框中输入要替换的文本。

③ 在"替换为"下拉列表框中输入替换文本。

④ 单击"查找下一处"按钮，Word 2003 会自动找到要替换的文本，并以反白显示。如果决定替换，则单击"替换"按钮；否则单击"查找下一处"按钮继续查找或单击"取消"按钮不进行替换。如果单击"全部替换"按钮，则替换所有指定的文本。

与查找类似，用户也可以设定替换的范围等选项，方法是单击"高级"按钮，打开"查找和替换"对话框的高级选项，然后设置即可。

3.2.5 拼写检查

Word 2003 提供的拼写检查器可帮助用户验证并纠正文档中的中英文拼写错误。要检查文档中部分文本的拼写是否有错误，首先选择要检查的文本。若要检查整个文档，需将插入点移到文档的开始处，然后单击【工具】|【拼写和语法】命令，或按 F7 键，或单击

"常用"工具栏中的拼写和语法按钮。系统从插入点开始检查单词,显示"拼写和语法"对话框。

在该对话框中,对有拼写和语法错误的单词,如果系统发现有代替的词,则在"建议"列表框中列出。用户根据情况单击"忽略一次"或"全部忽略"或"更改"按钮来完成拼写和语法检查操作。

除上述利用拼写检查器外,Word 2003 还可以设置在用户输入文本时检查每个单词。凡在词典中没有出现的单词都用一条红色波浪线标出,提示用户注意。如果有错误,则及时纠正。设置自动拼写检查的方法是打开【工具】|【拼写和语法】命令,在打开的"拼写与语法"对话框中单击"选项"按钮,选择"输入时检查拼写"复选框,然后单击"确定"按钮。

3.2.6 撤销与恢复

当编辑文档出错时,就要用到 Word 2003 提供的一个非常有用的功能,就是撤销刚刚做过的操作,使文档还原为操作之前的状态。这一功能为误操作提供了改正的机会。Word 2003 自动记录用户进行的多步操作,用户可以从后向前恢复到有限次操作前的内容。撤销前一步操作可单击【编辑】|【撤销】命令,或者单击常用工具栏中的"撤销"按钮或者按【Ctrl+Z】组合键。如果需要撤销前几步操作,可以连续单击"撤销"按钮一步一步地撤销或采用下面的方法:

① 单击"撤销"按钮旁边的下拉按钮"▼",查看最近能取消的操作列表。

② 选定要撤销的操作,如果没有看见要撤销的操作项,请滚动列表。撤销操作将撤销选中操作之后(类表中选中操作以上的各项操作)进行的所有操作。

若撤销操作后又想重新执行被撤销的操作,可单击【编辑】|【恢复】命令,或者单击常用工具栏中的"恢复"按钮或按【Ctrl+Y】组合键。

Word 2003 可以撤销的操作最多为 100 步。

例 3.2 将例 3.1 的"快报.doc"文档中的第一段与第二段互换位置,交换后将第一段复制到第二段下面,并将文中的"第 1 季度"替换成"第一季度",再将文档还原为例 3.1 的内容。

操作步骤如下:

① 打开"快报.doc"。打开 Word 2003,单击【文件】|【打开】命令或【Ctrl+O】组合键,在"打开"对话框的"查找范围"下拉列表中找到"D:\张三",选中"快报.doc"文件,单击"打开"。

② 增加段落。在第二段尾处单击 Enter 键,产生一个新的空白段落。

③ 选定第一段。选定的方法有多种:

● 利用鼠标拖放:将插入点移动到"巨人网络"之前,按下鼠标向后拖拽,在段尾处松开鼠标。

● 将插入点移动至第一段的任何位置,三击鼠标左键。

● 将鼠标移动至"选定栏",在第一段的位置处单击鼠标(选定栏在正文的左侧)。

④ 交换位置,即文档移动。移动方法有多种,读者可以根据自己的喜好选择最适合的一种。

● 选定第一段后,单击【编辑】|【剪切】命令,将第一段文字剪切至剪切板中,原有位置的第一段消失;将插入点移至新增加段落中,再单击【编辑】|【粘贴】命令。文中原第一段移至第二段后。

● 选定第一段后,单击常用工具栏上的"剪切"命令 ,将插入点移至新段落中,单击常用工具栏中的"粘贴"命令 即可。

● 选定第一段后,利用【Ctrl+X】组合键进行剪切,将插入点移至新段落中,利用【Ctrl+V】组合键进行粘贴即可。

● 利用鼠标的拖放功能。选定第一段后,将鼠标移至第一段中的任何位置,按下鼠标左键不松,移动鼠标至新段落中,松开鼠标即可实现两段位置的交换。

⑤ 复制第一段。复制的方法有多种,读者可以根据自己的喜好选择最适合的一种。

● 选定第一段(原第二段),单击【编辑】|【复制】命令,将第一段文字复制到剪切板中,原有位置的第一段不消失;将插入点移至新增加段落中,再单击【编辑】|【粘贴】命令。文中原第一段复制到第二段后。

● 选定第一段后,单击常用工具栏上的"复制"命令 ,将插入点移至新段落中,单击常用工具栏中的"粘贴"命令 即可。

● 选定第一段后,利用【Ctrl+C】组合键进行剪切,将插入点移至新段落中,利用【Ctrl+V】组合键进行粘贴即可。

● 利用鼠标的拖放功能。选定第一段后,将鼠标移至第一段中的任何位置,按下 Ctrl 键不放,然后按下鼠标左键不放,移动鼠标至新段落中,松开鼠标再松开"Ctrl"即可实现复制。

⑥ 替换"第 1 季度"为"第一季度"。将插入点移至文档的首部,单击【编辑】|【替换】命令或【Ctrl+F】组合键,打开"查找和替换"对话框,打开"替换"选项卡,在"查找内容"文本框中输入"第 1 季度",在"替换为"文本框中输入"第一季度",单击"全部替换"命令即可。

⑦ 还原文档,即撤销以前的操作。单击【编辑】|【撤销键入】命令或单击常用工具栏中的撤销命令 或【Ctrl+Z】组合键若干次,直至文档复原。

3.3　　Word 2003 窗口操作

3.3.1　视图模式

在 Word 2003 中提供了 5 种不同的显示文档的方式,以满足不同编辑状态下的需要,每一种显示方式称为一种"视图"。正确地使用视图浏览文档,可以提高工作效率,节省处理时间。Word 2003 中的 5 种视图分别为普通视图、Web 版式视图、页面视图、大纲视图和阅读版式视图。

用户可以使用以下任意一种方式在不同的视图之间切换。

● 单击文档编辑区左下方的视图切换按钮组中的相应按钮。

● "视图"菜单中的前 5 个选项对应 5 种视图，名称左侧按钮处于按下状态的视图为当前显示的视图。

1．普通视图

普通视图模式是一种简化的页面布局方式，而且也是能够尽可能多地显示文档内容的一种视图模式。在该视图中仅显示文本和段落格式，而不显示页眉、页脚以及页边距等，并且多栏将显示为单栏格式。在普通视图下可以连续显示正文，页与页之间的分隔以一条虚线表示。该模式不仅可以快速地输入和编辑文字，而且还可以对图形和表格进行一些基本的操作。这种视图简单方便，在编排长文档时可以跨页编辑，从而提高处理速度，节省时间。

2．Web 版式视图

Web 版式视图中的显示与在浏览器（如 IE）中的显示完全一致，用其可以编辑网站发布的文档。所以可以将 Word 2003 中编辑的文档直接用于网站，并通过浏览器直接浏览。在 Web 版式视图中需要注意以下几点：

① 可用于制作 Web 页。

② 不显示标尺，也不分页，所以没有分页线。

③ 在浏览器中显示时，可以自动分页。

3．页面视图

页面视图是文档编辑中最常用的一种版式视图，在该视图下用户可以看到图形及文字的排版格式。其显示与最终打印的效果相同，具有所见即所得的效果。

在页面视图下，用户不仅可以查看并编排页码，还可以设置页眉和页脚。在其中可以看到上、下两页的页眉和页脚之间有很大的空间，中间为一灰色的分界区域，代表两页纸的分界。单击该分界区域即可隐藏两页纸之间的空白区域，此时两页纸的分界以一条黑色的实心线表示。由于页面视图能够很好地显示排版格式，因此常用来编辑文本、格式和版面。

4．大纲视图

对于一篇文章来说，其结构总是以一定的大纲来组织的，如包括一级标题（章名）及二级标题（节名）等。利用大纲视图可以方便地查看文章的大纲层次，并且通过拖动标题来移动、复制或重新组织正文。在大纲视图中可以折叠文档只查看主标题，或者扩展文档以查看整个文档。每种大纲级别的段落左侧都以一定的符号表示，在打开的"大纲"工具栏中可以看到当前显示的是"显示所有级别"。在该下拉列表框中可以选择"显示级别"选项，确定需要显示的级别。

5．阅读版式视图

阅读版式视图是 Word 2003 中新增加的视图，其最大特点是便于用户阅读。它模拟书本阅读的方式，让用户感觉是在翻阅书籍。同时将相连的两页显示在一个版面上，使得阅读文档十分方便。利用文档结构图还能够同时将文档的大纲结构显示在左侧窗格中，从而便于阅读，提高效率。

在该视图中会隐藏除"阅读版式"和"审阅"工具栏以外的所有工具栏,其中显示的页面并不代表在打印文档时所看到的页面。如果要查看文档在打印页面上的显示,而不切换到页面视图,则单击"阅读版式"工具栏中的实际页面按钮;如果要修改文档,可以在阅读时简单地编辑文本,而不必从阅读版式视图切换到其他视图。

3.3.2 使用文档结构图

"文档结构图"是一个独立的窗口,窗口分为垂直或水平两部分,分别显示文档的标题列表(如图 3-22(a))和选定列表的文档内容(如图 3-22(b))。使用"文档结构图"可以对整个文档快速进行浏览,同时还能跟踪您在文档中的位置。

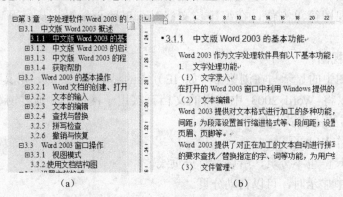

（a） （b）

图 3-22 文档结构图

单击"文档结构图"中的标题后,右侧就会跳转到文档中相应的标题,并将其显示在窗口的顶部,同时在"文档结构图"中突出显示该标题。

在"文档结构图"中可以选择显示内容的详细程度。例如,可以显示所有标题,也可以只显示级别较高的标题,或者显示或隐藏某个标题的详细内容。还可以设置"文档结构图"中标题的字体和字号,并更改突出显示活动标题时所使用的颜色等。

3.3.3 文档保护与多窗口编辑

1. 文档保护

Word 2003 提供了为文档设置"打开权限密码"和"修改权限密码"的功能,从而使文档在一定程度上受到保护。

（1）设置"打开权限密码"

设置了"打开权限密码"的文档,再次打开时需要核对密码,如果不知道密码或者密码输入不正确就打不开文档,这样可以防止无关人员私自打开该文档。

设置步骤如下:

① 在第一次保存文档时,系统打开"另存为"对话框;

② 单击其中的辅助按钮"工具"右侧的下拉按钮,在"工具"下拉菜单(如图 3-23)中,单击"安全措施选项",弹出"安全性"对话框(如图 3-24);

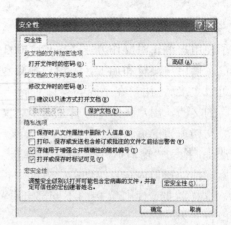

图 3-23 "工具"菜单   图 3-24 "安全性"对话框

③ 在"打开文件时的密码"文本框中输入为该文档设置的密码，然后单击"确定"，弹出"确认密码"对话框（如图 3-25）；

④ 把密码重新输入一次后单击"确认"按钮，返回"另存为"对话框，再次单击"保存"按钮，即可存盘。如果前后两次输入的密码不相同，则会显示"密码不正确"信息，并让用户重新设置密码。

当用户试图打开一个设置了保护密码的文档时，会弹出一个"密码"对话框，要求用户输入文件密码（如图 3-26）；如果输入的密码正确，则文档被打开；否则，会出现警告信息，并拒绝打开。

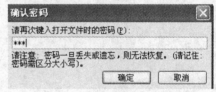

图 3-25 "确认密码"对话框

如果想取消密码，可以先用正确密码打开该文档，再次单击【文件】|【另存为】命令，弹出"另存为"对话框，单击其中的辅助按钮"工具"右侧的下拉按钮，在"工具"下拉菜单中，单击"安全措施选项"，在"安全性"对话框中的"打开文件时的密码"框中删除原先设置的密码，单击"确定"返回"另存为"对话框，单击"保存"即可。

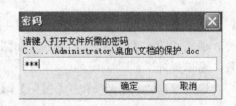

图 3-26 "密码"对话框

（2）设置"修改文件时的密码"

对于一些允许查看但不允许随便修改的文档，可以只为其设置"修改文件时的密码"，只有获得权限的用户才可以修改该文档。设置修改权限密码的操作方法与设置打开权限密码相似，不同之处就是在"安全行"对话框中输入密码时，应在"修改文件时密码"框中输入。

如果要打开一个设置了修改文件时的密码的文档，也会出现一个"密码"对话框，它会提示用户若想修改文档请输入密码，否则将以只读的方式打开文档。如果输入密码正确，则文档可以被打开，而且允许对其进行编辑修改；否则，只能以"只读"方式打开，不可以对文档进行编辑。

如果想取消密码，操作方法与取消"打开文件时的密码"相似，不再赘述。

2. 多窗口编辑

为了使用户编辑时操作方便，Word 2003 提供了多窗口编辑功能，在屏幕上可以同时出现多个窗口，供用户浏览和加工。多窗口编辑包括两种情况：一种是将同一个文档拆分成两个窗口（也可以更多），用户在不同的窗口对同一个文档进行加工；另一种是同时显示的多个窗口来自不同的文档，用户在同一屏幕上对多个文档进行加工。

（1）文档窗口的拆分

方法 1：拖动"窗口拆分条"拆分窗口。

用鼠标拖动窗口内垂直滚动条上方的"窗口拆分条"（如图 3-27）到用户所需的位置，松开鼠标，这样就把一个长文档的不同部分分别显示在两个窗口内。双击两个窗格之间的拆分栏，窗口合二为一。

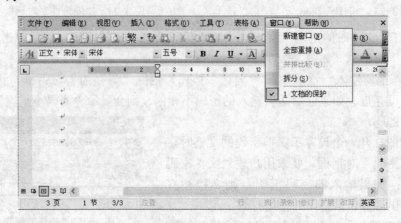

图 3-27 "窗口"菜单

方法 2：使用"窗口"菜单中的"拆分"命令拆分窗口。

单击【窗口】|【拆分】命令（如图 3-28），窗口中间出现拆分线，用鼠标拖放至所需位置，窗口拆分。

取消窗口"拆分"，单击【窗口】|【取消拆分】命令即可。

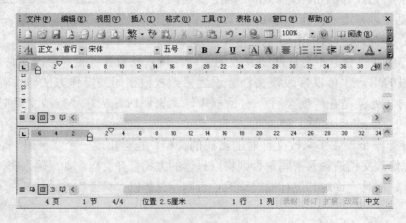

图 3-28 拆分窗口

（2）多窗口编辑

Word 2003 窗口内允许同时显示多个文档窗口，这些文档窗口内显示的可以是同一个文档的不同部分或者不同视图，也可以是多个不同的文档。Word 2003 的多窗口编辑功能提供了多个窗口的管理方法。

● 为同一文档新建窗口

使用"窗口"菜单中的"新建窗口"命令，建立新窗口。如果当前打开的窗口文件名为"文档 1"，单击"新建窗口"命令后，屏幕上增加一个窗口，窗口自动编号为文档 1∶1、文档 1∶2。单击【窗口】|【全部重排】命令，就可以使这些窗口同时在屏幕上显示（如图 3-29）使用垂直滚动条调整文档位置，可以在不同窗口内显示同一文档的不同部分或者不同视图。

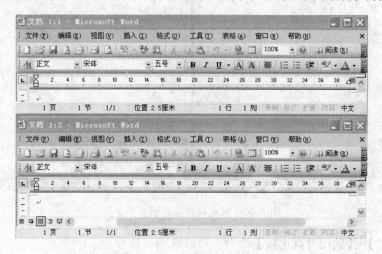

图 3-29　同一文档的多窗口显示

● 打开或关闭多个文档

Word 2003 可以一次打开多个文档，在对"打开"对话框中的文档列表框中的文档进行多个文档选择时，有以下两种方法：

方法 1：同时选中多个连续排列的文档。单击第一个选中的文件名，按住 Shift 键，单击最后一个文件名，在第一个文档与最后一个文档之间的所有文档都被选中。

方法 2：同时选中多个分散排列的文档。单击第一个文件名，按住 Ctrl 键，再分别单击各个准备打开的文件名。选定文档后，单击"打开"命令按钮就可以打开选定的所有文件，被同时打开的文件名全部列在"窗口"的下拉菜单中，可以通过单击文件名来激活文档。

Word 2003 可以一次同时关闭多个打开的窗口，方法是：按住 Shift 键单击【文件】|【全部关闭】命令，此时，如果多个文档均已存盘，它们将被同时关闭。

● 并排比较

并排比较的两个窗口可以是同一文档的两个窗口，也可以是两个不同文档的窗口。单击【窗口】|【并排比较】命令，可以将两个文档窗口并排显示（如图 3-30），同时还会显示"并排比较"工具栏。在"并排比较"工具栏上有一个"同步滚动"按钮，如该按钮处于被选中状态，则两个 Word 2003 文档窗口的工作区将同步滚动。即滚动当前 Word 2003 文档工作区窗口时，另一个窗口也同时跟着滚动，这种方式有利于在不同的文档间观察和比较文档内容。如

"同步滚动"按钮处于未选中状态，则在滚动当前 Word 文档工作区窗口时，另一个文档不会同步滚动。

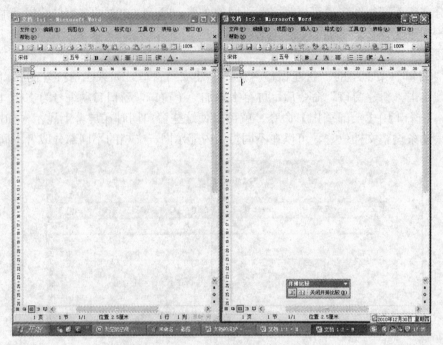

图 3-30 多窗口并排显示多个文档

单击【窗口】|【关闭并排比较】命令，可以取消并排显示。

注意：

① 单击【窗口】|【全部重排】命令，可以将已打开的窗口全部显示在屏幕上。全部重排的可以是同一文档的多个不同窗口，也可以是多个不同文档各自的窗口。

② 多窗口显示时，标题栏右侧的控制按钮只能对当前正在操作的窗口进行控制操作。利用这组按钮进行最小化、最大化、关闭操作只针对当前正在编辑的窗口。使用控制菜单中的"关闭"命令只能将当前正在编辑的窗口关闭。

③ 使用【文件】|【退出】命令，将关闭 Word 2003 应用程序窗口。

3.4 设置文档格式

设置文档格式是指设置文档中字符、段落及图片等的显示和打印的形式。可采用"先设后输"或"先输后设"的方式进行，下面我们以"先输后设"的方式为例讨论文档的格式设置。

3.4.1 设置字符格式

字符指作为文本输入的字母、汉字、数字、标点符号以及特殊符号等，字符格式包括字体、字号、字形、颜色及其他修饰效果。

1. 设置字体、字号、字形和颜色

Word 2003 文档中可以使用的字体取决于打印机提供的字体和计算机安装的字体文件，不同的字体有不同的外观形状。一些字体还可以带有自己的符号集，常用的汉字字体有宋体、黑体、楷体和仿宋体等。Windows 操作系统还提供了其他字体，如隶书和幼圆等，在 Word 2003 中均可以使用。

Word 2003 默认设置的中文字体为宋体，英文字体为 Times New Roman。用户可以通过"格式"工具栏来改变文本的格式，为此执行如下操作：

① 选定要改变字体的文本。

② 单击"格式"工具栏中"字体"下拉列表框右侧的下拉按钮，弹出如图 3-31 所示的"字体"下拉列表框。

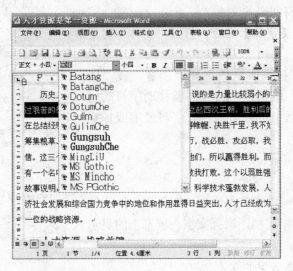

图 3-31 "字体"下拉列表框

③ 拖动"字体"下拉列表框右侧的滚动条，找到并选中所需的字体。如果要改变英文字体，则选定英文字母，然后在"字体"下拉列表框中选择英文字体即可。

④ 单击"格式"工具栏中"字号"下拉列表框右侧的下拉按钮，弹出"字号"下拉列表框。

⑤ 选择所需字号。

⑥ 单击"格式"工具栏中粗体按钮 **B**，所选文字将被加粗显示；单击斜体按钮 *I*，所选文字将被倾斜显示。以上字形效果可以组合使用，即同时选定加粗和倾斜两种字形，使所选文字呈现粗斜体效果。

⑦ 单击"格式"工具栏中字体颜色按钮右侧的下拉按钮，打开"字体颜色"调色板。该调色板是一个浮动面板，可以将其拖离工具栏并选择颜色。

要利用菜单设置字符格式，执行如下操作：

① 选定要设置格式的文本。

② 单击【格式】|【字体】命令，打开如图 3-32 所示的"字体"对话框。

③ 在"中文字体"下拉列表框中选择要设置的中文字体。

④ 在"西文字体"下拉列表框中选择要设置的英文字体。

⑤ 分别在"字形"、"字号"和"字体颜色"下拉列表框中选择所需选项。

⑥ 单击"确定"按钮。

2．间距和缩放

Word 2003 提供了间距缩放功能，用户可以通过此项功能调整文档的外观，提高可读性，操作步骤如下：

① 选中要调整字符间距的文本。

图 3-32 "字体"对话框

② 单击【格式】|【字体】命令，打开"字体"对话框。打开"字符间距"选项卡，如图 3-33 所示。

③ 在"间距"下拉列表框中选择"加宽"或"紧缩"选项，在"磅值"微调框中设置需要移动字符的磅数。在"预览"列表框中可以即时查看字符紧缩或加宽的效果。

④ 单击"确定"按钮。

3．设置动态效果

在 Word 2003 中可以为文本设置动态效果，以方便用户制作 Web 页或演示文档，增强文字在屏幕上的显示效果，操作步骤如下：

① 选中要设置动态效果的文本。

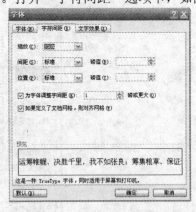

图 3-33 "字符间距"选项卡

② 单击【格式】|【字体】命令，在弹出的"字体"对话框中打开"文字效果"选项卡。

③ 在"动态效果"列表框中选择所需的效果，在"预览"列表框中查看效果。

④ 单击"确定"按钮。

在设置动态效果后，还可以选择显示或隐藏文本的动态效果。单击【工具】|【选项】命令，在弹出的"选项"对话框中打开"视图"选项卡。清除"显示"选项组中的"动态文字"复选框，即可隐藏文字的动态效果。

如果要取消已经设置的动态效果，则选中文本后，在"文字效果"选项卡的"动态效果"列表框中选择"无"选项即可。

3.4.2 设置段落格式

段落格式包括对齐方式、缩进、间距和行距等。熟练掌握段落的排版技巧，可以使文档更加整齐、规范和美观。设置前，先将插入点定位于要设置段落。

1．设置段落的水平对齐方式

段落的水平对齐方式有 5 种，即两端对齐、居中、左对齐、右对齐和分散对齐，系统默认设置为两端对齐方式。设置段落对齐的方法有如下两种：

方法 1：选定改变对齐方式的段落，单击"格式"工具栏中相应的工具按钮。

方法 2：选定改变对齐方式的段落，单击【格式】|【段落】命令，打开"段落"对话框。打开"缩进和间距"选项卡，在"对齐方式"下拉列表框中选择适当的对齐方式后单击"确定"按钮。

2．段落缩进

段落缩进是指第 1 个字符距正文边缘之间的距离，利用段落缩进使文档中的某一段落相对于其他段落偏移一定的距离，缩进分左缩进、右缩进、首行缩进和悬挂缩进 4 种。设置段落缩进的方法有如下两种：

方法 1：使用"段落"对话框。

将光标定位在要调整缩进的段落内，单击【格式】|【段落】命令，打开"段落"对话框。在"缩进和间距"选项卡的"缩进"选项组中的"左"、"右"微调框中输入数值，调整段落相对左、右页边距的缩进值。在"特殊格式"下拉列表框中可以设置"首行缩进"和"悬挂缩进"数值，其右面的数值框显示缩进量值，然后单击"确定"按钮。

方法 2：利用标尺。

在文档编辑区的水平标尺上有 3 个刻度标记块，当鼠标指向这些标记块时会标识这 4 种缩进方式。如果文档中未显示标尺，单击【视图】|【标尺】命令。

4 种缩进方式的作用如下：

● 左缩进：控制段落与左边缘的距离。

● 右缩进：控制段落与右边缘的距离。

● 首行缩进：控制段落的第 1 行的第 1 个字符起始位置的缩进量。

● 悬挂缩进：使段落首行不缩进，其余部分相对于首行缩进。

拖动相应标记块即可改变缩进方式；先按住 Alt 键再拖动相应标记块，可显示位置值。

3．设置行距和段落间距

在"段落"对话框的"缩进和间距"选项卡中可以设置段落的行距和间距，行距指文本中相邻行之间的距离，默认为单倍；间距指段落前后的间距量。设置行距和间距的步骤如下：

① 选择需要重新设置行间距的段落，可以选择整个段落或将光标置于段落之中。

② 单击【格式】|【段落】命令，打开"段落"对话框。

③ 在"间距"选项组的"行距"下拉列表框中选择一种行距或在"设置值"微调框中输入需要设置的行距。

④ 单击"间距"选项组的"段前"或"段后"框右侧的微调按钮，选择适当的间距。

⑤ 单击"确定"按钮。

4．控制换行和分页

打开"段落"对话框的"换行和分页"选项卡，如图 3-34 所示，用户可以通过控制换行和分页精确地控制段落格式。

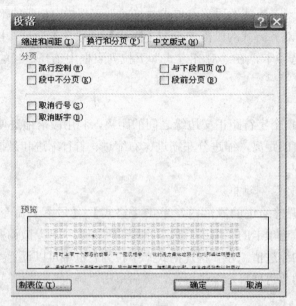

图 3-34 "换行和分页"选项卡

设置换行与分页的操作步骤如下：

① 选定要设置的文本。

② 单击【格式】|【段落】命令，在打开的"段落"对话框中单击"换行与分页"选项卡，从中选择如下复选框。

● 孤行控制：使段落最后一行文本不单独显示在下一页的顶部，或段落首行文本不单独显示在上一页的底部。

● 段中不分页：防止在选定段落中产生分页符。如果碰到分页符，Word 2003 将自动将整段移动到下一页。

● 与下段同页：防止在选定段落及其后继段落之间产生分页符。

● 段前分页：在选定段落前手工插入分页符。

③ 单击"确定"按钮。

3.4.3　设置边框与底纹

可以使用"格式"工具栏上按钮为文本或段落设置简单边框与底纹，也可使用"格式"菜单中的"边框和底纹"命令完成复杂设置，以下主要讲述命令方式的设置方法。

1．设置边框

① 选定要添加边框的文本。

② 单击【格式】|【边框和底纹】命令，打开"边框和底纹"对话框。单击"边框"选项

卡，如图 3-35 所示。

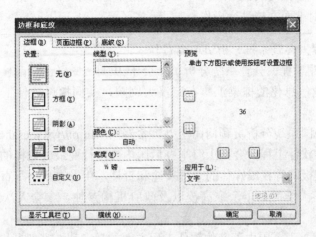

图 3-35 "边框"选项卡

③ 在"设置"选项组中选择边框外观，在"线型"下拉列表框中选择边框的线型，在"颜色"下拉列表框中选择边框的颜色，在"宽度"下拉列表框中选择边框的粗细，在"应用于"下拉列表框中选择"文字"或"段落"。

④ 单击"确定"按钮。

2. 设置底纹

① 选中要添加底纹的文本。

② 单击【格式】|【边框和底纹】命令，显示"边框和底纹"对话框。打开"底纹"选项卡，如图 3-36 所示。

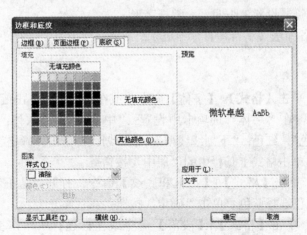

图 3-36 "底纹"选项卡

③ 在"填充"选项组的调色板中选择一种填充颜色，如果没有合适的颜色，则单击"其他颜色"按钮，在弹出的"颜色"对话框中自定义颜色。

④ 在"图案"选项组的"样式"下拉列表框中选择一种应用于填充颜色上层的底纹样式，在"颜色"下拉列表框中选择图案颜色。

⑤ 在"应用于"下拉列表框中选择"文字"或"段落",然后单击"确定"按钮。

例 3.3 按要求对下面文档进行操作。

2006 中国软件工程大会暨系统分析员年会召开

　　2006 中国软件工程大会暨系统分析员年会于 9 月 23 日在湖南长沙召开。软件产业的各路精英和企业信息化的栋梁汇集在田汉大剧院,共同探讨软件工程方面的技术和管理问题。

　　本次大会由中国系统分析员顾问团主办,希赛网(http://www.csai.cn)承办,是 2006 年继第 28 届世界软件工程大会在上海举办后国内 IT 行业最大规模的盛会,吸引了新浪网、硅谷动力、天极网等权威媒体的全程关注和直播,用友、华为等百余家知名企业,国防科技大学、中南大学等三十余家高校以及政府机构参加,参会人次达到了历届最高的 3 500 余人次。

　　此次大会会期 2 天,国内著名的软件工程方面的学者和专家都参加了此次盛会,周伯生、居德华、黄绍良等著名教授和林锐、田俊国、马映冰等 19 名业内著名的技术专家,以及几位技术新秀在大会上做技术和管理报告。他们的精彩报告提供了大量最新的技术信息和研究进展,体现了软件工程技术和管理的高层次,并在一定程度上代表了我国软件工程实践领域的应用发展水平。

要求:

(1)将标题设置为小三号、宋体、红色、加单下划线、居中并添加文字蓝色底纹,段后间距设置为 1 行。

(2)将正文各段中所有英文文字设置为 Bookman Old Style 字体,中文字体设置为仿宋GB2312,所有文字及符号设置为小四号,常规字形。

(3)各段落左右各缩进 2 字符,首行缩进 1.5 字符,行距为 2 倍行距。将正文第二段与第三段合并。

操作步骤如下:

① 选定标题行,单击【格式】|【字体】命令,或在标题行中单击鼠标右键打开快捷菜单中的"字体"对话框,在"字体"选项卡中设置:"中文字体":宋体;"字形":常规;"字号":小三;"字体颜色":红色;"下划线线型":单下划线。单击"确定"按钮。

② 选定标题行,单击格式工具栏中的"居中"按钮▇。

③ 选定标题行,单击【格式】|【边框和底纹】命令,打开"边框和底纹"对话框中的"底纹"选项卡,填充色选择蓝色。单击"确定"按钮。

④ 选定标题行,单击【格式】|【段落】命令或在标题行中单击鼠标右键打开快捷菜单中的"段落"对话框,打开"缩进和间距"选项卡,设置段后间距为 1 行。单击"确定"按钮。

⑤ 选定正文部分,单击【格式】|【字体】命令或在标题行中单击鼠标右键打开快捷菜单中的"字体"对话框,在"字体"选项卡中设置:"中文字体":仿宋 GB2312;"西文字体":BookmanOldStyle;"字形":常规;"字号":小四。单击"确定"按钮。

⑥ 选定正文部分，单击【格式】|【段落】命令或在标题行中单击鼠标右键打开快捷菜单中的"段落"对话框，打开"缩进和间距"选项卡，设置左右各缩进 2 字符；"特殊格式"中的"首行缩进"设置缩进 1.5 字符；"行距"设置为 2 倍行距。单击"确定"按钮。

⑦ 将插入点移至第二段的段尾，删除回车符，实现第二段与第三段的合并。

3.4.4 项目符号和编号

为了使文档内容更清晰，提高文档的可读性，在编辑文档时经常要在有些段落前添加编号或一些醒目的符号。Word 2003 提供自动添加项目符号、段落编号、多级符号（如图 3-37）和标题的功能。

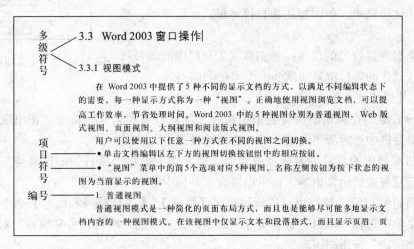

图 3-37 设定了项目符号、编号、多级符号的文档

1. 项目符号

如果用户确定输入的内容将是并列的几点，并希望将其一一清楚地列出，则需要在这几点前分别添加一些醒目的符号。可以称这些点为一个个的项目，这些点的集合即为一个项目列表，将在这些项目前添加的符号即为项目符号。项目符号只能添加到一个段落的段首。

为一个项目列表中的项目添加项目符号的方法有三种：

方法 1：使用"格式"菜单中的"项目符号和编号"命令设置。

① 将插入点置于要添加项目符号的段落或选定该段落，即设定当前段落。用户也可以同时为多个项目（段落）设定同样的项目符号，只需同时选中这些连续的段落。

② 单击【格式】|【项目符号和编号】命令，在弹出的"项目符号和编号"对话框中选定"项目符号"选项卡（如图 3-38）。

图 3-38 "项目符号"选项卡

③ 单击对话框中的"项目符号"选项卡，单击选项卡中某一种项目符号的形式，被选中的一项被一黑框围住。如在列出的项目符号形式中没有用户希望的一种，用户可不必选择，直接单击"自定义"按钮，出现"自定义项目符号列表"对话框（如图 3-39）。在这里可以设置要添加的项目符号以及紧随其后的文字处于正文位置等。

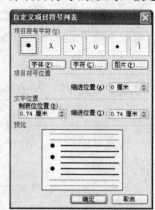

④ 单击"确定"按钮，新的符号被定义为项目符号添加到项目的前面。

方法 2：使用格式工具栏中的项目符号按钮。

使用格式工具栏中的"项目符号"按钮 ≣ 为项目添加项目符号，操作比较简单，但添加的项目符号形式比较单一，操作方法如下：

选定要添加项目符号的段落；单击格式工具栏中的项目符号按钮。系统默认的项目符号通常为一个黑色的圆点。

图 3-39 "自定义项目符号列表"对话框

方法 3：使用快捷菜单。

单击鼠标右键，在弹出的快捷菜单中选择"项目符号和编号"命令，在出现的"项目符号和编号"对话框中选定所需选项，进行必要的设置。

如果欲将文档中的项目列表恢复成普通文档，即去掉每一项目前的项目符号，可以先选中该组项目符号覆盖的全部内容，再单击格式工具栏中的"项目符号"按钮，使该按钮呈弹起状态，此项目符号已经去掉；也可以通过单击【格式】|【项目符号和编号】命令或单击鼠标右键在弹出菜单中选择"项目符号和编号"命令，在出现的"项目符号和编号"对话框中选定"无"，单击"确定"按钮即可。

2．段落编号

编号与项目符号非常相似，使文档层次非常清晰，其操作也与项目符号的操作类似。如果用户希望将文档的一部分内容编上号：1、2、3、……，并一一清楚地列出，则需熟悉 Word 中对编号的操作。编号只能添加到一个段落的段首，为一个文档中的段落添加编号的方法有 3 种：

方法 1：使用"格式"菜单中的"项目符号和编号"命令设定。

① 将插入点置于要添加编号的段落或选定该段落，即设定当前段落。用户也可同时为多个段落设定同样格式的编号，只需同时选中这些连续的段落。

② 单击【格式】|【项目符号和编号】命令或单击鼠标右键，在弹出的菜单中单击"项目符号和编号"命令，在对话框中选定"编号"选项卡（如图 3-40），选定选项卡中某一种编号的形式，被选中的一项被一蓝框围住。

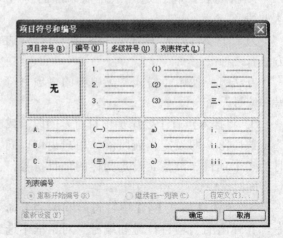

图 3-40 "项目符号和编号"对话框中"编号"选项卡

如在列出的编号形式中没有用户需要的，可以单击"自定义"按钮，在"自定义编号列表"中进行选择。

③ 单击"确定"按钮，新定义的编号被添加到段落的前面。

方法 2：使用格式工具栏中的编号按钮。

设定当前要添加编号的段落（项目）为当前段落；单击格式工具栏中的编号按钮 。这时段落前面自动添加一个编号（编号为在这之前最后设置的编号形式，并自动连续上面的编号）。

方法 3：输入时自动创建编号。

在 Word 中，如果在一个段落的开始输入了类似 "1."、"1)"、"（1）"、"一、"、"第一、"、"a)" 等编号格式的内容，则在该段落内容输入完毕按 Enter 键后，下一段落会自动连续上一段落的编号，用户只需在编号之后输入后续内容；直到最后一个编号内容输入完毕，按 Enter 键结束，再删除下一行首自动添加的编号即可。

一个长文档常常有多个层次，如节里有小节，小节里有 "一"、"二"、"三" 等，在不同层次的内容间编号，就会使格式变得混乱，这时就要用到多级编号。

为部分文档添加多级编号的方法为：选定要添加多级编号的段落；设定要添加的多级编号格式：单击【格式】|【项目符号和编号】命令，单击"多级符号"选项卡，选中某一种多级符号，单击"确定"按钮即可。

取消文档中的编号时，选定需要删除多级编号的文本，删除编号的操作有如下两种：

方法 1：在"格式"工具栏中，单击 "编号"按钮，该按钮弹起，多级编号即被取消。

方法 2：在"格式"菜单中的"项目符号和编号"对话框中，单击"多级编号"选项卡，选定"无"，单击"确定"按钮即可。

3.4.5 用格式刷复制格式

如果已经设置了格式，用格式刷复制字符和段落格式非常简便。

1．复制段落格式

段落格式包括制表符、项目符号、缩进及行距等，操作步骤如下：

① 单击希望复制格式的段落，使光标定位在该段落内。

② 单击"常用"工具栏中的格式刷按钮，鼠标指针变为刷子形状。

③ 把指针移到希望应用此格式的段落，单击段内任意位置。

2．复制字符格式

字符格式包括字体、字号、字形及颜色等，操作步骤如下：

① 选择希望复制格式的文本，包括段尾标记。

② 单击"常用"工具栏中的格式刷按钮，鼠标指针变为刷子形状。

③ 拖动选择希望应用此格式的文本。

3．多次复制格式

将选定格式复制到不同位置的操作步骤如下：

① 双击"常用"工具栏中的格式刷按钮，鼠标指针变为刷子形状。

② 多次拖动选择希望应用此格式的文本。

③ 完成后，再次单击"常用"工具栏中的格式刷按钮取消格式刷功能。

3.4.6 制表位的设置和使用

Word 2003 提供了灵活的制表功能，可以方便地用制表位产生制表信息。使用制表位能够向左、向右或居中对齐文本行，或将文本与小数点字符或竖线字符对齐。

设置制表位的方法有如下两种：

方法 1：利用标尺。

① 连续单击水平标尺最左端的制表符按钮，直到其更改为所需制表符类型，即左对齐、右对齐、居中、小数点或竖线对齐。

② 在水平标尺上单击要插入制表位的位置。

方法 2：利用菜单。

单击【格式】|【制表位】命令，打开"制表位"对话框，如图 3-41 所示。在"制表位位置"文本框中输入所需度量值，然后单击"设置"按钮，再单击"确定"按钮。

图 3-41 "制表位"选项卡

制表位设定后，只需按下 Tab 键，插入点就会跳到该制表位，新输入的文本在制表位对齐。使用制表位设置文本对齐的示例如图 3-42 所示。

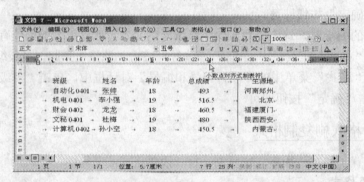

图 3-42 使用制表位设置文本对齐的示例

3.4.7 使用模板

"模板"是一种特殊的文件，在其他文件创建时使用。每个模板都提供了一个样式集合，供格式化文档使用，任何 Word 2003 文档都以模板为基础，模板决定文档的基本结构和文档设置。

1. 创建模板

在文档处理过程中，如果需要经常用到同样的文档结构和设置，即可根据需要自定义一个模板，操作步骤如下：

① 打开包含所需文档结构或文档设置的文档。

② 单击【文件】|【另存为】命令，弹出"另存为"对话框。在"保存类型"下拉列表框中选择"文档模板"选项，则 Templates（模板）文件夹作为默认选项出现在"保存位置"下拉列表框中。

③ 在"文件名"下拉列表框中键入新建模板的名称，单击"保存"按钮。保存该文档为一个模板文件，此后对其所做的修改将不影响原文档。

④ 在新模板中添加所需的文本和图形并删除任何不需要的内容。

⑤ 更改页边距设置、页面大小和方向，以及样式和其他格式。

⑥ 单击"常用"工具栏中的保存按钮，然后单击【文件】|【关闭】命令。这样就成功创建了一个新的模板，以后可以方便地调用。

2．应用模板

① 单击【文件】|【新建】命令，打开"新建文档"任务窗格。

② 选中"模板"选项组中的"本机上的模板"命令，打开"模板"对话框。

③ 选择所需的模板，然后单击"确定"按钮，即可应用所选的模板创建一个新文档。

3.4.8 使用样式

样式是一组已命名的字符和段落格式的组合，可以方便地为文档建立统一的格式。修改样式后，所有应用该样式的段落格式均自动被新修改的样式所替代。

1．创建样式

① 单击【格式】|【样式和格式】命令，或单击"格式"工具栏中的"格式窗格"按钮。文档编辑区右侧显示"样式和格式"任务窗格，如图 3-43 所示。

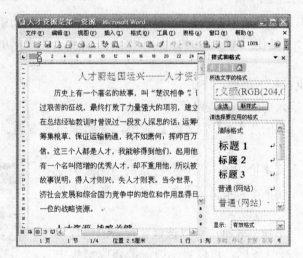

图 3-43 "样式和格式"任务窗格

② 单击"新样式"按钮，打开"新建样式"对话框。

③ 在"名称"文本框中键入样式的名称。

④ 在"样式类型"下拉列表框中选择"段落"、"字符"、"表格"或"列表"选项，指定所创建的样式类型。

⑤ 选择所需选项，或者单击"格式"按钮以查看更多选项。

⑥ 单击"确定"按钮。

2．应用样式

在 Word 2003 中新建文档都基于一个模板，默认为 Normal 模板，其中提供了多种内置样式。如果要在文本中应用某种内置样式，则执行如下操作：

① 将光标置于需要应用样式的段落中或选中要应用样式的文本。

② 单击【格式】|【样式和格式】命令，或单击"格式"工具栏中的格式窗格按钮，文档编辑区右侧显示"样式和格式"任务窗格。

③ "请选择要应用的格式"下拉列表框中列出可选样式，包括段落样式、字符样式、表格样式以及列表样式等，单击需要的样式即可应用该样式。

3．修改样式

选择"请选择要应用的格式"下拉列表框的"修改"选项，打开"修改样式"对话框。修改样式中的格式，然后单击"确定"按钮。

3.5　处理图形

为了使文档更加美观漂亮，并且更好地表达文档的内容，Word 2003 中提供了多种绘图工具和可以调整形状的自选图形和剪贴画。

3.5.1　图形的建立

在文档中建立图形通常有两种方法，一是利用 Word 2003 自带的剪辑库插入剪贴画或插入来自其他文件的图片；二是使用 Word 2003 提供的绘图工具组合生成简单的图形。

1．插入图片

要插入剪贴画，执行如下操作：

① 单击文档中要插入剪贴画的位置。

② 单击【插入】|【图片】|【剪贴画】命令，文档编辑区右侧显示"剪贴画"任务窗格，如图 3-44 所示。

③ 在"搜索文字"文本框中输入描述要搜索的剪贴画类型的单词或短语或剪贴画的部分或完整文件名。例如，要搜索和动物有关的图片，则输入"动物"。

④ 在"搜索范围"下拉列表框中可以选择要搜索的集合，单击收藏集前的加号或减号图标，可以显示或隐藏该收藏集中包含的内容。选中或清除收藏集前的复选框，决定是否搜索这个收藏集中的内容。

⑤ 在"结果类型"下拉列表框中选择要查找的剪辑类型，单击媒体文件类型前的加号或减号图标，可以显示或隐藏该媒体文件类型中包含的内容。

选中或取消选择媒体文件类型前的复选框，决定是否搜索这个媒体文件类型中的内容。

⑥ 单击"搜索"按钮，在列表框中显示搜索结果。

图 3-44　"剪贴画"任务窗格

⑦ 单击要插入的剪贴画，将其插入到光标所在位置。

"剪辑管理器"中包含图画、照片、声音、视频和其他媒体文件，统称为"剪辑"。如果使用"插入剪贴画"任务窗格未找到所需的内容，可以打开"剪辑管理器"窗口。在此窗口中浏览媒体剪辑收藏集，将所需内容插入到文档中，操作步骤如下：

① 单击文档中要插入剪贴画的位置。

② 单击【插入】|【图片】|【剪贴画】命令，文档编辑区右侧将显示"剪贴画"任务窗格。单击"管理剪辑"超链接，打开如图 3-45 所示的"Microsoft 剪辑管理器"窗口，并弹出"将剪辑添加到管理器"提示框。单击"立即"按钮，剪辑库开始对硬盘上的可用素材进行搜索和分类。根据运行速度的不同，这个过程可能需要几分钟至十几分钟。

图 3-45 "Microsoft 剪辑管理器"窗口

③ 在"剪辑管理器"窗口中选择要添加到打开文档中的剪辑，将其拖动到打开的文档中。

要插入一些来自其他文件的图片，操作步骤如下：

① 单击要插入图片的位置。

② 单击【插入】|【图片】|【来自文件】命令，打开"插入图片"对话框。

③ 选择要插入的图片文件所在的文件夹。

④ 选中要插入的图片文件后单击"插入"按钮。

2. 绘制图形

在 Word 2003 文档中可以通过各种对象的组合生成图形，这些对象包括自选图形、任意形状、图表、曲线、直线、箭头及艺术字等。

（1）绘制新图形

在默认状态下，在 Word 2003 中生成一个图形时，这个图形放在一张画布上。如果想显示一张新的画布，即绘制一个新图形，可以有以下 3 种方法：

方法 1：单击【插入】|【图片】|【绘制新图形】命令。

方法 2：在"绘图"工具栏中选择"自选图形"下拉菜单中的选项。

方法 3：在"绘图"工具栏中单击"直线"、"箭头"、"矩形"、"椭圆"或者"文本框"按钮。

如果希望在默认状态下插入绘图对象时不显示画布，可单击"工具"菜单中的"选项"

命令，显示"选项"对话框，打开"常规"选项卡，清除"插入'自选图形'时自动创建画布"复选框，然后单击"确定"按钮。

（2）绘制并编辑直线或箭头

单击"绘图"工具栏中的"直线"或"箭头"按钮，单击需要放置直线或箭头处并拖动至需要的长短。直线或箭头两端会出现控制点，通过拖动控制点，可以更改直线箭头的长度或角度。移动直线或箭头，将其移到目标位置。

此外，还可以改变线型、线宽和颜色：

● 要改变线型选中直线箭头，单击"绘图"工具栏中的"虚线线型"按钮，并从弹出的选项板中选择所需线型。

● 要改变宽度，单击"绘图"工具栏中的"线型"按钮，并从弹出的选项板中选择宽度。要使宽度大于 6 磅，选择"其他线条"选项，打开"设置自选图形格式"对话框。在"线条"选项组中的"粗细"微调框中输入线条的磅值，然后单击"确定"按钮。

● 要改变颜色，单击"绘图"工具栏中的"线条颜色"下拉按钮，并从弹出的调色板中选择一种颜色。选择"带图案线条颜色"选项，打开"带图案线条颜色"对话框。在其中选择一种特殊线，然后单击"确定"按钮。

插入直线或箭头后，用户通过改变箭头样式可以使箭头出现在两端或一端或改变箭头的大小等。方法是：单击"绘图"工具栏中的"箭头样式"按钮，并从弹出的选项板中选择一个选项来决定箭头出现在哪一端。如果没有需要的样式，可以选择"其他箭头"选项，或者双击箭头打开"设置自选图形格式"对话框。在"箭头"选项组中，通过"始端样式"和"末端样式"下拉列表框来选择所需箭头样式。如果选择"无箭头"选项，则不会出现箭头。

（3）绘制和编辑曲线

① 单击"绘图"工具栏中的【自选图形】|【线条】|【曲线】命令，然后在屏幕上拖动即可。

② 右击曲线，单击快捷菜单中的"编辑顶点"选项。激活曲线各顶点，然后即可执行如下操作：

● 删除顶点：右击曲线一个顶点，单击快捷菜单中的"删除顶点"命令。

● 添加顶点：右击放置曲线的目标位置，单击快捷菜单中的"添加顶点"选项，并在线上拖动该点。

● 将曲线变成直线：右击两点之间，单击快捷菜单中的"抻直弓形"命令。同样，要将直线变为曲线，则单击"曲线段"选项。

（4）绘制更多图形

除了绘制直线和箭头外，还可以利用"绘图"工具栏中的工具来绘制更多的图形，方法为：单击"绘图"工具栏上的"椭圆"或"长方形"按钮，可以绘制一个椭圆或长方形；单击"自选图形"按钮，从子菜单中选择图形。此时，鼠标指针变为十字形，拖动即可创建选中工具对应的图形。同时图形或自选图形上将出现控制点，通过调整这些控制点即可移动或改变其大小。

注意：可按住 Shift 键，利用"椭圆"或"长方形"等按钮绘制圆或正方形等图形。

3.5.2 编辑与设置图片格式

插入图片到文档后，如果对图片的尺寸、内容或颜色等不甚满意，可以通过"图片"工具栏（如图 3-46 所示）编辑图片颜色、裁剪或旋转图片，以取得理想的效果。

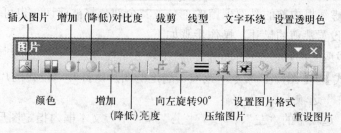

图 3-46 "图片"工具栏

1. 缩放图片

方法 1：使用鼠标。

单击图片，在图片的 4 个角和 4 条边上将出现控制点，共有 8 个。拖动该控制点即可缩放图片。

方法 2：使用"设置图片格式"对话框。

单击【格式】|【图片】命令，或双击要更改大小的图片，打开"设置图片格式"对话框。在"大小"选项卡中的"尺寸和旋转"及"缩放"文本框中输入适合的高度、宽度和缩放比例，然后单击"确定"按钮。"原始尺寸"选项组中显示图片的原始尺寸。若要放弃图片修改，单击"重新设置"按钮。

2. 调整图片颜色

根据需要，可以为图片的颜色设置灰度和黑白等特殊效果。选定要改变颜色类型的图片，单击"图片"工具栏上的"颜色"按钮，在弹出的下拉菜单中选择需要的颜色即可。如果想精确定义图片的亮度和对比度，则双击该图片，显示"设置图片格式"对话框。打开"图片"选项卡，如图 3-47 所示。

图 3-47 "图片"选项卡

在该选项卡的"图像控制"选项组中，通过拖动"亮度"和"对比度"滑块，或直接在其右侧的微调框中输入百分比值，可以精确地调整图片的亮度和对比度。

3. 裁剪图片

如果需要裁剪插入的图片，单击"图片"工具栏上的"裁剪"按钮。然后拖动图片的一个控制点，出现在虚线框内部的是要保留的部分，其余部分将被剪切。也可以在"设置图片格式"对话框中精确设置裁剪的尺寸，操作步骤如下：

① 选中需要裁剪的图片，在图片的四周将出现 8 个控制点。

② 单击【格式】|【图片】命令，或双击选定的图片，打开"设置图片格式"对话框。

③ 打开"图片"选项卡。

④ 在"裁剪"选项中的"左"、"右"、"上"和"下"文本框内指定图形要裁剪的数值。

⑤ 单击"确定"按钮。

4. 压缩图片

为了节省硬盘空间或减少下载时间，Word 2003 提供了"压缩图片"的功能。用户可以利用该功能方便地压缩图片，操作步骤如下：

① 选中要压缩的图片。

② 单击"图片"工具栏上的"压缩图片"按钮，弹出如图 3-48 所示的"压缩图片"对话框。

③ 在"应用于"选项组中选中"选中的图片"单选按钮，将压缩选中的图片；选中"文档中的所有图片"单选按钮，压缩当前文档中的所有图片。

在"更改分辨率"选项组中选中"Web/屏幕"单选按钮，可将分辨率设置为 96 dpi；选中"打印"单选按钮，可将分辨率设置为 200 dpi；选中"不更改"单选按钮，则不更改分辨率。

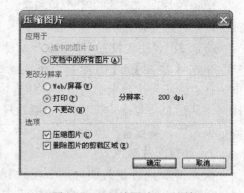

图 3-48 "压缩图片"对话框

在"选项"选项组中选中"压缩图片"复选框，将按照设置压缩图片；选中"删除图片的剪裁区域"复选框，可以放弃图片中剪裁的部分；否则将隐藏这个部分并且仍然保留在文件中。

④ 单击"确定"按钮，Word 2003 将按照设置压缩图片。

5. 移动图片

方法 1：使用鼠标。

选中图片并拖动到目标位置。

方法 2：使用剪贴板。

选中图片，单击"常用"工具栏中的"剪切"按钮。将光标置于移动图片的目标位置，单击"常用"工具栏中的"粘贴"按钮。

6. 复制图片

方法 1：使用鼠标。

选中要复制的图片，按住 Ctrl 键到拖动到目标位置。

方法 2：使用剪贴板。

选中要复制的图片，单击【编辑】|【复制】命令。然后移动插入点到目标位置，单击【编辑】|【粘贴】命令。

7. 删除图片

方法 1：选中要删除的图片，按 Delete 键。

方法 2：选中要删除的图片，单击【编辑】|【清除】|【内容】命令。

8. 设置图片环绕格式

一般情况下，插入到文件中的图片总是单独占据一块空间。但在实际操作过程中，可能需要将图片放置在文件中的某些文字中间或其他位置，以美化版面。这时就要设置图片环绕格式，确定图片与文字的位置关系，设置图片环绕格式的步骤如下：

① 选择要设置文字环绕方式的图片。

② 单击"图片"工具栏中的"文字环绕"按钮，选择弹出环绕方式菜单中的所需选项。或双击要设置文字环绕方式的图片，弹出"设置图片格式"对话框。打开"版式"选项卡，如图 3-49 所示。

③ 选择需要的环绕方式，如选择"四周型"。

④ 单击"确定"按钮。

图 3-49 "版式"选项卡

3.5.3 文本框

文本框是 Word 2003 用于在文档中独立输入并编辑文字而插入的图形框，它可以帮助在文档中定位文字、图形及图片等对象。在文档中适当地使用文本框，可以实现一些特殊的编辑功能。

1. 插入文本框

方法 1：使用"插入"菜单。

① 将光标置于需要插入文本框的位置。

② 单击【插入】|【文本框】|【横排】或【竖排】命令，在文档中弹出画布。

③ 单击画布创建一个文本框。

④ 拖动文本框四周的控制点，放大创建的文本框到所需大小。

方法 2：使用"绘图"工具栏。

单击"绘图"工具栏中的"文本框"或"竖排文本框"按钮，然后在文档中拖动绘制文本框。

2. 设置文本框的格式

插入文本框后，即可在其中插入文本和图形。在插入时文本框不会自动调整大小，而插入的图形将自动调整大小以与文本框保持一致。要设置文本框的格式，执行如下操作：

① 右击文本框或其边线，单击快捷菜单中的"设置文本框格式"命令，打开如图 3-50

所示的"设置文本框格式"对话框。

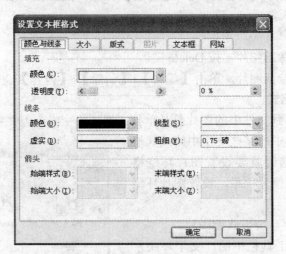

图 3-50 "设置文本框格式"对话框

② 在"颜色和线型"选项卡中设置文本框的填充色和线型,在"大小"选项卡中精确设置文本框的高度、宽度和缩放比,在"位置"选项卡中设置文本框在页面上的位置,在"版式"选项卡中设置文本框与正文之间的位置关系,在"文本框"选项卡中设置文本框的边距。

③ 最后,单击"确定"按钮。

3.设置阴影和三维效果

选定文本框后,单击"绘图"工具栏中的"阴影样式"或"三维效果样式"按钮,可为文本框设置不同效果的阴影和三维效果,美化文档页面。

3.5.4 艺术字

1.插入艺术字

在 Word 2003 文档中可以插入一些具有艺术效果的字符,如带阴影、旋转和拉伸的字符,使文档内容更丰富多彩,图 3-51 所示即为一种艺术字。本节以此为例,介绍插入和设置艺术字的方法。

图 3-51 艺术字示例

插入艺术字的操作步骤如下:

① 单击要插入艺术字的位置。

② 单击【插入】|【图片】|【艺术字】命令,或单击"绘图"工具栏中的"插入艺术字"按钮,弹出如图 3-52 所示的"艺术字库"对话框。

③ 双击要应用的艺术字样式,弹出如图 3-53 所示的"编辑'艺术字'文字"对话框。

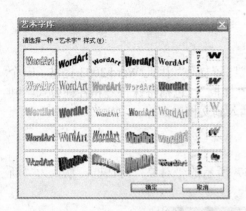
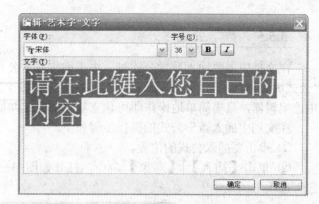

图 3-52　"艺术字库"对话框　　　　　　图 3-53　"编辑'艺术字'文字"对话框

④ 在"文字"文本框中输入要应用艺术字的字符，在本例中输入"WORD 2003"。

⑤ 在"字体"下拉列表框中选择字体，本例选择"Times New Roman"。

⑥ 在"字号"下拉列表框中选择字号，本例选择"48"。

⑦ 单击"加粗"按钮。

⑧ 单击"确定"按钮。

2. 编辑艺术字

新插入的艺术字默认处于选定状态，同时弹出如图 3-54 所示的"艺术字"工具栏。除了可以如同编辑图片那样放大和缩小艺术字外，还可以使用该工具栏中的按钮全面编辑艺术字。

使用"艺术字"工具栏中的按钮可实现如下功能：

● 编辑文字：单击"编辑文字"按钮，弹出"编辑'艺术字'文字"对话框，在其中可以更改艺术字的内容。

图 3-54　"艺术字"工具栏

● 设置艺术字格式：单击"设置艺术字格式"按钮，弹出"设置艺术字格式"对话框，在其中可以设置艺术字的格式。

● 改变艺术字形状：单击"艺术字形状"按钮，弹出如图 3-55 所示的"艺术字形状"选项板，在该选项板中可以选择一种应用到艺术字上的形状。如图 3-56 所示为选用八边形后改变的艺术字形状的示例。

图 3-55　"艺术字形状"选项板　　　　　图 3-56　改变形状的示例

● 设置文字环绕：单击"文字环绕"按钮，在弹出的下拉菜单中可以选择需要的文字环绕方式。

● 调整艺术字字符间距：单击"艺术字字符间距"按钮在弹出的下拉菜单中可以选择需要的字符间距。

3.5.5 数学公式

在文档中需要输入数学公式时，由于编排数学公式比较复杂，因此 Word 2003 提供了一个"公式编辑器"。其中为数学公式的整体性提供了多个"样板"，包括特殊符号和各种公式。利用该编辑器，只需简单地操作即可建立复杂的公式并插入到文档中。

在文档中插入数学公式的操作步骤如下：

① 单击要插入公式的位置。

② 单击【插入】|【对象】命令，打开如图 3-57 所示的"对象"对话框，默认为"新建"选项卡。

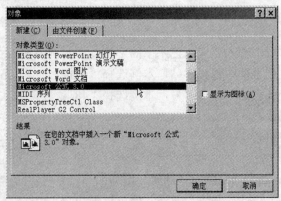

图 3-57 "对象"对话框

③ 选择"对象类型"下拉列表框中的"Microsoft 公式 3.0"选项。

由于在默认安装 Office 2003 时，并不安装"公式编辑器"，因此如果在"对象"对话框中找不到"Microsoft 公式 3.0"选项，则需要安装该组件。

④ 单击"确定"按钮，切换到如图 3-58 所示的公式编辑器窗口，同时弹出"公式"工具栏。在该工具栏的上行列出了各种数学符号，下行则是样板或框架（包含分式、积分和求和符号等）。

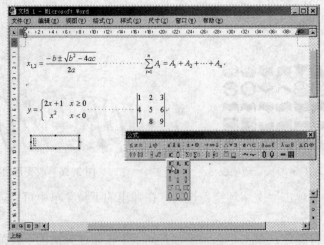

图 3-58 公式编辑器窗口

⑤ 在"公式"工具栏中选择符号或样板，键入变量和数字来创建公式。

⑥ 单击文档中非公式处，返回文档。

如果需要编辑公式，则单击该公式，出现带有 8 个控制点的虚框，可以完成公式的移动及缩放等操作；双击该公式，进入公式编辑环境，可修改公式。

3.6　处理表格

如何有效且快速地制作并处理表格是文档处理中经常要面对的一个重要问题，Word 2003 提供了强大的表格处理功能，所有表格命令全部集中在"表格"下拉菜单中。

3.6.1　创建表格

1. 插入表格

使用"常用"工具栏中的"插入表格"按钮插入一个表格简单方便，但表格的行数和列数有限（受显示器屏幕限制），使用该按钮插入一个表格的操作步骤如下：

① 将光标定位于要插入表格的位置。

② 单击"常用"工具栏中的"插入表格"按钮，弹出一个网格。

③ 向右下方拖动鼠标，直到显示所需表格的行数和列数。

使用菜单命令可以生成任意大小的表格，操作步骤如下：

① 将光标定位于要插入表格的位置。

② 单击【表格】|【插入】|【表格】命令，打开"插入表格"对话框，如图 3-59 所示。

③ 设定需要插入表格的行数和列数。

④ 单击"确定"按钮。

图 3-59　"插入表格"对话框

2. 手绘表格

① 单击"常用"工具栏中的"表格和边框"按钮，弹出"表格和边框"工具栏，鼠标指针变成笔形，并打开绘制模式。拖动鼠标，标尺上的两条横竖的虚线也随之移动，它们表示当前鼠标指针在文档页面中的坐标。

② 单击"线型"下拉按钮，在弹出的选项板中选择要绘制表格的边框线型。

③ 单击"粗细"下拉按钮，在弹出的选项板中选择要绘制表格的边框线粗细。

④ 单击"边框颜色"下拉按钮，在弹出的调色板中选择需要的边框颜色。

⑤ 在适当位置开始拖动绘制需要的外边框。

⑥ 在内、外边框交叉点拖动绘制表格其他行列。

3.6.2　编辑表格内容

1. 在表格中移动插入点

可以用光标键、鼠标或 Tab 键将插入点移到其他单元格。

2．在表格中输入文本

在表格中输入文本的方法与一般文本输入的方法相同，只要把光标定位在一个单元格中，即可输入文本。如果所输入的文本超过一列的宽度，则输入到单元格的右边界时，Word 2003 会将文本自动折到下一行，而不会越过单元格的边界覆盖下一个单元格。同时，该单元格也会自动加高，以容纳此新行。同样，如果删除单元格中某些文本，单元格的高度也会自动缩减。因此在表格中输入文本时，表格的高度会自动地随着输入的文本调整，非常方便。因为表格内同一行中各列的高度是相同的，因此如果某一单元格的高度因输入文本而增加，即使其他各列单元格中的文本并未变化或没有文本，该行上其他各单元格的高度也会同步增加。

3．移动或复制单元格、行或列中的内容

在单元格中移动或复制文本与在文档中的操作基本相同，不同的是在选中要移动或复制的单元格、行或列并执行"剪切"或"复制"的操作后，"编辑"下拉菜单中的"粘贴"命令会相应的变成"粘贴单元格"、"粘贴行"或"粘贴列"命令。

3.6.3 修改表格

为了使表格更好地适应周围的文档或页面，有时需要调整表格。

1．选择表格

① 选定单元格：移动鼠标指针到单元格左侧边框附近，当指针变为向上斜箭头时单击即可。

② 选定行：移动鼠标指针到表格左侧边框附近，当指针变为向上斜箭头时单击即可。

③ 选定列：移动鼠标指针到该列上边框，当指针变为向下箭头时单击即可。

④ 选定连续多单元格、多行或多列：拖动选择单元格、行或列。

⑤ 选定连续的多单元格、多行或多列：单击要选择的第 1 个单元格、行或列，按住 Ctrl 键单击所需的下一个单元格、行或列即可。

⑥ 选定表格：单击表格左上角的控制点，或拖动过整个表格。

2．插入单元格、行或列

① 选定要插入单元格、行或列的位置（可以选定多个）。

② 单击【表格】|【插入】命令，选择所需选项。

3．删除单元格、行或列

① 选定要删除的单元格、行或列。

② 单击【表格】|【删除】命令，选择相应选项。若选择单元格，将打开"删除单元格"对话框。设置所需选项，然后单击"确定"按钮。

4．删除整个表格

方法 1：选定要删除的表格，单击【表格】|【删除】|【表格】命令即可。

方法 2：单击表格左上角的控制点，选中整个表格，按下键盘上的 BackSpace（退格）键。

5．拆分合并单元格

① 单击要拆分的单元格，单击【表格】|【拆分单元格】命令，弹出"拆分单元格"对话框，如图 3-60 所示。

② 在"列数"和"行数"微调框中分别输入需要将该

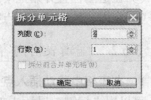

图 3-60 "拆分单元格"对话框

单元格拆分后的列数和行数。

③ 单击"确定"按钮。

要合并单元格，首先选中要合并的单元格。然后单击【表格】|【合并单元格】命令，则选定的单元格合并成一个单元格。

6. 调整表格的大小

● 缩放整个表格

将鼠标指针移到表格上，表格右下角将会出现一个小方框，即表格尺寸控制点。这时鼠标指针变为斜向双箭头，拖动该控制点即可按比例改变表格大小。

● 更改列宽

要改变表格列宽，拖动列的边框即可。

如果要使表格中的列根据内容自动调整宽度，则选择该列的任意单元格，然后单击【表格】|【自动调整】|【根据内容调整表格】命令。

● 更改行高

要更改表格行高，拖动行的上边框或下边框。

3.6.4 设置表格格式

用户可以设置表格的对齐方式、文字环绕方式及断行控制等，以使表格更美观，与正文更协调。

1. 设置对齐方式

选择表格，单击【表格】|【表格属性】命令，打开"表格属性"对话框。默认为"表格"选项卡，如图 3-61 所示。在"对齐方式"选项组中选择"左对齐"、"居中"或"右对齐"方式；在"左缩进"微调框输入从左边界缩进表格的增量，其默认设置为0，单击"确定"按钮。

2. 设置文字环绕方式

在文档中使用多个表格时，文字环绕显得非常重要。在"表格属性"对话框的"表格"选项卡的"文字环绕"选项组中可以选择"无"或者"环绕"选项。

选择"环绕"选项后，"定位"按钮变为可用。单击该按钮，打开如图 3-62 所示的"表格定位"对话框，以控制默认情况下表格在文档中的位置。

图 3-61 "表格"选项卡

图 3-62 "表格定位"对话框

在"水平"和"垂直"选项组的"位置"下拉列表框中可以设置表格的水平和垂直位置（左侧、右侧、居中、内侧或外侧），在"相对于"下拉列表框中可以选择与定位表格相关的元素。如水平定位选择"页边距"、"页面"或"栏"选项，垂直定位选择"页边距"或"页面"或"段落"选项。

在"距正文"选项组中，可以设置表格和环绕文字之间的间距。

在"选项"选项组中，可以设置当重设文本格式时，允许表格固定在原来位置使文本重叠在表格边界，还是随文本移动。

3．控制表格断行

"表格属性"对话框的"行"选项卡中的两个复选框用来控制在分节或分页情况下表格断开。如果需要在表格的特定位置分割表格，单击"下一行"或者"上一行"按钮，以决定在哪一行之后分割表格，然后选中"允许跨页断行"复选框；如果需在断开表格的第 2 部分重复表头，选中"在各页顶端以标题行形式重复出现"复选框，把表头复制到下一表格部分的开始处。

设置后单击"确定"按钮。

4．绘制斜线表头

表头位于所选表格的第 1 个单元格中，绘制斜线表头的方法如下：

① 将光标置于表格中。

② 单击【表格】|【绘制斜线表头】命令，弹出"插入斜线表头"对话框，如图 3-63 所示。

③ 在"表头样式"下拉列表框中选择所需样式。

④ 在"行标题"和"列标题"文本框中输入所需行和列等标题内容。

⑤ 单击"确定"按钮。

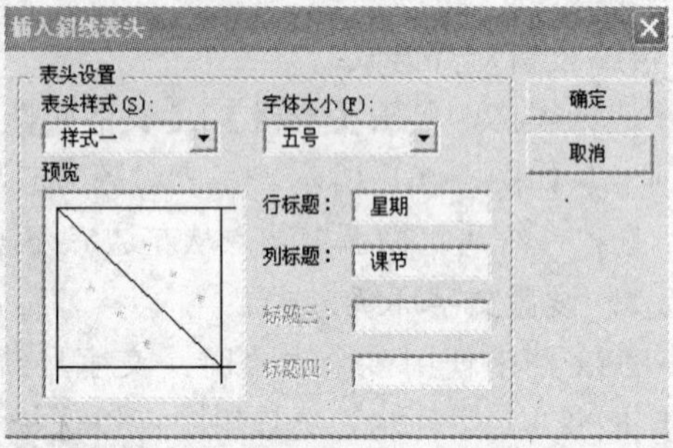

图 3-63 "插入斜线表头"对话框

5．设置边框和底纹

创建表格后可以修改表格或某一单元格的边框和底纹。

（1）要设置表格边框，单击该表格中的任意处；要设置指定单元格边框，则选定该单元格，包括单元格结束标记。然后单击【格式】|【边框和底纹】命令，弹出"边框和底纹"对话框。打开"边框"选项卡，选择所需选项。

（2）要设置底纹，选定要修改底纹的表格、单元格、行或列，单击【格式】|【边框和底纹】命令，弹出"边框和底纹"对话框。打开"底纹"选项卡，然后设置所需选项，或者单击"表格和边框"工具栏中"底纹颜色"右侧下拉按钮，从列表框中选择所需颜色。

6．自动套用格式

Word 2003 中提供了多种表格样式，通过为表格自动套用格式可以事半功倍地创建出漂亮的表格，操作步骤如下：

① 单击要套用格式的表格的任意位置，单击【表格】|【表格自动套用格式】命令，弹出如图 3-64 所示的"表格自动套用格式"对话框。

② 在"类别"下拉列表框中选择"使用中的表格样式"、"所有表格样式"或"用户定义的样式"选项，以限定"表格样式"下拉列表框中列出的表格样式。

③ 在"表格样式"下拉列表框中选择所需的表格样式，Word 2003 提供了多种表格样式，如彩色型、古典型、简明型、立体型及网格型等，可在"预览"框中预览选中表格样式的显示效果。

如果希望将选定的表格样式应用于所有自动插入的表格，则单击"默认"按钮，打开"默认表格样式"对话框，在其中可以将选中的样式设置为当前文档的默认表格样式或当前模板的默认格式样式。

● 选中"仅此文档"单选按钮，则选中的表格样式将作为当前文档的默认表格样式。

图 3-64 "表格自动套用格式"对话框

● 选中"所有基于×××模板的文档"单选按钮（×××根据具体情况显示不同），那么选中的样式就会作为当前文档加载模板的默认表格样式。

设置后单击"确定"按钮，返回"表格自动套用格式"对话框。

④ 在"将特殊格式应用于"选项组中选择是否将选中的格式应用于标题行、首列、末行和末列，单击"应用"按钮，完成表格的自动套用格式设置。

3.6.5 表格数据的排序

在 Word 中，通常数据排序是针对表格中某一列数据而言，它可以将表格中某一列的数据（可以是数值或文字）按照某一规则排序，并按排序结果重新组织各行数据在表格中的顺序。排序有两种方法：

方法 1：使用"表格和边框"工具栏中的排序按钮。

① 单击常用工具栏中的"表格和边框"按钮，打开"表格和边框"工具栏。

② 将插入点移入要重新排序的数据列中，单击"升序排列"按钮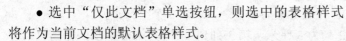，该列中的数字按从小到大的顺序排列，汉字按笔画从少到多排序。表中的记录按选定列数据排序结果调整。单击"降序排列"按钮，该列中的数字按从大到小的顺序排列，汉字按笔画从多到少排序。表中的记录按选定列数据排序结果调整。

方法 2：使用菜单。

① 将插入点移动到要排序的表格中。

② 单击【表格】|【排序】命令，选项卡中的设置为：

● "排序依据"：选定参加排序的表格列，最多可以选择 3 列。

● "类型"：选定排序的依据，按数字的大小排序还是按笔画的多少排序。

● 用户选定按升序或降序重组各行数据在表格中的顺序。

● "列表"：有两个单选项，"有标题行"表示排序表格有标题行，"无标题行"表示排序表格没有标题行。

③ 设定完毕后单击"确定"按钮。

例 3.4 按要求对下面表格（表 3-1）进行操作：

表 3-1 某班成绩单（部分）

姓名 \ 科目	数学	语文	英语	物理	总分
魏征	90	79	89		
李广涛	88	85	95		
杨飞武	85	92	90		
宋志成	89	92	95		
牛俊涛	89	90	77		

（1）删除表格的第 5 列（"物理"），在表格最后一行之下增加 3 个空行。

（2）设置表格列宽：第 1 列到第 2 列为 3 厘米，第 3 列到第 5 列为 3.2 厘米，行高自动设置；将表格边框线设置成蓝色，1.5 磅，表内线为红色，0.75 磅；第 1 行加蓝色底纹。

（3）对记录进行排序：首先按数学成绩降序排序，该科目成绩相同者再按语文成绩排序。

操作步骤如下：

① 选定第 5 列，鼠标在选定内容中右击鼠标，打开快捷菜单，单击"删除列"。

② 将插入点移至表格最后一行，在回车符位置单击 Enter 键，使表格增加 1 行。重复 3 次，增加 3 个空行。

③ 选定第 1、2 列，单击鼠标右键，打开快捷菜单中的"表格属性"对话框中的"列"选项卡，设置"指定列宽"为 3，"列宽单位"为厘米，单击"确定"按钮。

④ 选定第 3、4、5 列，单击鼠标右键，打开快捷菜单中的"表格属性"对话框中的"列"选项卡，设置"指定列宽"为 3.2，"列宽单位"为厘米，单击"确定"按钮。

⑤ 选定整个表格，单击鼠标右键，打开快捷菜单中的"边框和底纹"对话框中的"边框"选项卡，在"设置"中选择"自定义"；"线型"选择实心直线；"颜色"为蓝色；"宽度"为 1.5 磅；分别单击表格的四条边，使得边框线为蓝色，1.5 磅。再设置"颜色"为红色；"宽度"为 0.75 磅；分别单击表格纵横两条边，使表内线为红色，0.75 磅，单击"确定"按钮。

⑥ 选定表格的第 1 行，单击鼠标右键，打开快捷菜单中的"边框和底纹"对话框中的"底纹"选项卡，设置底纹为蓝色，单击"确定"按钮。

⑦ 将插入点移动到该表格中，单击【表格】|【排序】命令，设置效果如图 3-65 所示，单击"确定"按钮。

图 3-65 "排序"对话框

表格重新排序后的结果如表 3-2。

表3-2 某班排序后的成绩单（部分）

姓名 科目	数学	语文	英语	总分
杨飞武	85	92	90	
李广涛	88	85	95	
牛俊涛	89	90	77	
宋志成	89	92	95	
魏征	90	79	89	

3.6.6 在表格中进行计算

计算表格中数据的操作方法如下：

① 单击要放置结果的单元格。

② 单击【表格】|【公式】命令，弹出"公式"对话框，如图 3-66 所示。

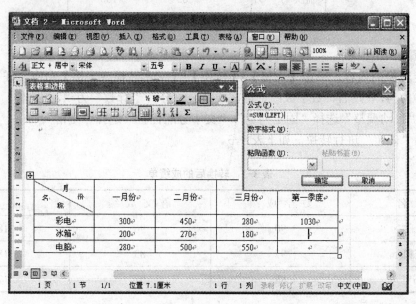

图 3-66 "公式"对话框

如果选定的单元格位于一列数值的底端，Word 2003 将给出默认计算公式 "=SUM（ABOVE）"，即对以上部分的数据求和；如果位于一行数值的右端，则给出默认公式 "=SUM（LEFT）"，即对左端部分的数据求和。

如果 Word 2003 给出的公式并非所需，则从"公式"文本框中将其删除（只保留"="）。

在"粘贴函数"下拉列表框中选择所需函数，并在后面的括号中填写相应的参数，单击"确定"按钮。

3.6.7 文本与表格的转换

1．将文本转换为表格

有些文本具有明显的行列特征，例如使用制表符、逗号及空格等分隔的文本，可以把这类文本转换为表格中的内容，操作步骤如下：

① 在需要转换为表格的文本中插入分隔符以指明在何处将文本分成行和列。

② 选定要转换的文本。

③ 单击【表格】|【转换】|【文字转换成表格】命令，打开"将文字转换为表格"对话框，其中的"列数"、"行数"会根据选择的文本自动给出。

④ 单击"确定"按钮。

例3.5 将下列文档转换为表格：

姓名	数学成绩	语文成绩	总分
魏征	90	96	186
孟庆鹏	97	83	180
刘宁	88	91	179

操作步骤如下：

① 选定转换的内容，单击【表格】|【转换】|【文本转换成表格】命令，在对话框中设置："列数"为 4，（姓名、数学成绩、语文成绩、总分）；"行数"为 4，（姓名、魏征、孟庆鹏、刘宁）；"自动调整"选择"固定列宽"；"文字分隔位置"选择"空格"。

② 单击"确定"进行转换，如下表 3-3。

表 3-3 转换后的成绩单

姓 名	数 学 成 绩	语 文 成 绩	总 分
魏征	90	96	186
孟庆鹏	97	83	180
刘宁	88	91	179

2．表格转换为文本

将表格转换成文本，可以指定逗号、制表符、段落标记或其他字符作为转换时分隔文本的字符，操作步骤如下：

① 选定要转换成段落的行或表格。

② 单击【表格】|【转换】|【表格转换成文本】命令，显示"表格转换成文本"对话框。

③ 在"文本分隔符"选项组中选择所需的字符，使其作为替代列边框的分隔符。

④ 单击"确定"按钮。

3.7 页面设计与文档打印

输入并编辑文档完成后，往往需要以纸张的形式打印出来。要使打印结果令人满意，应该根据实际需要来设置页面的大小和方向、背景效果、页眉及页脚等。本节将介绍有关页面设计的基本操作。

3.7.1 页面设置

页面设置主要包括设置页边距、纸张及版式等，其中设置页边距和纸张是最重要的，合适的纸张及合理的页边距将使文档显得更为美观。

Word 2003 在建立新文档时，默认使用纸张及页边距等选项。为了避免在打印时文档和打印机的纸张类型不符，应该根据打印机纸张的情况设置打开文档的纸张类型。

1. 设置页边距

页边距是指正文和页面边缘之间的距离，在页边距中可以放置页眉、页脚和页码等图形或文字。为文档设置合适的页边距不但可以使打印出的文档美观，而且便于装订。设置页边距的操作步骤如下：

① 单击【文件】|【页面设置】命令，打开"页面设置"对话框，默认为"页边距"选项卡，如图 3-67 所示。

② 删除"页边距"选项组中要改变数值微调框中的数据，输入新数值，并且指定页面内容距页面边缘的距离，以及装订线的位置。

③ 在"方向"选项组中选择页面的方向。

④ 在"页码范围"选项组中设置多页文档的页面范围。

⑤ 单击"确定"按钮。

2. 设置纸张类型

Word 2003 支持多种纸张格式，默认的纸张大小为 A4、页面方向为纵向。要更改纸张类型，操作步骤如下：

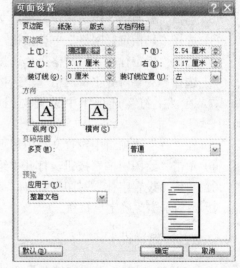

图 3-67 "页边距"选项卡

① 打开"页面设置"对话框中的"纸张"选项卡。

② 在"纸张大小"选项组的下拉列表框中选择需要的纸张类型。如果选择"自定义"选项，则需要在"高度"和"宽度"微调框中输入纸张的高度和宽度值。

③ 在"纸张来源"选项组中设置每节首页和第 2 页及后续各页使用的纸张，其中列出了可用于选择的打印机的纸张来源。

④ 单击"打印选项"按钮，打开"打印"对话框，在其中设置打印选项。

⑤ 单击"确定"按钮。

3. 版式

在"页面设置"对话框的"版式"选项卡中可以设置文档的版式：

① 在"节的起始位置"下拉列表框中选择新的文档节的位置。

② 选择"取消尾注"复选框，禁止在当前节中打印尾注。

③ 选择"奇偶页不同"复选框，在奇数页中使用一种页眉和页脚，在偶数页中使用另一种页眉和页脚。

④ 选择"首页不同"复选框，在文档或节的首页中使用与其他页不同的页眉和页脚。

⑤ 在"距边界"下拉列表框中设置页眉和页脚距页边界的距离。

⑥ 在"垂直对齐方式"下拉列表框中选择页面的垂直对齐方式。

⑦ 单击"行号"按钮，打开"行号"对话框，为文档的每一行添加或删除编号。

⑧ 单击"边框"按钮，打开"边框和底纹"对话框，为页面添加边框并设置边框的线型、颜色和宽度。

4. 文档网格

在"页面设置"对话框的"文档网格"选项卡中可以设置文档的网格及文字排列方向、行数、字符数等选项：

① 在"方向"选项组中指定文本方向。

② 在"栏数"数值框中指定文档或节中的栏数。

③ 选择"无网格"单选按钮，指定文档或节中的栏数。

④ 选择"只指定行网格"单选按钮，只设置页面的行数。

⑤ 选择"指定行和字符网格"单选按钮，设置页面的行数和字符数。

⑥ 选择"文字对齐字符网格"单选按钮，自动将字符与字符网格对齐。

⑦ 在"字符"选项组中设置文档中每行的字符数、以磅为单位的字符跨度和字符间距。

⑧ 在"行"选项组中设置文档中每页的行数、行跨度及行间距。

⑨ 单击"绘图网格"按钮，打开"绘图网格"对话框，选择附加的绘图网格选项。

⑩ 单击"设置字体"，打开"字体"对话框，设置文本的字体。

⑪ 最后单击"确定"按钮。

3.7.2　背景设置

Word 2003 提供了设置文档背景的功能，可以增强文档的视觉效果和艺术感染力，使读者在阅读过程中有一种美的享受。

1. 设置背景颜色

① 单击【格式】|【背景】命令，打开调色板，如图 3-68 所示。

② 单击需要的颜色块，打开调色板设置该颜色作为背景。如果要取消背景颜色，单击【格式】|【背景】|【无填充颜色】命令，背景颜色即被取消。

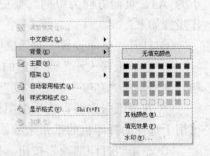

图 3-68　打开调色板

2．设置背景填充效果

单击【格式】|【背景】|【填充效果】命令，打开"填充效果"对话框，如图 3-69 所示。

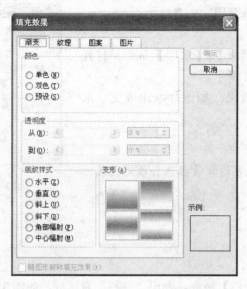

图 3-69　"填充效果"对话框

该对话框中包含有 4 个选项卡：

● "渐变"选项卡：可以设置颜色、透明度和底纹的样式。

● "纹理"选项卡：可以在已有的样式中选择一种纹理样式，如图 3-70 所示。单击"确定"按钮，设置的纹理效果如图 3-71 所示。

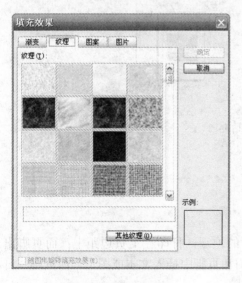

图 3-70　"纹理"选项卡

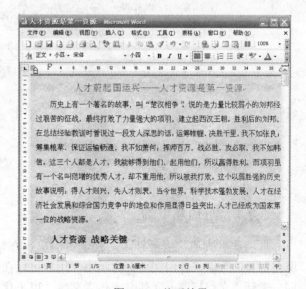

图 3-71　纹理效果

● "图案"选项卡：可以在已有的样式中选择一种图案，系统默认图案的前景色为黑色，背景色为白色。可以在"前景"和"背景"下拉列表框中选择图案的前景色和背景色，然后单击"确定"按钮。

● "图片"选项卡：可以选择更丰富的图片文件，扩大了背景图片的选择范围。

3. 设置背景水印

① 单击【格式】|【背景】|【水印】命令，打开"水印"对话框，如图 3-72 所示。

② 选择需要的水印效果，如图片水印或文字水印，并设置相关选项。

③ 单击"确定"按钮。

提示：不能打印出设置的背景颜色和填充效果，但可打印水印。

图 3-72 "水印"对话框

3.7.3 版面分栏

① 选定要分栏的文本。

② 单击【格式】|【分栏】命令，弹出"分栏"对话框，如图 3-73 所示。

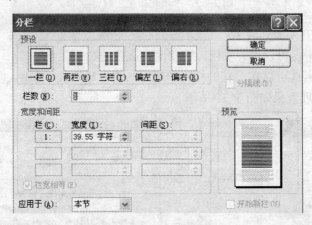

图 3-73 "分栏"对话框

③ 选择栏数、栏宽、间距等选项。

④ 单击"确定"按钮。

3.7.4 页眉和页脚

页眉和页脚通常用于打印文档，页眉出现在每页的顶端，打印在上页边距中；而页脚出现在每页的底端，打印在下页边距中。用户可以在页眉和页脚中插入文本或图形，如页码、日期、徽标、文档标题、文件名或作者名等，以美化文档。

1. 插入页眉和页脚

① 单击【视图】|【页眉和页脚】命令，打开页面上的页眉和页脚区，并弹出"页眉和页

脚"工具栏。

② 在页眉区中输入文本和图形。

③ 要创建页脚，单击"页眉和页脚"工具栏中的"在页眉和页脚间切换"按钮切换到页脚区，然后输入文本或图形。

④ 单击"页眉和页脚"工具栏中的"关闭"按钮。

2．删除页眉或页脚

删除一个页眉或页脚时，Word 2003 自动删除整篇文档中相同的页眉或页脚。

① 单击【视图】|【页眉和页脚】命令。

② 在页眉或页脚区中选定要删除的文字或图形，然后按 Delete 键。

例 3.6 将例 3.3 的样文内容分为等宽的两栏，栏宽度为 18 个字符；插入页眉，页眉内容为"2006 中国软件工程大会暨系统分析员年会"，页眉字体为宋体，字号为小五，对齐方式为"右对齐"。

操作步骤如下：

① 选定正文，单击【格式】|【分栏】命令或单击常用工具栏中的分栏按钮▦，打开"分栏"对话框，设置"栏数"为 2，两栏的宽度均设置为 18 个字符，单击"确定"按钮。

② 单击【视图】|【页眉和页脚】命令，在页眉处输入"2006 中国软件工程大会暨系统分析员年会"，选定页眉内容，在格式工具栏中设置字体为宋体，字号为小五，对齐方式为"右对齐"。

3.7.5 打印预览

打印预览主要用于精确展示文档打印前各页的外观，在打印输出之前，用户可以利用该功能预览文档的打印效果。操作步骤如下：

① 打开要打印预览的文档。

② 单击【文件】|【打印预览】命令，或者单击"常用"工具栏上的"打印预览"按钮，可切换到打印预览状态，显示当前文档的打印预览效果。

③ 单击"打印预览"工具栏中的"多页显示"按钮，可以预览多个页面。

④ 要改变文档预览的显示比例，在"打印预览"工具栏的"显示比例"下拉列表框中选择缩放比例。如果要以任意比例显示预览文档，可以在该下拉列表框中输入指定的缩放比例。

⑤ 单击"关闭"按钮，退出打印预览，返回原来的视图。

3.7.6 打印文档

在打印输出之前，有时必须设置有关选项，如打印机类型、打印范围和打印选项等。

单击【文件】|【打印】命令，或按【Ctrl+P】组合键，弹出如图 3-74 所示的"打印"对话框，用户可以在其中设置打印文档选项。

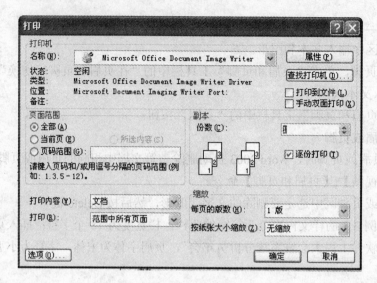

图 3-74　"打印"对话框

1．设置打印机类型

在"打印机"选项组的"名称"下拉列表框中列出了当前系统中已经安装的所有打印机，在其中选择计算机当前连接的打印机名称，完成打印机类型的设置，并且在"打印机"选项组的下部显示所选打印机的状态、类型和位置。

如果该下拉列表框中没有当前所连接的打印机的名称，需要在 Windows 操作系统中安装该打印机的驱动程序。

2．设置页面范围

"页面范围"选项组的选项用于指定打印文档部分，可以选择全部打印、当前页或所选内容，还可以指定页码范围。若选择指定页码范围，必须输入页码或所需页码范围。如"3，8"表示打印第 3 页和第 8 页，"4-7"表示打印第 4 页至第 7 页。

3．设置其他选项

① "打印"对话框的"副本"选项组中的"份数"微调框可以设置重复打印的份数。在打印多份文档时，选中"逐份打印"复选框，则打印一份完整的文档后再打印下一份。

② "打印内容"下拉列表框中指定要打印的内容，如文档、文档属性及样式等，默认为"文档"。

③ "打印"下拉列表框可以设置打印所选页面、奇数页及偶数页，默认为"所选页面"。

完成打印设置后，如果当前打印机处于联机状态，单击"确定"按钮，即可开始打印文档。

如果不需要重新设置打印选项，则单击"常用"工具栏中的"打印"按钮打印文档。

如果用户选择后台打印的方式输出文档，打印时在任务栏中输入法图标的旁边会出现一个打印机图标。双击该图标，可以启动打印机管理程序，在其中可以取消打印作业或暂停打印。如果有多个文档在排队打印，还可以改变打印的先后顺序。文档打印结束后，打印机图标会自动从任务栏中消失。

3.8 习题

一、选择题

1. Word 2003 文档默认的扩展名是（   ）。

 A．TXT   B．DOT   C．WRI   D．DOC

2. 在 Word 2003 中，若要显示或隐藏"绘图"工具栏，可选择（   ）命令。

 A．【视图】|【工具栏】   B．【工具】|【选项】

 C．【工具】|【修订】   D．【编辑】|【清除】

3. 要改变文档中单词的字体，必须（   ）。

 A．把插入点置于单词的首字符前，然后选择字体

 B．选择整个单词，然后选择字体

 C．选择所要的字体，然后选择单词

 D．选择所要的字体，然后单击单词一次

4. 要使单词以粗体显示，应执行（   ）操作。

 A．选定单词并单击粗体按钮

 B．选定单词按【Ctrl+空格键】

 C．单击粗体按钮后输入单词

 D．A 和 C 都对

5. 在中文文档中最常用的段落对齐方式是（   ）。

 A．左对齐   B．居中

 C．分散对齐   D．两端对齐

6. "常用"工具栏中的格式刷可用于复制文本或段落的格式，若要将选中的文本或段落格式重复应用多次，应执行的操作是（   ）。

 A．单击格式刷   B．双击格式刷

 C．右击格式刷   D．拖动格式刷

7. 在 Word 2003 中，插入图片可以通过（   ）菜单中的"图片"命令完成。

 A．文件   B．编辑

 C．插入   D．格式

8. 在表格中可以和处理其他文本一样，（   ）格式化每个单元格中的文本。

 A．通过单击"常用"工具栏上的按钮或选择菜单命令

 B．通过单击"格式"工具栏上的按钮

 C．通过单击"字体"工具栏上的按钮

 D．通过单击"表格与边框"工具栏中的按钮

9. 可以通过（   ）菜单在表格中插入或删除行、列和单元格。

 A．格式   B．编辑

 C．视图   D．表格

10．在打印文档之前可以预览，以下操作中正确的是（　　）。

    A．单击【文件】|【打印预览】命令

    B．单击"常用"工具栏中的"打印"按钮

    C．单击"常用"工具栏中的"打印预览"按钮

    D．A 和 C 都正确

二、填空题

1．当修改一个文档时，必须把_____移到需要修改的位置。

2．在状态栏中，当_____是黑色时，Word 2003 处于改写模式。

3．剪切、复制及粘贴的快捷键分别是_____、_____和_____。

4．段落标记在按 Enter 键之后产生，它既表示了_____的结束，同时还记载段落信息。

5．在普通视图中只显示_____方向的标尺。

6．在 Word 2003 文档中，要完成修改、移动、复制、删除等操作，必须先_____要编辑的区域，使该区域成反白显示。

7．在 Word 2003 的文档中，格式化正文段落，一般采用标尺、_____、快捷键及"格式"菜单等。

8．Word 2003 默认设置的中文字体为_____、英文字体为_____。

9．Word 中页边距是_____的距离。

10．Word 页眉出现在每页的_____，打印在上页边距中；而页脚出现在每页的_____，打印在下页边距中。

三、判断题

1．在创建一个新文档后，Word 2003 会自动为其命名一个临时文件名。（　　）

2．在 Word 2003 的普通视图中可以查看文档的页边距、页眉和页脚及图片等。（　　）

3．按【Ctrl+A】组合键可选定整个文档。（　　）

4．Word 2003 文档的复制、剪切及粘贴操作可以通过菜单命令、工具栏按钮和快捷键来实现。（　　）

5．在 Word 2003 中查找操作只能带格式进行。（　　）

6．Word 2003 具有图文混排功能，可设置文字竖排和多种绕排效果。（　　）

7．在 Word 2003 中制表时，同一行中的各单元格的宽度可以不同，但高度必须一样。（　　）

8．打印文件时，可以打印出设置的背景和填充效果。（　　）

9．段落格式包括对齐方式、缩进、间距和行距。（　　）

10．在"页面设置"对话框中可以指定每页的行数和每行的字符数。（　　）

四、操作题

1．按要求做如下操作：

（1）建立文件：启动 Word 2003，在自己的文件夹下建立一个新文档，命名为"IP 地址基础.doc"。

（2）录入文件内容，输入下列文本。

IPv4 的地址管理主要用于给一个物理设备分配一个逻辑地址。听起来很复杂，但实际上很简单。一个以太网上的两台设备之所以能够交换信息就是因为在物理以太网上，每台设备都有一块网卡，并拥有唯一的以太网地址。如果设备 A 向设备 B 传送信息，设备 A 需要知道设备 B 的以太网地址。如 Microsoft 的 NetBIOS 协议，它要求每台设备广播其地址，这样其他设备才能知道它的存在。IP 协议使用的这个过程叫做"地址解析协议"。不论是哪种情况，地址应为硬件地址，并且在本地物理网上。

IT 专业人员参考 RFC（Request For Comment，请求评注），它是由 Internet 团体建立的一个文档。使用它来定义控制 Internet 和相关协议的正常工作的过程、步骤和标准。例如，RFC791 的标题为"Internet 协议"，这个标准定义了 IP 协议的特征、功能和过程。

RFC 文档是免费的，任何 RFC 的文本文件都可以从 Internet 上下载，其地址为：URL：//WWW.isi.edu/in-notes。作为 IT 专业人员，你也许会问："为什么要知道这些内容？"因为 RFC 文档是 Internet 的官方文档，你可通过阅读与问题相关的 RFC 文档来获得满意的答案。

（3）查找替换：利用 Word 2003 中的替换功能，将该文档中的"逻辑"改为"物理"。

（4）设置标题：为文档加入标题"IP 地址基础"，设置字体为黑体，字号为小二，对齐方式为"居中"，标题的段落格式为段前一行，段后一行。

（5）文本编辑：将文本中的第 2 个自然段与第 3 个自然段交换位置。

（6）设置正文：字体为仿宋，字号为四号，加粗；段前左缩进为 2 个字符，2 倍行距；首行缩进 2 个字符，1.5 倍行距，两端对齐。

（7）设置艺术字：标题"IP 地址基础"设置为艺术字，艺术字样式为第 4 行第 6 列，字体隶书，字号为 36，适当调整艺术字的大小和位置。

（8）插入剪贴画：从剪贴画中插入图片，图片缩放比例为 50%，四周环绕。

（9）插入自选图形：插入自选图形为"笑脸"，设置边线为"圆点"线型，设置底纹为"雨后初晴"的填充效果。

2．按要求完成以下操作：

（1）建立文件：启动 Word 2003，在自己的文件夹下建立一个新文档，命名为"负电数的表示方法.doc"。

（2）录入文件内容，输入下列文本。

负电数的表示方法

负电数是指小数点在数据中的位置可以左右移动的数据，它通常被表示成：N=M·RE，这是，M 称为负电数的尾数，R 称为阶的基数，E 称为阶的阶码。

计算机中一般规定 R 为 2、8 或 16，是一常数，不需要在负电数中明确表示出来。

要表示负电数，一是要给出尾数，通常用定点小数的形式表示，它决定了负电数的表示精度；二是要给出阶码，通常用整数形式表示，它指出小数点在数据中的位置，也决定了负电数的表示范围。负电数一般也有符号位。

（3）将文中的错词"负电"更正为"浮点"。将标题段文字（"浮点数的表示方法"）设置为小二号楷体 GB_2312、加粗、居中、并添加黄色底纹；将正文各段文字设置为五号黑体；各段落首行缩进2个字符，左右各缩进5个字符，段前间距位2行。

（4）将正文第一段（"浮点数是指……阶码。"）中的"N=M·RE"的"E"变为"R"的上标。

（5）插入页眉，并输入页眉内容"第三章 浮点数"，将页眉文字设置为小五号宋体，对齐方式为"右对齐"。

3．按要求对下面表格进行操作：

姓名 科目	数　学	语　文	英　语	总　分	
魏征	90	79	89		
李广涛	88	85	95		
杨飞武	85	92	90		
宋志成	89	92	95		
牛俊涛	89	90	77		

（1）在表格的最后增加一列，列标题为"平均成绩"；计算各考生的平均成绩并插入相应的单元格内，要求保留2位小数；再将表格中的各行内容按"平均成绩"的递减次序进行排序。

（2）表格列宽设置为2.5厘米，行高设置为0.8厘米；将表格设置成文字对齐方式为"垂直"和"水平居中"；表格内线设置成0.75实线，外框线设置成1.5磅实线，第一行标题行设置为灰色-25%的底纹；表格居中。

4．按下列要求进行操作：

（1）启动 Word 2003，在自己的文件夹中建立一个新文档，绘制课程表并命名为"课程表.doc"。

（2）列交换：交换最后两列。

（3）插入行：在最下边添加一行，并在其中输入相应的文字。

（4）合并单元格：合并必要的单元格。

（5）设置行高（列宽）及文本对齐方式：根据样文设置文本的格式和对齐方式，调整列宽和行高。

（6）边框：为表格添加相应的边框线。

（7）画斜线：在表格相应位置绘制斜线。

（8）表格内第一列文字竖排，其他横排，水平居中且垂直居中。

完成后的课程表如下所示。

课 程 表

时间＼日期		星期一	星期二	星期三	星期四	星期五
上午	1	数学	数学	数学	语文	数学
	2	语文	语文	自习	数学	电脑
	3	体育	思想品德	语文	音乐	班会
	4	班会	形体	体育	社会	社会
下午	5	自然	作文	劳动	语文	语文
	6	美术	作文	美术	自然	音乐

上课时间：上午 8:00—12:00   下午 3:00—5:00

5. 创建以下表格并完成以下操作：

（1）计算并填入总分

（2）排序要求：首先按数学成绩降序排序，该科目成绩相同者再按语文成绩排序。

某班成绩单（部分）

姓名＼科目	数 学	语 文	英 语	总 分
魏征	90	79	89	
李广涛	88	85	95	
杨飞武	85	92	90	
宋志成	89	92	95	
牛俊涛	89	90	77	

6. 打开操作题 1 中的文档"IP 地址基础.doc"，完成以下操作：

（1）设置第一段文字首字下沉三行（可通过单击【格式】|【首字下沉】命令设置）。

（2）把第二段文字分为两栏，加上栏间线。

（3）设置纸张大小为宽 20 厘米、高 27 厘米，上下左右页面边距均为 2.6 厘米。

（4）页眉设为"IP 地址基础"，字体为华文彩云，五号，右对齐。

（5）页脚设为"第 X 页 共 Y 页"，居中。

（6）打印预览设置后的效果。

第4章

电子表格软件
Excel 2003 的使用

本 章 导 读

Excel 2003 是一个集电子表格、图表和数据库等于一体的办公软件，是当前使用最为广泛的办公软件之一，它不仅具有强大的组织、分析和统计数据功能，还可以使用数据透视表和图表等多种形式显示处理结果，也能够方便地与 Office 2003 的其他组件相互调用数据、共享数据，以其强大的处理数据的功能受到广大用户的欢迎。

通过本章学习，应重点掌握以下内容：

1. 电子表格的基本概念和基本功能，中文 Excel 的基本功能、运行环境、启动与退出。

2. 工作簿和工作表的基本概念和基本操作，工作簿和工作表的创建、保存和退出；数据输入和编辑；工作表和单元格的选定、插入、删除、复制和移动；工作表的重命名和工作表窗口的拆分和冻结。

3. 工作表的格式化，包括设置单元格格式，设置列宽和行高，设置条件格式，使用样式、自动套用格式和使用模板等。

4. 单元格的绝对地址和相对地址的概念，工作表中公式的输入和复制，常用函数的使用。

5. 图表的建立、编辑、修改以及修饰。

6. 数据清单的概念，数据清单的使用、内容的排序、筛选、分类汇总，数据透视表的建立。

7. 工作表的页面设置、打印预览和打印。

8. 保护、隐藏工作簿和工作表。

4.1 Excel 2003 概述

4.1.1 Excel 2003 的基本功能

1. 强大的制表功能

制表是将用户所用到的数据输入到 Excel 2003 中形成表格，如将销售统计表数据输入到 Excel 2003 中。要在 Excel 2003 中实现数据的输入，首先要创建一个工作簿，然后在所创建的工作簿的工作表中输入数据。

2. 数据计算功能

当用户在 Excel 2003 的工作表中输入数据后，可以对输入的数据进行计算。在对数据进行计算时要用到公式和函数，如对销售额的总计，需使用自动求和公式。通过 Excel 进行数据计算，可以节省大量时间，并且可以降低错误的概率。

3. 建立多样化的统计图表

在 Excel 2003 中可以通过图表将工作表中的数据形象地表现出来，以便能够直观地显示数据之间的差异，方便用户查看数据的图形和趋势等。

4. 分析与筛选数据

对数据进行计算后可以对数据进行统计分析，如对数据进行排序、筛选，以及进行单变量求解、模拟运算、使用数据透视表格等操作。

5. 打印数据

当使用 Excel 电子表格处理完数据后，为了能够让其他用户看到结果，可以保存文档，打印文档。进行打印操作前需先进行页面设置，然后打印预览，最后打印。

4.1.2 Excel 2003 启动与退出

1. 启动

启动 Excel 2003 通常有以下 3 种方法：

方法 1：单击【开始】|【所有程序】|【Microsoft Office】|【Microsoft Office Excel 2003】命令。

方法 2：双击桌面上的 Excel 2003 的快捷方式图标 。

方法 3：在文件夹中找到已存在的 Excel 2003 文档，双击 Excel 2003 文档图标，启动 Excel 2003，并自动打开相应的 Excel 2003 文件。

2. 退出

退出 Excel 2003 通常有以下方法：

方法 1：双击 Excel 2003 窗口左上角的控制按钮。

方法 2：单击窗口左上角的控制菜单中的"关闭"命令。

方法 3：单击【文件】|【退出】命令。

方法 4：单击窗口右上角的"关闭"按钮。

方法 5：【Alt+F4】组合键。

4.1.3 Excel 2003 主窗口组成

启动 Excel 2003 后，显示如图 4-1 所示的 Excel 2003 主窗口。

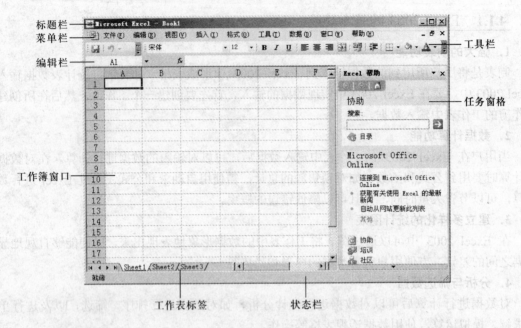

图 4-1 Excel 2003 主窗口

Excel 2003 主窗口与 Word 2003 主窗口类似，由标题栏、菜单栏、工具栏、编辑栏、工作簿窗口和状态栏等部分组成，本节只介绍与 Word 2003 主窗口有区别的部分。

1．标题栏

标题栏中主要包括控制菜单按钮、程序名称、工作簿名称和窗口控制按钮。工作簿名称位置显示当前打开工作簿的名称。如果是新建工作簿，则 Excel 2003 会自动以"Book1"和"Book2"等默认名称顺序为工作簿命名。

2．工具栏

Excel 2003 中包含 20 多个工具栏，用户利用这些工具按钮可以更快速、更方便地工作。默认情况下，菜单栏下面有两个工具栏，分别是"常用"和"格式"工具栏。

当把鼠标指针悬停在按钮上时，系统显示该按钮的名称及功能。有些按钮旁有下拉按钮，单击该按钮可弹出下拉列表或下拉菜单。

（1）"常用"工具栏

"常用"工具栏如图 4-2 所示：

图 4-2 "常用"工具栏

Excel 2003 的"常用"工具栏组成与 Word 2003 类似，使用方法相同。不同于 Word 2003

的按钮有 4 个,如表 4-1 所示。

表 4-1 不同于 Word 2003 的按钮

按 钮	功 能
自动求和	对所选单元格数据进行求和
升序	对所选单元格数据进行升序排序
降序	对所选单元格数据进行降序排序
图表向导	将数据表转换成图表的向导

(2)"格式"工具栏

"格式"工具栏如图 4-3 所示:

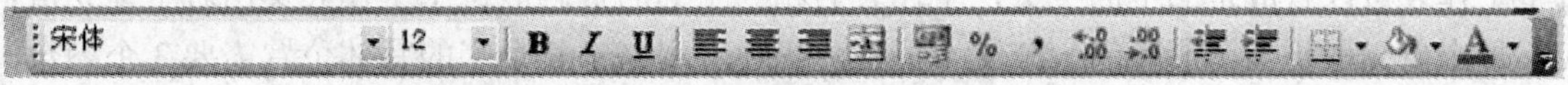

图 4-3 "格式"工具栏

Excel 2003"格式"工具栏中部分按钮的功能如表 4-2 所示。

表 4-2 Excel 2003 格式栏部分按钮功能

按 钮	功 能
合并及居中	将选定单元格合并,使数据居中
货币符号	为单元格内的数值型数据加上货币符号
百分号	为单元格内的数值型数据加上百分号
千位分隔符	为单元格内的数值型数据加上千位分隔号
增加小数位	对数值型数据,小数位加一位
减少小数位	对数值型数据,小数位减一位
减少缩进量	减少缩进量
增加缩进量	增加缩进量
边框	为表格加上边框

3.编辑栏

编辑栏位于工作簿窗口的上一行,包括名称框、编辑按钮和编辑框 3 个部分。

名称框显示当前单元格地址,在输入公式和插入函数状态下显示为最近所使用过的函数名。

编辑按钮包括取消、确认和插入函数按钮,在编辑框中输入或编辑数据时,单击"取消"按钮会取消刚刚输入或修改过的内容;单击"确认"按钮表示确认单元格中的数据;单击插入函数按钮会打开"插入函数"对话框,在其中选择需要的函数插入到光标位置。

编辑框主要用来显示并编辑单元格中的数据和公式,在单元格中输入或编辑数据的同时也会在编辑框中显示其内容。

图 4-4 表示当前活动单元格为 "A1"，在单元格中输入的数据为 "26"，"*fx*" 为插入函数按钮。

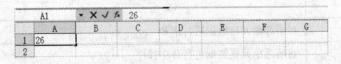

图 4-4 Excel 2003 的编辑栏

4. 工作簿窗口

工作簿是 Excel 2003 用来处理和存储数据的文件，可以将其比喻为一本书。工作簿名即书名，它也是保存在磁盘上的文件名，其扩展名隐含为 xls。一个工作簿由多个工作表组成，每个工作表可以看成是书中的一页，工作表名相当于书的页码。每个工作表又由若干单元格构成，每个单元格相当于书中的一个文字位置。描述一本书中某个字的具体位置需要 3 个参数，即工作表、行和列。因此可以把工作簿看成是三维表，而每个工作表则是一张二维表，工作表由行、列坐标指示的多个单元格构成，单元格是组成工作簿的基本单位。

工作簿窗口是 Excel 2003 窗口最重要的部分，它能管理多个不同类型的工作表，主要由以下几个部分组成：

（1）工作表标签区

工作表标签区位于工作簿窗口的底部，由左至右排列当前工作簿所包括的多个工作表名称，如 Sheet1、Sheet2 等。当前工作表标签高亮显示，其内容显示于工作区中。系统默认一个新工作簿文件包含 3 个工作表，一个工作簿文件内最多可以有 255 个工作表。用户可以通过单击不同的工作表标签在工作表之间进行切换。在使用工作簿文件时，只有一个工作表是当前活动的工作表。

（2）工作表

作为单元格的集合，工作表是用来存储及处理数据的一张表格。它是 Excel 2003 进行一次完整作业的基本单位，也称为 "电子表格"。工作表是通过工作表标签来标识的。

（3）单元格、行号与列号

单元格又称为 "存储单元"，是工作表中存储数据的基本单位。也是 Excel 2003 独立操作的最小单位，数据只能输入在单元格内。同一水平位置的单元格构成一行，每行有用来标识该行的行号，行号用阿拉伯数字来表示（如 1、2、3 等数字）；同一垂直位置的单元格构成一列，每列有用来标识该列的列标，列标用英文字母来表示，如 A、B、C 等字母。

（4）单元格地址和活动单元格

每个单元格的地址用所在列的列标和所在行的行号表示，例如，单元格 B7 表示其行号为 7，列标为 B。在一个单元格中输入并编辑数据之前，应选定该单元格为活动单元格（即当前正在使用的单元格，呈黑色框显示）。

（5）单元格区域

单元格区域是一组被选中的相邻或不相邻的单元格，被选中的单元格都会高亮显示，取消选中时又恢复原样。对一个单元格区域的操作就是对该区域内的所有单元格执行相同的操作。要取消单元格区域的选择，只需单击所选区域外的任意位置。单元格或单元格区域可以以一个变量的形式引入到公式中参与计算。为了便于使用，需要命名单元格或单元格区域，这就是单元格的命名或引用。

4.1.4　Excel 2003 的帮助系统

Excel 2003 帮助系统的使用同 Word 2003。

4.2　　Excel 2003 的基本操作

4.2.1　新建工作簿

启动 Excel 2003 时，系统将自动创建一个默认名为"Book1"的新工作簿。其中包含 3 个空的工作表，即 Sheet1、Sheet2 和 Sheet3。如果用户需要创建一个新工作簿，可以用以下 4 种方法来实现：

方法 1：单击【文件】|【新建】命令，在弹出的"新建工作簿"任务窗格中单击"新建"选项组中的"空白工作簿"超链接。

方法 2：单击"常用"工具栏中的"新建"按钮。

方法 3：如果需要创建一个基于模板的工作簿，则单击"新建工作簿"任务窗格中的"模板"选项组中的"本机上的模板"超链接，弹出"模板"对话框。打开"电子方案表格"选项卡，在列表框中选择需要的模板，如图 4-5 所示，然后单击"确定"按钮。

方法 4：按【Ctrl+N】组合键。

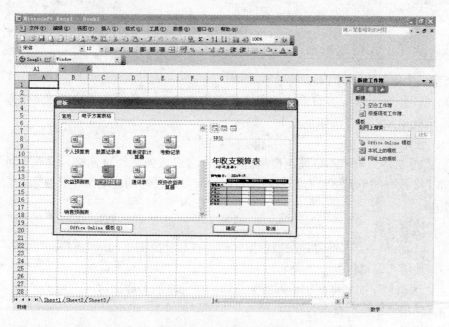

图 4-5　选择需要的模板

4.2.2 打开工作簿

用以下几种方法均可弹出"打开"对话框：

方法 1：单击【文件】|【打开】命令。

方法 2：单击"常用"工具栏中的"打开"按钮。

方法 3：在弹出的任务窗格中单击"打开"选项组中的文档名称或"其他"超链接。

方法 4：按【Ctrl+O】组合键。

在"打开"对话框中打开所需的工作簿时（操作同 Word 2003），如果要打开最近打开过的工作簿，可以单击"文件"下拉菜单中底部显示的最近打开过的工作簿名称。

4.2.3 保存工作簿

保存工作簿有如下几种方法：

方法 1：第一次新建的工作簿存盘时，单击【文件】|【保存】命令，或单击"常用"工具栏中的"保存"按钮，将打开"另存为"对话框（操作同 Word 2003）。若编辑一个已存在的文件，可单击【文件】|【保存】命令或单击"常用"工具栏中的"保存"按钮，将按原文件名保存。

方法 2：编辑一个已经存在的工作簿，若想保存到其他文件夹或以其他文件名存盘，则单击【文件】|【另存为】命令。打开"另存为"对话框，在其中选择所需文件夹或重新命名。

方法 3：按【Ctrl+S】组合键。

4.3 工作表的建立和编辑

4.3.1 选择单元格或表格

1. 选定一个单元格

单元格是工作表中最基本的单位，在操作工作表之前，必须选择某个或某组单元格作为操作对象。选择单元格的方法如下：

方法 1：使用鼠标

单击所需单元格，该单元格被黑框框起，表示它已成为活动单元格，并在地址框内显示其地址。如果要选择的单元格没有显示在窗口中，可以通过拖动滚动条使其显示在窗口中，然后选定单元格。

方法 2：使用键盘。

使用↑、↓、←和→方向键可移动当前单元格，直到使所需单元成为当前单元格。

方法 3：使用"编辑栏"。

直接在"编辑栏"的名称框中输入所要选定的单元格的名称即可。

方法 4：使用"定位"命令。

单击【编辑】|【定位】命令，弹出如图 4-6 所示的"定位"对话框。在其中的"引用

位置"文本框中输入要选定的单元格，如"A6"。单击"确定"按钮，A6 单元格成为当前单元格。

2．选定单元格区域

在 Excel 2003 中，使用鼠标、键盘、鼠标和键盘结合的方法，可以选定一个单元格区域或多个不相邻的单元格区域。

（1）选定相邻的单元格区域

● 单击要选择区域的左上角单元格，然后拖动至该区域的右下角单元格。拖动过的单元格将呈高亮显示，表示该区域被选定。

● 单击要选择区域左上角的单元格后，按住 Shift 键单击该区域右下角的单元格来选定两个单元格之间的一组单元格。

图 4-6 "定位"对话框

（2）选定多个不相邻的单元格区域

拖动选定第 1 个单元格区域，然后按住 Ctrl 键选定其他单元格区域，结果如图 4-7 所示。

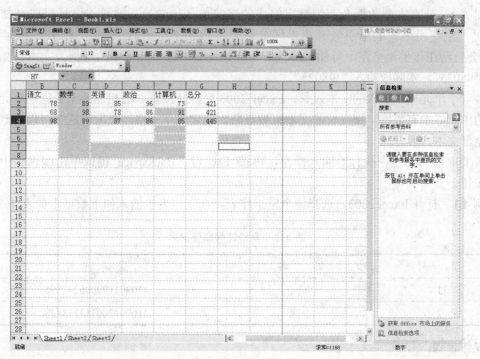

图 4-7 选定多个不相邻的单元格区域

3．选定特殊的单元格区域

● 整行：单击工作表中的要选定行的行标，即可选定该行。

● 整列：单击工作表中的要选定列的列标，即可选定该列。

● 整个工作表：单击工作表行标和列标的交叉处，即可选择整个工作表。

● 相邻的行或列：拖动选定要选择的所有行。

● 不相邻的行或列：单击第 1 个行标或列标，按住 Ctrl 键单击其他要选定行的行标或列的列标。

4.3.2　工作表常量数据的输入

在工作表中常量数据包括数值型数据和字符型数据两种，其中数值型数据（如日期和数字等）可以参与各种运算。在单元格中输入数据，首先需要选定单元格。然后在其中输入数据，输入的数据将显示在编辑栏和单元格中。用户可以用以下 3 种方法输入单元格数据：

方法 1：用鼠标选定单元格，然后在其中输入数据，按 Enter 键确认。

方法 2：用鼠标选定单元格，单击编辑栏，在其中输入数据，然后单击输入按钮或按 Enter 键。

方法 3：双击单元格，单元格内显示插入点光标。移动插入点光标到特定位置后输入数据，此方法主要用于修改操作。

1．输入文本数据

文本型数据包括字符串、数字、汉字及特殊字符等，选中单元格后输入文本型数据（默认左对齐）。若文本型数据全部为数字组成的字符串（如学号、编号、电话号码及邮政编码等）时，应使用半角的单引号开头以区分它是"数字字符串"，而非"数字"数据。Excel 2003 会自动在该单元格左上角加上绿色三角标记，说明该单元格中的数据为文本。如要输入学号"98025"，实际应输入"'98025"。

若一个单元格中输入的文本过长，Excel 2003 允许其覆盖右边相邻的无数据的单元格；若相邻的单元格中有数据，则过长的文本将被截断。选定该单元格，在编辑栏中可以看到其中输入的全部文本内容。

若要取消当前正在执行的输入操作，可按 Esc 键、Backspace 键或单击编辑栏中的"取消"按钮。

例 4.1　打开 Excel 2003，选择一个空工作表，在工作表中输入如下数据，如表 4-3：

表 4-3　身份证号码登记表

序　号	姓　名	身　份　证　号
1	张三	410901199006247895
2	李四	4109012001122213423

操作步骤：

① 在工作表第 1 列的 A1、A2、A3 单元格中分别输入"序号"、"1"、"2"；

② 在工作表第 2 列的 B1、B2、B3 单元格中分别输入"姓名"、"张三"、"李四"；

③ 在工作表第 3 列的 C1、C2、C3 单元格中分别输入"身份证号"、"' 410901199006247895"、"'4109012001122213423"。

2．输入数值型数据

选中单元格输入数值，然后单击编辑栏中的输入按钮"√"或按 Enter 键（默认右对齐）。在单元格中输入货币数值时不必输入人民币、美元或者其他符号，用户可以预先设置，以使 Excel 2003 自动添加相应的符号。下面以输入货币数值为例介绍在 Excel 2003 中输入数字的步骤：

① 选定需要输入数字的单元格或单元格区域。

② 单击【格式】|【单元格】命令，弹出"单元格格式"对话框。打开"数字"选项卡，如图 4-8 所示。

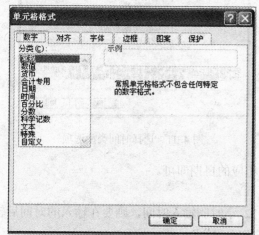

图 4-8 "数字"选项卡

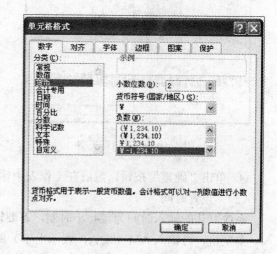

图 4-9 "￥"选项

③ 在"分类"下拉列表框中选择"货币"选项，设置"小数位数"为"2"，在"货币符号"下拉列表框中选择"￥"选项，如图 4-9 所示。

④ 单击"确定"按钮，在当前单元格中输入的数据自动转换为货币数值。

值得注意的是，当输入的数据位数太长，以致一个单元格容纳不下时，数据将自动改为科学计数法表示。当输入分数时，为避免与日期型数据混淆，应在数字前加一个"0"和空格，如"1/2"应输入成"0 1/2"。

3．输入日期和时间

在 Excel 2003 中，当在单元格中输入系统可识别的时间和日期型数据时，单元格的格式就会自动转换为相应的时间或者日期格式，而不需要专门设置。在单元格中输入的日期采取右对齐方式，如果系统不能识别输入的日期或时间格式，则输入的内容将被视为文本（此时在单元格中左对齐）。当输入日期时，应使用"/"或"-"作为年、月及日的分隔符号，如输入"99/9/10"，表示 1999 年 9 月 10 日。当输入时间时，应使用":"来分隔时、分及秒，如输入"20:32:30"。同时需要输入日期和时间时，它们之间需用空格分开，如"99/9/21 2:33:12"。

若要使用其他日期和时间格式，则在"单元格格式"对话框中设置有关选项，步骤如下：

（1）设置日期选项

① 选定需要输入数字的单元格或单元格区域。

② 单击【格式】|【单元格】命令，弹出"单元格格式"对话框。

③ 打开"数字"选项卡，在"分类"下拉列表框中选择"日期"选项，在"类型"下拉列表框中选择需要的类型，如图 4-10 所示。

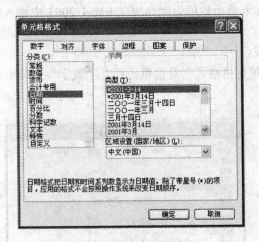

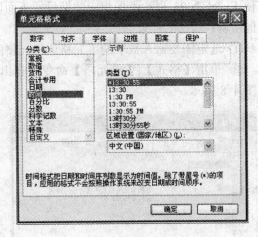

图 4-10 设置日期类型   图 4-11 选择时间类型选项

④ 单击"确定"按钮，然后在工作表中输入相应的日期即可。

（2）设置时间

系统默认的输入时间为 24 小时制，若要以 12 小时制输入时间，则要在输入的时间后输入一个空格，再输入 AM（或 A，表示上午）或者 PM（或 P，表示下午）。

① 选定需要输入数字的单元格或单元格区域。

② 单击【格式】|【单元格】命令，弹出"单元格格式"对话框。

③ 打开"数字"选项卡，在"分类"下拉列表框中选择"时间"选项，在"类型"下拉列表框中选择需要的类型选项，如图 4-11 所示。

④ 单击"确定"按钮，然后在工作表中输入相应的时间。

4.3.3 数据序列的填充与输入

在 Excel 2003 中，用户不但可以在相邻的单元格中填充相同的数据，还可以使用自动填充功能快速输入具有某种规律的数据序列。

1．填充相同数据序列

对于相邻单元格中要输入相同数据或按某种规律变化的数据时，可以用 Excel 的自动填充功能实现快速输入。操作步骤为：在当前单元格中输入数据（注意：该数据是指字符串或纯数值数据），在当前单元格的右下角有一小黑块，称为填充柄，拖动该填充柄，所经之处均填充该单元格的内容。对于日期和时间数据，需按住 Ctrl 键拖动当前单元格的填充柄，才能实现相同日期和时间数据的快速输入。

2．输入等差序列

如果要输入等差序列，可以利用填充柄和菜单两种方法操作：

方法 1：利用菜单。

单击选定起始单元格，输入数据（一般指数值型或日期型），如在 A1 单元格中输入 1。然后单击【编辑】|【填充】|【序列】命令，显示"序列"对话框一，如图 4-12 所示。

在其中选择相应的选项并输入相应的参数（如选择"行"单选按钮，在"步长"微调框中输入"3"，在"终止值"微调框中输入"120"，选择"等差序列"单选按钮）。单击"确定"按钮，系统将按要求在当前行若干单元格中填入相应的数据（如 1、4、7……等将自动填入 B1、C1、D1……单元格中），到终止值为止。

若在输入之前已连续选定了多个单元格，则仅填充选定的单元格。

方法 2：利用自动填充柄。

单击选定起始单元格，并在其中输入起始数据，如在 A1 单元格中输入 1，在 B1 单元格中输入 3，然后选定这两个单元格，把光标放在所选定的这两个单元格的填充柄上，并向下拖动该填充柄，拖至用户所需要的终止值为止，即可实现等差数列数据的填充。

3. 输入等比序列

如果要输入等比序列，同样可以利用填充柄和菜单两种方法操作。

方法 1：利用菜单

单击选定起始单元格，输入数据（一般指数值型或日期型），如在 A1 单元格中输入 1。然后单击【编辑】|【填充】|【序列】命令，显示"序列"对话框二，如图 4-13 所示。

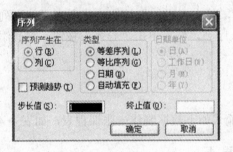

图 4-12 "序列"对话框一

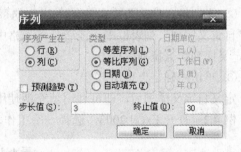

图 4-13 "序列"对话框二

在其中选择相应的选项并输入相应的参数（如选择"行"单选按钮，在"步长"微调框中输入"3"，在"终止值"微调框中输入"30"，选择"等比序列"单选按钮）。单击"确定"按钮，系统将按要求在当前行若干单元格中填入相应的数据（如 1、3、9…等将自动填入 B1、C1、D1……单元格中），到终止值为止。

若在输入之前已连续选定了多个单元格，则仅填充选定的单元格。

方法 2：利用自动填充柄

单击选定起始单元格，并在其中输入起始数据，如在 A1 单元格中输入 1，在 B1 单元格中输入 3，然后选定这两个单元格，把光标放在所选定的这两个单元格的填充柄上，按住鼠标右键向下拖动该填充柄，拖至用户所需要的终止值时，弹出一个菜单，选择按"等比序列"即可实现等差数列数据的填充。

4. 自定义序列

在实际应用中，可以利用 Excel 2003 提供的自定义序列功能来建立自己需要的序列。例如，可以把班级中经常需要使用的学生名单自定义为一个序列，操作步骤如下：

① 单击【工具】|【选项】命令，显示"选项"对话框。打开"自定义序列"选项卡，如图 4-14 所示。

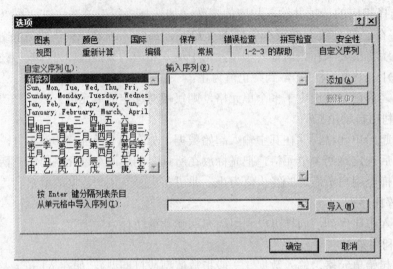

图 4-14 "自定义序列"选项卡

② 在"输入序列"中分别输入序列的每一项，单击"添加"按钮，将所定义的序列添加到"自定义序列"列表框中。或者从单元格中导入序列，然后单击"导入"按钮，将其添加到"自定义序列"下拉列表框中。

③ 单击"确定"按钮。

定义自定义序列后，即可利用填充柄使用它。

例 4.2 打开 Excel 2003，选择一空工作表，输入如下数据制作一张课程表，如表 4-4：

表 4-4 课 程 表

节次	星期一	星期二	星期三	星期四	星期五
1-2	数学	计算机	外语	数学	语文
3-4	外语	语文	语文	物理	数学
5-6	例会	品德	化学	历史	外语

操作步骤如下：

① 选择工作表第 1 列 A1、A2、A3、A4 单元格，分别输入"节次"、"'1-2"、"'3-4"、"'5-6"。

② 选择 B1 单元格，输入"星期一"，将鼠标移至单元格右下角，待光标变成黑色"+"后按住鼠标左键往右移动，依次填充 C1、D1、E1、F1 单元格。

③ 在对应单元格中输入对应的课程。

4.3.4 编辑工作表

编辑工作表指以单元格信息为基本单位的编辑处理，包括对单个单元格、单元格区域或整个工作表执行移动、复制、删除、查找及替换等操作。

1. 修改和删除单元格内容

（1）修改单元格内容

若单元格中的数据较少，只需单击单元格使其成为当前单元格，输入新的内容替换原来的内容。若数据较多，可进入编辑状态后修改。

操作方法有如下两种：

方法 1：双击要修改的单元格（或者单击要修改的单元格后按 F2 键），在编辑栏中显示该单元格中的内容，同时在状态栏上显示编辑状态。移动光标到待修改的位置，即可修改有关内容。当结束修改后，单击"√"按钮或按 Enter 键。

方法 2：单击要修改的单元格使其成为当前单元格，然后单击编辑栏，在编辑栏中修改。

（2）删除单元格内容

要删除一个单元格中的内容，选定该单元格后按 Delete 键；要删除多个单元格中的内容，选定这些单元格后按 Delete 键。当按 Delete 键删除一个或多个单元格内容时，只删除单元格中的内容，而仍然保留单元格的其他属性（如格式等）。

如果想完全地控制对单元格的删除操作，则单击【编辑】|【清除】命令，在弹出的子菜单中单击相应的命令，如图 4-15 所示。

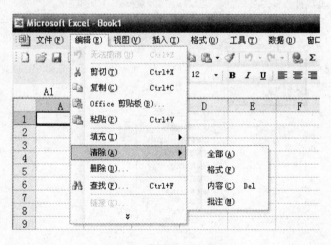

图 4-15 "清除"子菜单

2. 复制单元格区域

复制单元格或单元格区域指将某个单元格或单元格区域的数据复制到指定位置，原位置的数据仍然存在。在 Excel 2003 中不但可以复制整个单元格，还可以复制单元格中的指定内容。例如，可以只复制公式的计算结果，而不复制公式。或者只复制公式，而不复制计算结果。

（1）复制单元格或单元格区域

利用菜单复制的操作步骤如下：

① 选定要复制数据的单元格或单元格区域，单击【编辑】|【复制】命令。

② 选定目标区域的左上角单元格。

③ 单击【编辑】|【粘贴】命令。

利用快捷菜单的操作步骤如下：

① 右击需要复制的单元格或单元格区域，单击快捷菜单中的"复制"命令，选择的单元格或单元格区域被闪烁的虚框框起。

② 把鼠标移动到当前工作表的目标位置或打开其他工作表并选择目标位置，右击鼠标，单击快捷菜单中的"粘贴"命令。

利用鼠标和键盘的操作步骤如下：

① 选定要复制数据的单元格或单元格区域。

② 按住 Ctrl 键拖动（空心箭头上方有+号出现）待复制的单元格或单元格区域到目标位置。

（2）选择性复制

复制粘贴的数据下面会显示"粘贴选项"下拉按钮，单击该下拉按钮弹出如图 4-16 所示的下拉菜单，选择所需的选项即可。

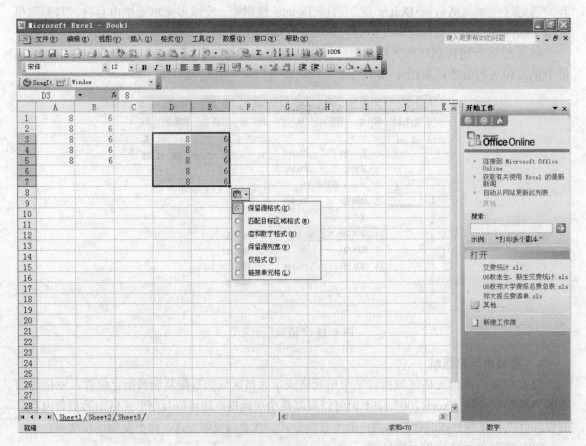

图 4-16 "粘贴选项"下拉菜单

在执行单元格或单元格区域复制操作时，如果需要复制其中的特定内容而不是所有内容，则可以使用"选择性粘贴"命令来完成，操作步骤如下：

① 选定需要复制的单元格或单元格区域，单击【编辑】|【复制】命令。

② 选定目标区域的左上角单元格，单击【编辑】|【选择性粘贴】命令，弹出如图 4-17 所示的"选择性粘贴"对话框。

③ 选择所需的选项，然后单击"确定"按钮。

3. 移动单元格

移动单元格数据指将把某些单元格中的数据移至其他单元格中，方法有以下几种：

方法 1：利用鼠标和键盘。

拖动所需单元格或单元格区域到目标位置。若目标位置有数据，则显示提示对话框，单击"确定"按钮则覆盖目标位置中的数据。

方法 2：利用菜单。

① 选定要复制数据的单元格或单元格区域，单击【编辑】|【剪切】命令。

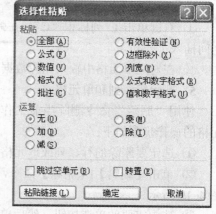

图 4-17　"选择性粘贴"对话框

② 选定要粘贴数据的位置。

③ 单击【编辑】|【粘贴】命令。

方法 3：利用快捷菜单。

① 右击需要移动的单元格或单元格区域，单击快捷菜单中的【剪切】命令，选择的单元格或单元格区域被闪烁的虚框框起。

② 右击当前工作表的目标位置或打开其他工作表的目标位置，单击快捷菜单中的【粘贴】命令。

4. 插入单元格、行和列

在编辑工作表时可方便地插入单元格以及行、列、单元格区域，插入后工作表中的其他单元格将自动调整位置。

（1）插入单元格

选定待插入的单元格或单元格区域，选择【插入】|【单元格】命令，显示"插入"对话框，如图 4-18 所示。

选择插入方式，然后单击"确定"按钮。

（2）插入行和列

● 插入行：在需要插入新行的位置单击任意单元格，然后单击【插入】|【行】命令，即可在当前位置插入一行，原有的行自动下移。

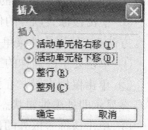

图 4-18　"插入"对话框

● 插入列：在需要插入新列的位置单击任意单元格，然后单击【插入】|【列】命令，即可在当前位置插入一整列，原有的列自动右移。

● 插入多行/列：选定与需要插入的新行（列）下侧（右侧）相邻的若干行（列）（选定的行（列）数应与要插入的行（列）数相等），然后单击【插入】|【行】（列）命令，即可插入新行（列）数，原有的行（列）自动卜移（或右移）。

例 4.3　有如表 4-3 所示工作表数据，请在第 2 列和第 3 列之间插入一列，对应单元格中分别输入"性别"、"男"、"女"。

操作步骤如下：

① 右键单击 C 列标识"C"，在弹出的快捷菜单中选择"插入"，即在原第 2 列和第 3 列之间插入了一列。

② 在对应单元格中输入相应数据。

5. 删除行、列和单元格

使用"删除"命令删除当前工作表中不需要的行、列或单元格的操作步骤如下：

① 选定要删除的行、列或单元格。

② 单击【编辑】|【删除】命令，弹出"删除"对话框，如图 4-19 所示。

③ 选中需要的单选按钮，然后单击"确定"按钮。

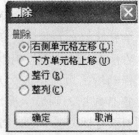

图 4-19 "删除"对话框

4.3.5 操作工作表

1. 切换工作表

在工作簿中，一次只能操作一个工作表。若需使用其他工作表，可单击工作表标签来完成。

2. 重命名工作表

Excel 2003 在创建一个新的工作簿时，所有的工作表都以 Sheet1 及 Sheet2 等来命名，不便于识记和管理，用户可以更改这些工作表的名称。

方法 1：双击要更改名称的工作表标签，这时可以看到工作表标签以高亮显示。在其中输入新的名称，然后按 Enter 键。

方法 2：使用菜单命令

① 单击要更改名称的工作表标签，使其成为当前工作表。

② 单击【格式】|【工作表】|【重命名】命令，此时选定的工作表标签呈高亮显示即处于编辑状态，在其中输入新的工作表名称。

③ 单击该标签以外的任何位置或者按 Enter 键。

方法 3：使用快捷菜单。

① 单击要更改名称的工作表标签，使其成为当前工作表。

② 单击鼠标右键，在弹出的快捷菜单中，选择"重命名"命令，此时选定的工作表标签呈高亮显示即处于编辑状态，在其中输入新的工作表名称。

③ 单击该标签以外的任何位置或者按 Enter 键。

例 4.4 打开 Excel 2003，将工作簿中的 Sheet1、Sheet2、Sheet3 工作表分别重命名为"工作表 1"、"工作表 2"、"工作表 3"。

操作步骤如下：

① 右键单击工作表标签"Sheet1"，在弹出的快捷菜单中选择"重命名"。

② 按"Delete"键删除原有工作表名"Sheet1"，输入要修改的工作表名"工作表 1"。

③ 相同方法重命名"Sheet2"、"Sheet3"。

3．插入或删除工作表

（1）插入新工作表

在首次创建一个新工作簿时，默认情况下该工作簿包括 3 个工作表。但在实际应用中，所需的工作表数目可能各不相同，有时需要在工作簿中添加工作表。

方法 1：利用菜单命令，操作步骤如下：

① 选定当前工作表（新的工作表将插入在该工作表的前面）。

② 右击该工作表标签，单击快捷菜单中的"插入"命令。

③ 在弹出的"插入"对话框中选择需要的模板。

④ 单击"确定"按钮。

方法 2：一种简便的方法是选定当前工作表，单击【插入】|【工作表】命令，在选定工作表的前面插入新的工作表。

（2）删除工作表

如果工作簿中有不需要的工作表，则可以将其删除。

方法 1：利用菜单命令。操作步骤如下：

① 单击工作表标签，使要删除的工作表成为当前工作表。

② 单击【编辑】|【删除工作表】命令，当前工作表被删除，同时与其相邻的后面的工作表成为当前工作表。

方法 2：也可以右击要删除工作表的标签，单击弹出快捷菜单中的"删除"命令。

在删除工作表前，系统会询问用户是否确定删除并提示一旦删除将不能恢复。如果确认删除，则单击"删除"按钮；否则，单击"取消"按钮。

4．移动和复制工作表

（1）使用鼠标拖动

① 选择所要移动或复制的工作表标签。

② 若要移动，拖动所选标签到所需位置；若要复制，按住 Ctrl 键拖动所选的标签到所需位置。拖动时，光标会出现一个黑三角符号来表示移动的位置。

（2）使用菜单

① 右击要移动或复制的工作表标签，单击快捷菜单中的"移动或复制工作表"命令，打开"移动或复制工作表"对话框。

② 若选择"工作簿"下拉列表框中的选项可以将所选工作表移动或复制到已打开的其他工作簿中；若选择"下列选定工作表之前"下拉列表框中的选项，可以选择新的位置。

③ 选中"建立副本"复选框，则执行复制操作；清除该复选框，则执行移动操作。

④ 单击"确定"按钮。

5．隐藏或显示工作表

（1）隐藏工作表

在 Excel 2003 中，可以有选择地隐藏工作簿的一个或多个工作表。一旦工作表被隐藏，其内容将无法显示，除非撤销对该工作表的隐藏设置。隐藏工作表的操作步骤如下：

① 选定需要隐藏的工作表。

② 单击【格式】|【工作表】|【隐藏】命令。

（2）显示工作表

显示工作表的操作步骤如下：

① 单击【格式】|【工作表】|【取消隐藏】命令，弹出"取消隐藏"对话框。

② 选择要取消隐藏的工作表，然后单击"确定"按钮。

6. 横向或纵向拆分工作表

对于一些较大的工作表，用户可以将其按横向或者纵向拆分，这样即可同时观察或编辑同一个工作表的不同部分。

如图 4-20 所示，在 Excel 2003 工作窗口的两个滚动条上分别有一个拆分框。

图 4-20 拆分框

拆分 Excel 2003 工作窗口的操作步骤如下：

① 在垂直滚动条的顶端或水平滚动条的右端指向拆分框。

② 当鼠标变为拆分指针后，向下或向左拖动拆分框至所需的位置即可，结果如图 4-21 所示。

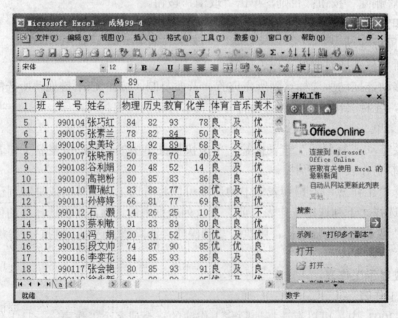

图 4-21 拆分后的工作表

7. 冻结工作表

当工作表中有大量数据行或者列出现时，通过垂直或者水平滚动条滚动查看数据时，列标题或者行标题会随着滚动条的滚动而消失，这样，再次查看数据时就比较困难，搞不清当前列或者行所表示的项目数据，这时可以通过冻结窗口的方式来解决这个问题。具体操作步骤如下：

① 单击选定要永远显示的行（列）的后一行（列）的起始单元格。

② 选择“窗口”菜单中的“冻结窗口”选项，窗口就会显示如图 4-22 所示的效果。

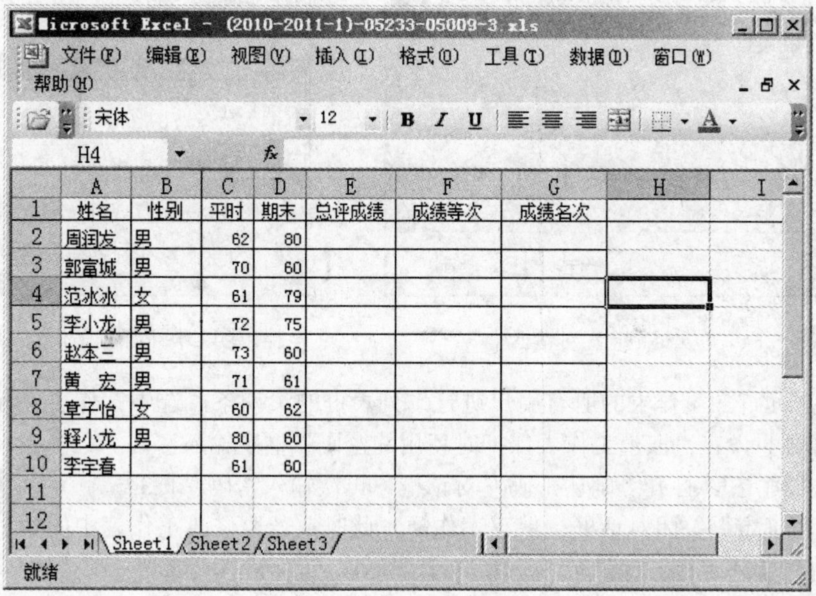

	A	B	C	D	E	F	G	H	I
1	姓名	性别	平时	期末	总评成绩	成绩等次	成绩名次		
2	周润发	男	62	80					
3	郭富城	男	70	60					
4	范冰冰	女	61	79					
5	李小龙	男	72	75					
6	赵本三	男	73	60					
7	黄　宏	男	71	61					
8	章子怡	女	60	62					
9	释小龙	男	80	60					
10	李宇春		61	60					
11									
12									

图 4-22 冻结后的窗口

这时再来拖动滚动条，会发现被冻结的部分永远显示在窗口内。拆分窗口和冻结窗口的不同之处在于，拆分过的每一部分都是一个独立的窗口，通过滚动条的滚动都可以查看当前工作表的全部数据。而冻结了的窗口每一部分只能看到当前工作表的一部分数据，几个部分合起来才是当前工作表的全部内容。

8．保护工作表

保护工作表是为了数据安全，防止他人恶意篡改。例如，锁定保护工作表，设置密码为“1234”的具体操作步骤如下：

① 选定整个工作表。

② 单击【格式】|【单元格】命令，打开“单元格格式”对话框，如图 4-23 所示。

③ 打开“保护”选项卡，选中“锁定”和“隐藏”复选项。“锁定”使不能修改、移动、删除工作表中选定的单元格区域。“隐藏”使工作表选定单元格区域中的公式不显示在编辑栏中。两者均必须在对工作表实施保护之后才能生效。所以，一定要先设置单元格格式中的保护功能，再设置工作表的保护。

④ 单击“确定”关闭对话框。

⑤ 单击【工具】|【保护】|【保护工作表】命令，打开“保护工作表”对话框，如图 4-24 所示。

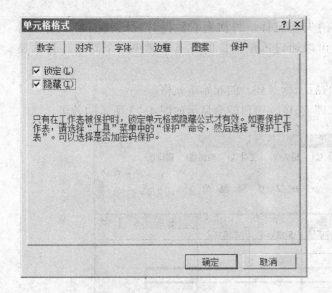

图 4-23　"单元格格式"对话框　　　　　图 4-24　"保护工作表"对话框

⑥ 拖动"允许此工作表的所有用户进行"列表框的滚动条，选中工作表经保护以后还允许进行的操作项目。在"取消工作表保护时使用的密码"框中输入密码"1234"。

⑦ 单击"确定"，打开"确认密码"对话框，再次输入密码"1234"。

⑧ 单击"确定"关闭对话框，保存工作簿。此时，若要修改工作表中的数据，程序会弹出提示框，提醒工作表已被保护。

要取消工作表保护，可按如下步骤操作：

① 选定工作表，单击【工具】|【保护】|【撤销工作表保护】命令，打开"撤销工作表保护"对话框。

② 输入密码"1234"，单击"确定"，即可取消工作表的锁定状态。

9. 保护工作簿

保护工作簿的步骤如下：

① 单击【工具】|【保护】|【保护工作簿】命令，打开"保护工作簿"对话框，如图 4-25 所示。

② 选中"结构"复选框。"结构"被保护后便不能对工作簿的工作表进行插入、删除、隐藏、取消隐藏和重命名等操作；如果选中"窗口"项，则不能对工作簿的窗口进行移动、缩放、隐藏、取消隐藏和关闭等操作。

③ 输入密码"123"，单击"确定"。

④ 再次输入密码"123"，关闭"确认密码"对话框。

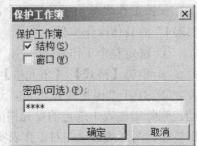

图 4-25　"保护工作簿"对话框

10. 给工作簿文件添加密码

"给工作簿文件添加密码"不同于"保护工作簿"，添加了密码的工作簿文件在打开时要求输入密码，密码错误则会打开失败。同时，Excel 2003 还提供了修改保护，如果也设定了修改保护，即使打开密码正确的情况下我们也只能查看工作簿的内容而不能对工作簿内容进行修改。

① 单击【工具】|【选项】命令，打开如图 4-26 所示"选项"对话框。

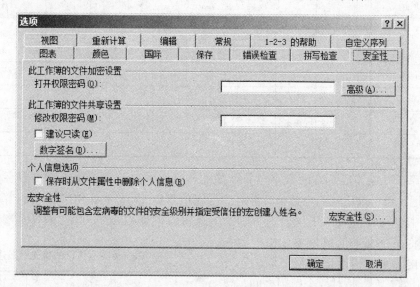

图 4-26 "选项"对话框

② 选择"安全性"选项卡，在"打开权限密码"对应的文本框中输入打开密码"12345"，"修改权限密码"对应的文本框中输入修改密码"abc"。

③ 单击"确定"按钮再次输入打开密码和修改密码。

④ 保存工作簿后退出，再次打开此工作簿文件则提示输入打开密码和修改密码。

4.4 公式与函数

在 Excel 2003 中，公式和数据计算是其精髓和核心。公式是函数的基础，它是单元格中的一系列值、单元格引用、名称或运算符的组合，可以生成新的值；函数是 Excel 2003 预定义的内置公式，可以执行数学、文本、逻辑的运算或者查找工作表的内容。与直接使用公式相比，使用函数计算速度更快，同时减少了错误的发生。

4.4.1 公式

Excel 2003 的计算公式类似于程序设计语言中的表达式，它由运算符和相应操作数据组成。使用公式可对工作表中的数据执行加、减、乘、除及比较等多种运算。公式可以引用同一工作表中的其他单元格、同一工作簿不同工作表中的单元格或者其他工作簿中工作表的单元格。

1. 运算符及优先级顺序

（1）运算符

运算符包括算术、比较、文本和引用运算符 4 类，如表 4-5 所示。

表 4-5 运 算 符

算术运算符		比较运算符		文本运算符		引用运算符	
+（加）	加	>	大于	&	连接运算符	:	区域
-（减）	减	>=	大于等于			,	联合
*（乘）	乘	<	小于			空格	交叉
/（斜杠）	除	<=	小于等于				
%（百分号）	百分	=	等于				
^（脱字号）	乘方	<>	不等于				

算术运算符可以完成基本的数字运算，如加、减、乘、除等，用于连接数字并产生数字结果；比较运算符可以比较两个数值，并产生逻辑值 TRUE 或 FALSE；条件运算符则是当条件成立时产生逻辑真值 TRUE（1），否则产生逻辑假值 FALSE（0）；文本运算符只有一个"&"，可以将两个文本值或将单元格内容与文本内容连接起来；引用运算符可以将单元格区域合并计算，":"是对两个引用之间，包括两个引用在内的所有单元格进行引用；","是将多个引用合并为一个引用，如 SUM（A1:C3，C4:F8）；"空格"是表示多个单元格区域所重叠的那些单元格，如 SUM（A1:D3 C2:E5）的共同区域是 C2、C3、D2 和 D3。

（2）优先级顺序

由于公式中使用的运算符不同，公式运算结果的类型也不同。Excel 2003 运算符也有优先级，可用小括号来改变运算顺序。运算符的优先级从高到低的顺序如表 4-6 所示。

如果公式中包含多个相同优先级的运算符，则 Excel 2003 将从左到右计算。

表 4-6 运算符的优先级顺序

运 算 符	说 明
()	小括号
:，空格	引用运算符
-	负号
%	百分号
^	乘方
/ 和 *	乘和除
+ 和 -	加和减
&	文本运算符
> >= < <= = <>	比较运算符

2．输入及显示公式

（1）输入公式

输入公式要以"="开头，然后输入公式的表达式。公式可以包括常量、变量、数值、运算符和单元地址等。在工作表中输入公式后，单元格中显示的是公式计算的结果，而在编辑栏中显示输入的公式。

输入公式的操作步骤如下：

① 选定要输入公式的单元格，并在单元格中输入一个"="号。

② 在等号后面输入公式表达式。

③ 按 Enter 键或者单击编辑栏中的输入按钮，在单元格中显示计算的结果，在编辑栏中显示输入的公式。

如图 4-27（左）所示表示当前活动单元格为"A1"，在单元格中输入公式"=2+9"，则在当前单元格和编辑框中都显示为该公式，当公式编辑结束后，当前单元格显示其结果，编辑框中显示其公式，如图 4-27（右）所示。

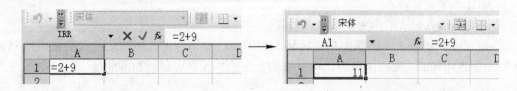

图 4-27　Excel 2003 的编辑栏

例 4.5　有如图 4-22 所示工作表数据，请在 E 列中求出学生的总评成绩（总评成绩=平时*20%+期末*80%）。

操作步骤如下：

① 单击选定 E2 单元格，输入"=C2*20%+D2*80%"后按 Enter 键求出 E2 单元格数据。

② 将鼠标指针移至 E2 单元格右下角，待鼠标指针变成黑色"+"时按住鼠标左键向下拖动，依次填充 E3 至 E10 单元格。

（2）显示公式

可以设置在当前单元格内显示公式，其操作步骤如下：

① 单击【工具】|【选项】命令，在弹出的"选项"对话框中打开"视图"选项卡。在"窗口选项"选项组中选中"公式"复选框，如图 4-28 所示。

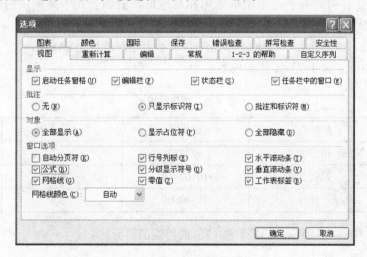

图 4-28　选中"公式"复选框

② 单击"确定"按钮，单元格中显示公式。一般情况下不要用这种方法，因为这样在当前单元格和编辑栏中显示的都是该公式，没有显示出该公式的计算结果。

（3）移动和复制公式

在 Excel 2003 中可以移动和复制公式，移动公式时，公式内的单元格地址不会更改；复制公式时，单元格地址将根据所用引用类型而变化。移动和复制公式虽然都可以利用剪贴板实现，但使用鼠标拖动的方法更方便。

移动公式只需拖动含有公式的单元格边框到目标单元格即可。

鼠标拖动复制公式（也称公式自动填充）的操作步骤如下：

① 创建一个工作表。

② 选定要输入公式的单元格后输入公式。

③ 按 Enter 键或者单击编辑栏中的输入按钮，计算出结果。拖动此单元格右下角的填充柄将公式复制到其他单元格区域中，可以看到在这些单元格中显示相应的值。

4.4.2 单元格地址的引用

在 Excel 2003 公式与函数中，通常引用单元格地址以代表对应单元格中的内容。因此引用单元格地址为公式和函数的运算提供了方便，也为单元格中数据的修改带来了灵活性。地址的形式不同，其运算结果也不同。

（1）相对地址：复制公式时，系统并非简单地把单元中的公式原样照搬，而是根据公式的原来位置和复制的目标位置推算出公式中单元格地址相对原位置的变化。例如公式"＝C3＋D3＋E3＋F3+G3"，原位置在单元格 H3，目标位置在 H4 单元格，相对于原位置的列号不变，行号要增加 1。所以复制的公式中单元格地址列号不变，行号由 3 变成 4、5、6……。若把 H3 中的公式复制到 I4，则 I4 的公式是"＝D4＋E4＋F4+G4＋H4"。

随公式复制的单元格位置变化而变化的单元格地址称为相对地址。Excel 默认的单元格地址为相对地址。

（2）绝对地址：有时并不希望全部采用相对地址，例如公式中某一项的值固定在某单元格中，在复制公式时，该项地址不能改变。这样的单元格地址称为绝对地址。其表示方法是在普通地址的前面加"$"标志，如相对地址 A10 表示为绝对地址是$A$10。

例 4.6 有如下（表 4-7）工作表内容：

表 4-7 销售情况表

部门	销售额	所占百分比
销售 1 部	937852	
销售 2 部	10102948	
合计	11040800	

请在第 3 列中求出各销售部门销售额占总销售额的百分比。

操作步骤如下：

① 选中 C2 单元格，输入"=B2/$B$4"并按 Enter 键，求出 C2 单元数据。

② 将鼠标放置于 C2 单元格右下角，按住鼠标左键向下拖动填充 C3 单元格。

③ 右键单击 C 列标识"C"，从弹出的快捷菜单中选择"设置单元格格式"，在打开的对话框中将 C 列的数据类型改为"百分比"型数据。

（3）混合地址：相对地址与绝对地址混合使用，称为"混合地址"。如 A6 是相对地址，$A$6 是绝对地址，而$A6 和 A$6 均是混合地址。

在公式运算与操作过程中，可根据需要使用不同的地址。在同一个公式中的 3 种地址形式均可使用，如 "=A\$6+(\$A6+A8)/\$A\$8" 是一个正确的公式。

4.3.3　引用不同工作表的数据

在许多情况下需要同时用到不同工作表中的数据，甚至不同工作簿中的数据，这时候就需要对不同的工作表进行引用，现举例说明。

例 4.7　在如图 4-29 所示的工作簿中，Sheet1 工作表、Sheet2 工作表中的数据分别是学生第一、二学期的成绩。请在 Sheet3 工作表中求出学生第一、二学期的总成绩。

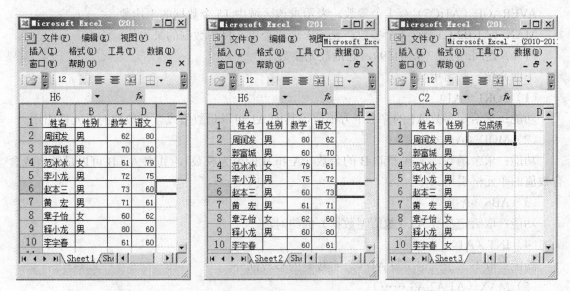

图 4-29　学生成绩

操作步骤如下：

① 选中 Sheet3 工作表中 C2 单元格。

② 在 C2 单元格中输入 "=SUM(Sheet1!C2:D2,Sheet2!C2:D2)" 并回车，求出了周润发两个学期的成绩总和。

③ 把鼠标放置于 C2 单元格的右下角，待鼠标变成黑色的 "+" 后按住鼠标左键向下拖动至 C10 单元格，完成所有学生第一、二学期成绩总和的计算。

如果 Sheet1、Sheet2 工作表在 Book1 工作簿中，Sheet3 工作表在 Book2 工作簿中，工作表都放在桌面位置（C:\Users\Administrator\Desktop\），那么在上述操作第（2）步中在 C2 单元格中我们应该输入 "=SUM('C:\Users\Administrator\Desktop\[Book1.xls]Sheet1'!C2:D2,'C:\Users\Administrator\Desktop\[Book1.xls]Sheet2'!C2:D2)"。

4.4.4　函数

利用函数计算既可提高运算速度，还能够减少错误和工作表占有的内存空间，输入的函数前面要使用 "=" 作为前导符。

1. Excel 2003 的常用函数

Excel 2003 为用户提供了大量函数，包括财务函数、日期与时间函数、数学与三角函数、统计函数、查找与引用函数、数据库函数、逻辑函数及信息函数等。

函数的一般形式如下：

函数名（[参数 1]，[参数 2]，……）

上述形式中的方括号表示方括号内的内容可以不出现。所以函数可以有一个或多个参数，也可以没有参数。但函数名后面的一对圆括号是必需的。例如：

SUM（A1:B2,C3:D4）有 2 个参数，表示求 2 个区域中（共 8 个数据）的和。

AVERAGE（A1:C5）有 1 个参数，表示求该区域中 15 个数据的平均数。

MAX（A1,B2,C3）有 3 个参数，表示求这 3 个单元格中数据的最大值。

PI（）返回 π 的值（3.14159），此函数无参数。

下面介绍一些常用函数。

（1）SQRT（A1）

功能：求给定参数 A1 的算术平方根值，其中 A1 可以是数值或含有数值的单元格引用。

（2）MOD（A,B）

功能：求余函数，求 A 整除 B 的余数（A 和 B 的值为整数），其中 A，B 可以是数值或含有数值的单元格引用。

（3）ABS（A1）

功能：取给定参数 A1（数值型数据）的绝对值。

（4）INT（A1）

功能：取不大于给定参数 A1（为实数）的整数部分。

（5）MAX（A1,A2,A3,……）

功能：求各数值型数据的最大值，最多可以有 30 个参数。

（6）MIN（A1,A2,A3,……）

功能：求数值型数据的最小值，最多可以有 30 个参数。

（7）ROUND（A1,A2）

功能：根据 A2 对数值项 A1 进行四舍五入。

A2>0 表示舍入到 A2 位小数，即保留 A2 位小数。

A2＝0 表示保留整数。

A2<0 表示从整数的个位开始向左对第 K 位进行舍入，其中 K 是 A2 的绝对值。

如：ROUND（234.456,1）的结果为 234.5；ROUND（234.456,0）的结果为 234；ROUND（234.456,−1）的结果为 230。

（8）SUM（A1,A2,A3,……）

功能：求各参数数值的和，其中的参数可以是数值或含有数值的单元格引用，最多可以有 30 个参数。

（9）IF（P, T, F）

其中 P 是能产生逻辑值（TRUE 或 FALSE）的表达式，T 和 F 是表达式。

功能：若 P 为真（TRUE），则取 T 表达式的值；否则，取 F 表达式的值。

如：IF（6>2,5,2）的结果为 5。

IF 函数可以嵌套使用，最多可嵌套 7 层。例如：D3 存放某学生的考试成绩，则其成绩转化为等级可表示为：

IF（D3>89,"优秀",IF(D3>79, "良好",IF(D3>59, "及格","不及格")))

（10）COUNT（A1,A2,……）

功能：求各参数中的数值型数据的个数，参数的类型不限。

如：COUNT（23,A1:A4,"成能"），若 A1:A4，存放的是数值，则函数的结果是 5，若 A1:A4 中只有两个单元格中存放的是数值，则结果是 3。

（11）AVERAGE（A1,A2,……）

功能：求各参数数值的平均值。

2．使用函数计算

单击工具栏中的"求和下拉列表"按钮（如图 4-30 所示）或编辑栏中的插入函数按钮，或单击【插入】|【函数】命令，均可方便地执行函数计算。操作方法如下：选定需要函数的单元格，单击【插入】|【函数】命令。弹出如图 4-31 所示的"插入函数"对话框，在"选择函数"下拉列表框中选择所需相应函数。单击"确定"按钮，弹出"函数参数"对话框。输入参数值，单击"确定"按钮，则在选定的单元格中显示计算结果。

图 4-30 "求和下拉列表"按钮　　　　　　图 4-31 "插入函数"对话框

3．求和

求和计算是一种最常用的公式计算，Excel 2003 提供了快捷的自动求和方法。另外，在实际工作中，有时要求对满足一定条件的记录求和，为此需要使用条件求和。

（1）使用"常用"工具栏中的"自动求和"按钮

① 选定存放计算求和结果的单元格。

② 单击"常用"工具栏中的"自动求和"按钮，Excel 2003 自动给出求和函数及求和数据区域，如图 4-32 所示。

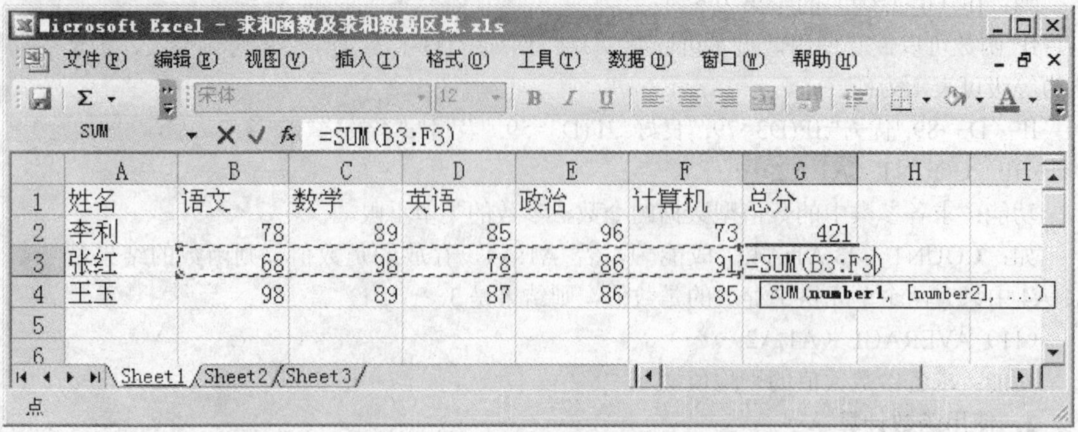

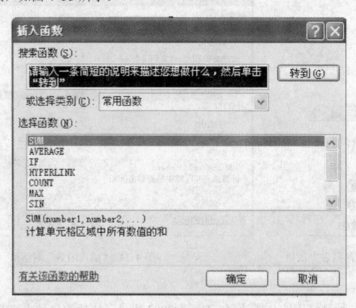

图 4-32 求和函数及求和数据区域

③ 按 Enter 键或者单击编辑栏中的输入按钮。

（2）使用菜单

① 选定存放计算求和结果的单元格。

② 单击【插入】|【函数】命令，弹出"插入函数"对话框。选择"选择函数"下拉列表框中的 SUM 函数，如图 4-33 所示。

图 4-33 选择 SUM 函数

③ 单击"确定"按钮，弹出"函数参数"对话框，如图 4-34 所示。

④ 在 Sum "Number1" 文本框中输入 "C2:C4"，单击"确定"按钮。

4. 条件求和

条件求和即对给定区域内满足指定条件的单元格求和，其语法如下：

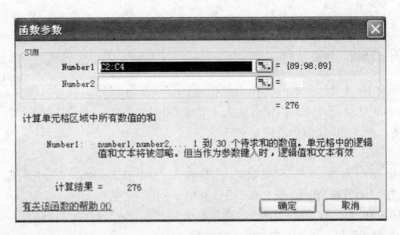

图 4-34 "函数参数"对话框

SUMIF（range,criteria,sum_range）

其中的参数说明如下：

● range：用于条件判断的单元格区域。

● criteria：确定作为求和条件的单元格，其形式可以为数字、表达式或文本。

● sum_range：指定求和的实际单元格。

操作步骤如下：

① 选定存放计算求和结果的单元格。

② 单击【插入】|【函数】命令，弹出"插入函数"对话框，选择"选择函数"下拉列表框中的 SUMIF 函数。

③ 单击"确定"按钮，弹出如图 4-35 所示的"函数参数"对话框。

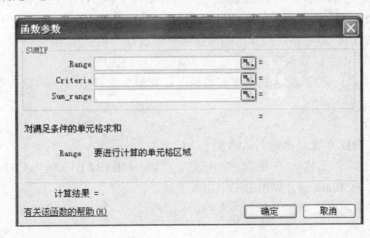

图 4-35 "函数参数"对话框

④ 在"Range"文本框中输入单元格区域，在"Criteria"文本框中输入条件，单击"确定"按钮。

说明：在"函数参数"对话框中，如果要将单元格引用作为参数，单击参数框右侧的"暂时隐藏对话框"按钮，则在工作表上方显示参数编辑框。在工作表中选定所需单元格，然后再次单击该按钮，恢复原对话框。

例 4.8 有如图 4-22 所示的工作表数据，计算成绩等次列。总评成绩（总评成绩=平时*20%+期末*80%）大于等于 85 为优秀，大于等于 70 小于等于 84 为良好，大于等于 60 小于等于 69 为及格，小于 60 分为不及格。

操作步骤如下：

① 单击选定 F2 单元格，在编辑栏里输入"=IF(E2>=85,"优秀",IF(E2>=70,"良好",IF(E2>=60,"及格","不及格")))"，按 Enter 键计算出单元格 F2 的值。

② 将鼠标放在 F2 单元格右下角，待鼠标变成黑色"+"时，按住鼠标左键向下拖动至 F10 单元格，依次计算机出 F3 至 F10 单元格的值。

例 4.9 有如图 4-22 所示的工作表数据，根据总评成绩计算出名次。

操作步骤如下：

① 单击选定 G2 单元格，在编辑栏里输入"=RANK(E2,$E$2:$E$10)"，回车后计算机出单元格 G2 的值。

② 将鼠标放在 G2 单元格右下角，待鼠标变成黑色"+"时，按住鼠标左键向下拖动至 G10 单元格，依次计算机出 G3 至 G10 单元格的值。

例 4.10 有如图 4-22 所示的工作表数据，根据总评成绩计算及格率。

操作步骤如下：

① 选定 A11:D11 单元格，单击工具栏上单元格"合并及居中"按钮将其合并，并在合并后的单元格内输入"及格率"。

② 单击选定 E11 单元格，在编辑栏中输入"=COUNTIF(E2:E10,">=60")/COUNT(E2:E10)"，按 Enter 键计算出及格率。

③ 右键单击 E11 单元格，在弹出的快捷菜单中选择"设置单元格格式"，在分类列表框中选择"百分比"，小数位数选择"2"，单击"确定"按钮完成。

例 4.11 有如图 4-22 所示的工作表数据，计算男生总评成绩平均分和女生总评成绩平均分。

操作步骤如下：

① 合并 A12:D12 单元格，输入"男生平均成绩"。

② 选定 E12 单元格，在编辑栏中输入"=SUMIF(B2:B10,"=男",E2:E10)/COUNTIF(B2:B10,"男")"，按 Enter 键计算出男生平均成绩。

③ 同样方法求出女生平均成绩。

4.5　格式化表格

创建并编辑工作表后，并不等于完成了所有工作，还必须格式化工作表中的数据。Excel

2003 为用户提供了丰富的格式编排功能，使用这些功能既可以使工作表的内容正确显示且便于阅读，又可以美化工作表，使其更加赏心悦目。

4.5.1 设置单元格

格式化既可针对单元格内的数据，也可针对单元格本身的高度、宽度，以及表格的格式。

1. 调整行高或列宽

新建立的工作表，其行高和列宽均是默认的，编辑过程中需要精确调整和改变。

（1）使用菜单调整

以调整行高为例，操作步骤如下：

① 选定要改变行高的行。

② 单击【格式】|【行】|【行高】命令，弹出"行高"对话框，如图 4-36 所示。

③ 在"行高"文本框中输入数值，单击"确定"按钮。

如果某些行高（列宽）的值大于文字所需的高度，则单击【格式】|【行】|【最适合的行高】命令，系统会根据该行中内容的高度来自动改变该行的行高。

（2）使用鼠标

图 4-36 "行高"对话框

向上或向下拖动行号之间的交界处可调整行高，向左或向右拖动列号之间的交界处可调整列宽。若双击列号的右边框，则该列会自动调整列宽，以容纳该列最宽的值。

2. 隐藏列和行

有时集中显示需要修改的行或列，而隐藏不需要修改的行或列，以节省屏幕空间，方便修改操作。操作步骤如下：

① 选定要隐藏的行或列。

② 单击【格式】|【行】/【列】|【隐藏】命令。

如果需要显示被隐藏的行或列，则选定跨越隐藏行或列的单元格，然后单击【格式】|【行】/【列】|【取消隐藏】命令。

3. 设置边框和底纹

工作表中显示的网格线是为用户输入及编辑方便而预设的，在打印或显示时可以用其作为表格的格线，也可以全部取消。在设置单元格格式时，为了使其中的数据显示更清晰，增加工作表的视觉效果，可以设置单元格的边框和底纹。

（1）隐藏网格线

默认情况下，每个单元格都由围绕单元格的灰色网格线来标识，也可以将这些网格线隐藏起来。方法是：单击【工具】|【选项】命令，弹出"选项"对话框。打开"视图"选项卡，在"窗口选项"选项组中清除"网格线"复选框，单击"确定"按钮，则在工作区窗口中不再显示网格线。

（2）为单元格添加边框

要使用"格式"工具栏添加边框，选定要添加边框的单元格。单击"格式"工具栏中的

"边框"下拉按钮，在弹出的下拉列表中选择相应位置的边框。若原来没有框线，加上框线；若有，则去掉框线。

要改变线条的样式及颜色等其他格式，单击【格式】|【单元格】命令，显示"单元格格式"对话框。打开"边框"选项卡，如图 4-37 所示。单击"预置"选项组中的"外边框"或"内部"按钮，边框将应用于单元格的外边界或内部。要添加或删除边框，单击"边框"选项组中相应的边框按钮，然后在预览框中查看边框应用效果。要为边框应用不同的线条和颜色，在"线条"选项组的"样式"列表框中选择线条样式，在"颜色"下拉列表框中选择边框颜色。要删除所选单元格的边框，单击"预置"选项组中的"无"图标，设置完成后单击"确定"按钮即可。

图 4-37 "边框"选项卡

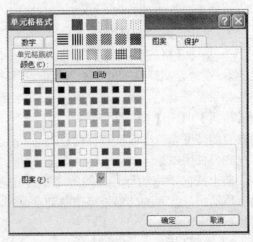

图 4-38 "图案"选项卡

（3）为单元格添加底纹

要使用"格式"工具栏添加底纹，先选定要添加底纹的单元格。单击"格式"工具栏中的"填充颜色"下拉按钮，在弹出的调色板中选择合适的颜色即可。

上述方法只能为单元格填充单一颜色，而不能填充图案等。要设置更多，可使用菜单命令为单元格添加底纹，操作步骤如下：

① 选定要添加底纹的单元格区域。

② 单击【格式】|【单元格】命令，弹出"单元格格式"对话框。打开"图案"选项卡，如图 4-38 所示。

③ 在"颜色"选项组中选择合适的底纹颜色，在"图案"下拉列表框中选择底纹的图案及颜色，在"示例"预览框中可以预览所选底纹图案颜色的效果。

④ 单击"确定"按钮。

例 4.12 有如图 4-22 所示工作表，请为工作表的数据区域（A2:G10）添加"细对角线 剖面线"底纹。

操作步骤如下：

① 按鼠标左键拖动选定 A2:G10 单元格区域。

② 右键单击选定区域，从弹出的快捷菜单中选择"设置单元格格式"，单击对话框的

"图案"标签。

③ 单击"图案"后的组合框，从中选择"细 对角线 剖面线"底纹，单击"确定"按钮。

4．自动套用格式

Excel 2003 提供了适合多种情况使用的表格格式供用户根据需要进行选择，可以简化对表格的格式设置，提高工作效率。

操作步骤如下：

① 选定需要套用格式的单元格区域。

② 选择【格式】|【自动套用格式】命令，弹出"自动套用格式"对话框，如图 4-39 所示，在其中选择合适的格式。

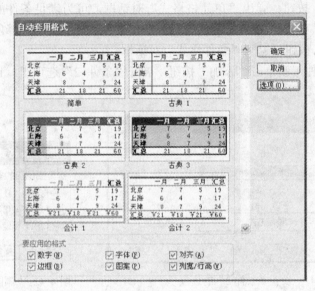

图 4-39 "自动套用格式"对话框

③ 单击"选项"按钮，在其中显示"数字"、"边框"、"字体"、"图案"、"对齐"及"列宽/行高"共 6 个复选框。

④ 选择所需的复选框，然后单击"确定"按钮。

例 4.13 有如图 4-22 所示工作表，将数据清单自动套用"序列 1"格式。

操作步骤如下：

① 选定 A1:G10 单元格区域。

② 单击【格式】|【自动套用格式】命令，打开"自动套用格式"对话框，滚动右侧垂直滚动条，找到并选定"序列 1"，按"确定"按钮完成。

5．条件格式

条件格式指如果选定的单元格满足特定条件，那么 Excel 2003 将底纹、字体及颜色等格式应用到该单元格中。一般在需要突出显示公式的计算结果或者要监视单元格的值时应用条件格式。

（1）设置条件格式

① 选定要设置条件格式的单元格区域。

② 单击【格式】|【条件格式】命令，弹出"条件格式"对话框，如图 4-40 所示。

图 4-40 "条件格式"对话框

③ 输入需要格式化数据的条件，例如输入"单元格数值"、"大于或等于"及"90"。

④ 单击"格式"按钮，弹出"单元格格式"对话框，可为满足条件的单元格设置条件格式。如在"字形"下拉列表框中选择相应选项，在"颜色"调色板中选择所需要的颜色。

⑤ 单击"确定"按钮，返回"条件格式"对话框。

若要添加一个条件，则单击"添加"按钮，展开"条件 2"选项组。设置"条件 2"的选项，如图 4-41 所示。

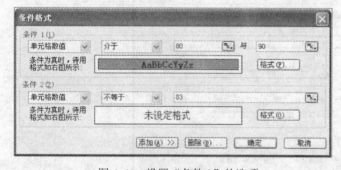

图 4-41 设置"条件 2"的选项

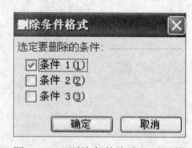

图 4-42 "删除条件格式"对话框

⑥ 依次单击"确定"按钮，返回到工作表。

例 4.14 有如图 4-22 所示工作表，用红色标记总评成绩不及格的学生。

操作步骤如下：

① 选定 E1:E10 单元格区域。

② 单击【格式】|【条件格式】命令，打开"条件格式"对话框，在"条件 1（1）"处第 1 个组合框选择"单元格数值"，第 2 个组合框选择"小于"，之后的文本框输入"60"。

③ 单击"格式"命令按钮，打开"格式"对话框，在颜色对应的组合框中选择"红色"，依次单击"确定"按钮完成。

（2）更改或删除条件格式

可以更改或删除已经存在的条件格式，操作步骤如下：

① 选定要更改或删除条件格式的单元格区域。

② 单击【格式】|【条件格式】命令，弹出"条件格式"对话框。要修改已有的格式，重新设置选定原条件格式即可；要删除条件格式，单击"删除"按钮，弹出如图 4-42 所示的"删除条件格式"对话框，在"选定要删除的条件"选项组中选中要删除条件的复选框。

③ 依次单击"确定"按钮，返回到工作表。

4.5.2　设置单元格内容格式

可根据需要设置单元格中的内容格式。

1．设置数据对齐格式

Excel 2003 提供了水平和垂直两种对齐方式，其中水平对齐方式有 8 种，即常规、靠左（缩进）、居中、靠右（缩进）、填充、两端对齐、跨列居中和分散对齐（缩进）；垂直对齐方式有 5 种，即靠上、居中、靠下、两端对齐和分散对齐。

系统默认的水平对齐是"常规"（数值和日期数据右对齐，字符数据左对齐）、垂直对齐是"靠上"。改变对齐方式设置方法是，选定多个单元格后单击【格式】|【单元格】命令，显示"单元格格式"对话框。打开如图 4-43 所示的"对齐"选项卡，根据需要设置相关选项，然后单击"确定"按钮。

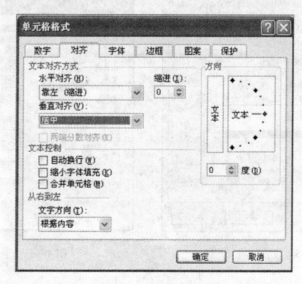

图 4-43　"对齐"选项卡

另外，在"格式"工具栏中还有左对齐、居中、右对齐、合并及居中（将多个单元格合并成一个后，首单元格内容居中）4 个对齐按钮。选中要设置对齐格式的一个或多个单元格，然后单击相应按钮。

2．设置数字格式

在工作表的单元格中输入的数字通常按"常规"格式显示，如果需要其他格式，如保留 3 位小数或表示成货币符号等，则需要为单元格设置数字格式。Excel 2003 针对常用的数字格式预先进行了设置并加以分类，包括常规、数值、货币、会计专用、日期、时间、百分比、分数、科学记数、文本、特殊以及自定义等。

（1）使用工具栏

在"格式"工具栏中提供了多种工具按钮，如图 4-44 所示，可以用其快速格式化数字。

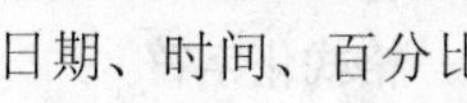

图 4-44　"格式"工具栏中"格式化数字"的工具按钮

操作步骤如下:

① 选定需要格式化数字的单元格或单元格区域。

② 单击"格式"工具栏中的相应按钮即可。

（2）使用菜单设置

操作步骤如下:

① 选定要格式化数字的单元格或单元格区域。

② 单击【格式】|【单元格】命令，弹出"单元格格式"对话框。打开"数字"选项卡，在"分类"列表框中选择"数值"选项，如图 4-45 所示。

③ 单击"确定"按钮。

如果要取消数字的数值格式，选定所需的单元格。在"单元格格式"对话框的"数字"选项卡的"分类"下拉列表框中选择"常规"选项，然后单击"确定"按钮。

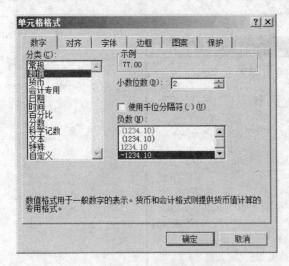
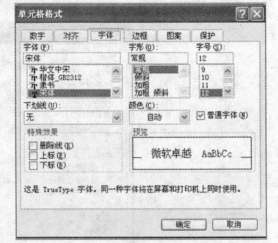

图 4-45 设置选项   图 4-46 "字体"选项卡

3. 设置字符格式

字符格式包括字体、字形、字号及颜色等，可以使用"格式"工具栏或者"格式"下拉菜单中的相应命令来设置字体格式。使用"格式"工具栏的方法与 Word 2003 方法相同，使用"格式"下拉菜单中的相应命令设置字体格式的方法如下:

① 选定要设置字体的单元格或单元格区域。

② 单击【格式】|【单元格】命令，弹出"单元格格式"对话框。打开"字体"选项卡，如图 4-46 所示。

③ 在"字体"下拉列表框中选择相应选项，然后单击"确定"按钮。

4. 格式化字符

用户也可以仅格式化单元格中的字符。选定该单元格，并在编辑栏中选定要格式化的字符（也可以双击该单元格，然后选定要格式化的字符），单击【格式】|【单元格】命令，弹出"单元格格式"对话框。打开"字体"选项卡，选择要应用的字体、字号和字形等，然后单击"确定"按钮。

5. 数据有效性

无论是工作簿、工作表还是单元格都是开放的区域，可以进行任何形式数据的输入，但有时需要输入一定范围内的值，例如单元格中要输入人员的性别，输入的学生成绩要在 0～100 之间等等，对于不符合要求的数据希望能给出相应的提示。

有如图 4-47 所示工作表。现在要对性别列和数学、语文成绩列做性别为"男、女"，成绩为"0～100"的限定，操作步骤如下：

① 单击列标识"B"，将 B 列选中。

② 单击【数据】|【有效性】命令，打开如图 4-48 所示对话框。

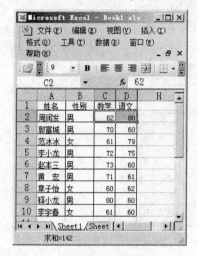

图 4-47 学生成绩表

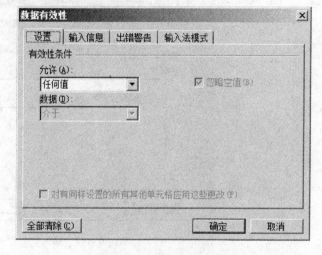

图 4-48 "数据有效性"对话框

③ 在"设置"选项卡的"允许"组合框中选择"序列"，这时对话框会变成如图 4-49 所示的形式。

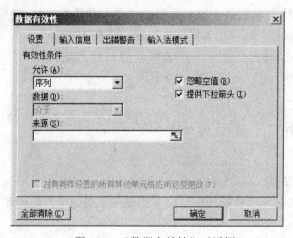

图 4-49 "数据有效性"对话框

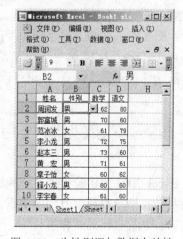

图 4-50 为性别添加数据有效性

④ 在"来源"对应文本框中输入"男,女"，单击"确定"返回。

这时工作表会变成如图 4-50 所示的形式。

　　单击 B 列任意单元格，在单元格的右侧都会出现一个下拉按钮，单击按钮会弹出单元格允许输入的数据，也可以通过单击相应的数据进行选定当前单元格的填充数据。

　　同样的方式，可以选定 C、D 两列，打开"数据有效性"对话框后，在"允许"对应的组合框中选择"整数"，数据对应的组合框中选择"介于"，在下方出现的"最小值"、"最大值"对应的文本框中分别输入"0"和"100"。

　　在数据有效性中还可以做进一步的设定，打开"数据有效性"对话框，单击"输入信息"选项卡，弹出如图 4-51 所示对话框。

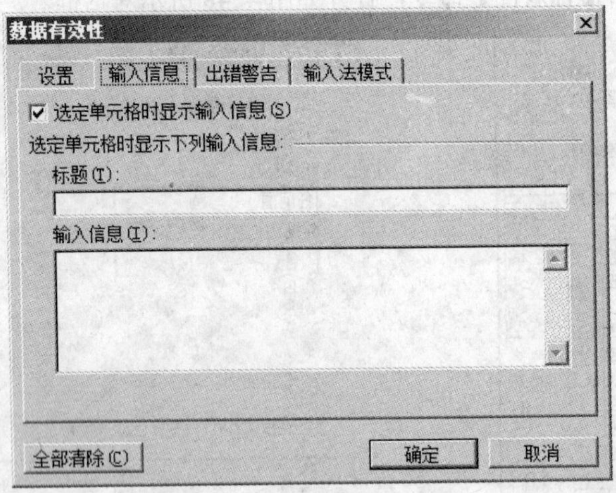

图 4-51　"输入信息"对话框

　　可以通过设定"标题"和"输入信息"的方式设定当用户选定工作表单元格输入数据时，给出的标题和提示信息内容的对话框。

　　单击"出错警告"选项卡，弹出"数据有效性"的"出错警告"对话框，此时设定的"标题"和"错误信息"是当在选定的工作表单元格中输入不符合设定条件的数据时弹出的警告框，除了提示框的"标题"和"错误信息"，还可以为提示框选择一个样式图标。

　　单击"输入法模式"选项卡，还可以设定当选定工作表单元格时输入法应处于什么状态，默认情况下为"随意"，也可以选择输入法"打开"和"关闭"。

4.6　数据管理与分析

　　Excel 2003 为用户提供了强大的数据筛选、排序和汇总等功能，利用这些功能用户可以方便地从数据清单中获取有用的数据，并重新整理数据，从而根据需要从不同的角度观察和分析数据，管理好自己的工作簿。

4.6.1　数据清单的建立

　　在 Excel 2003 中，数据清单包含一组相关数据的一系列工作表的数据行。Excel 2003 在管理数据清单时，将数据清单视为一个数据库。数据清单实质上是一个二维表格，其中，行相当于数据库中的记录，行标题相当于记录名；列相当于数据库中的字段，列标题相当于字段名。

建立数据清单时要遵循下述规则：

① 数据清单是由单元格构成的矩形区域。

② 数据清单区域的第 1 行为列标，相当于数据库的字段名，因此列标名应唯一。其余为数据，每行一条记录。

③ 同列数据的性质相同。

④ 行之间和列之间必须相邻，不能有空行或空列。

根据以上规则，首先建立数据清单的列标志。在工作表中，在需要的单元格中依次输入各个字段名。然后在列标下的单元格中输入记录，示例如图 4-52 所示。

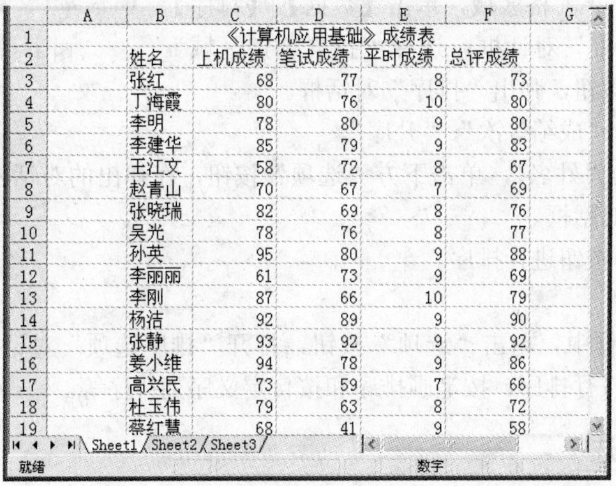

	A	B	C	D	E	F	G
1		《计算机应用基础》成绩表					
2		姓名	上机成绩	笔试成绩	平时成绩	总评成绩	
3		张红	68	77	8	73	
4		丁海霞	80	76	10	80	
5		李明	78	80	9	80	
6		李建华	85	79	9	83	
7		王江文	58	72	8	67	
8		赵青山	70	67	7	69	
9		张晓瑞	82	69	8	76	
10		吴光	78	76	8	77	
11		孙英	95	80	9	88	
12		李丽丽	61	73	9	69	
13		李刚	87	66	10	79	
14		杨洁	92	89	9	90	
15		张静	93	92	9	92	
16		姜小维	94	78	9	86	
17		高兴民	73	59	7	66	
18		杜玉伟	79	63	8	72	
19		蔡红慧	68	41	9	58	

图 4-52 数据清单示例

4.6.2 数据排序

数据排序指按一定规则整理并排列数据，为进一步处理数据做好准备。Excel 2003 提供了多种排序数据清单的方法，如升序和降序，用户也可以自定义排序方法。

1．简单排序

如果要针对某一列数据排序，则只需使用“常用”工具栏中的“升序”按钮或“降序”按钮。操作步骤如下：

① 把光标放在针对某一列数据排序数据区中。

② 单击“常用”工具栏中的“升序”或“降序”按钮。

2．多重排序

使用“排序”对话框多重排序工作表中数据的操作步骤如下：

① 选定工作表，单击【数据】|【排序】命令，弹出“排序”对话框，如图 4-53 所示。

② 在“主要关键字”下拉列表框中选择相应选项，并选中其右侧的“升序”或“降序”单选按钮；在“次要关键字”下拉列表框中选择相应选项，并选中其右侧的“升序”或“降

序"单选按钮；在"第三关键字"下拉列表框中选择或输入列标志名称，并选中其右侧的"升序"或"降序"单选按钮。

③ 在"我的数据区域"选项组中选中"有标题行"或"无标题行"单选按钮。

④ 单击"确定"按钮，工作表中的数据将按指定条件排序。

例 4.15 有如图 4-22 所示数据表，在计算基础成绩等次后，请根据成绩等次升序排序，在成绩等次相同的情况下根据姓名笔画升序排序。

操作步骤如下：

① 选定 A1:G10 单元格区域，单击【数据】|【排序】命令，弹出"排序警告"对话框，选择"扩展选定区域"选项，单击"排序"按钮，弹出"排序"对话框。

图 4-53 "排序"对话框

② 主要关键字为"成绩等次"，"升序"。

③ 次要关键字为"姓名"，单击下方"选项"按钮，在弹出的对话框中选择"笔画"，单击确定返回"排序"对话框。

④ 单击"确定"按钮进行排序。

3．特殊排序

在"排序"对话框中，单击"选项"按钮，打开"排序选项"对话框。其中提供了一些特殊的排序功能，如按行排序、按笔画排序和按自定义序列排序等。

4.6.3 数据筛选

筛选是从数据清单中查找和分析符合特定条件的记录数据的快捷方法，经过筛选的数据清单只显示满足条件的行，该条件由用户针对某列指定。Excel 2003 提供了两种筛选命令，即自动筛选和高级筛选。

1．自动筛选

自动筛选指按照简单的比较条件快速筛选工作表中的数据，并将满足条件的数据集中显示在工作表中，操作方法如下：

① 选定数据清单中的任意一个单元格。

② 单击【数据】|【筛选】|【自动筛选】命令，可以看到数据清单的列标题全部变为下拉列表框，如图 4-54 所示。

③ 选择列标题的下拉列表框中的相应选项。若选择"自定义"选项，则打开如图 4-55 所示的"自定义自动筛选方式"对话框，在其中输入相应的值，单击"确定"按钮。

④ 再次单击【数据】|【筛选】|【自动筛选】命令，将取消自动筛选。

2．高级筛选

如果数据清单中的字段及筛选的条件比较多，则可以使用"高级筛选"功能来筛选数据。为此，必须首先建立一个条件区域，用来指定筛选数据需要满足的条件。条件区域的第 1 行是作为筛选条件的字段名，这些字段名必须与数据清单中的字段名完全相同，条件区域的其他行则用来输入筛选条件。需要注意的是，条件区域和数据清单不能相邻，必须用一个空行将其隔开。

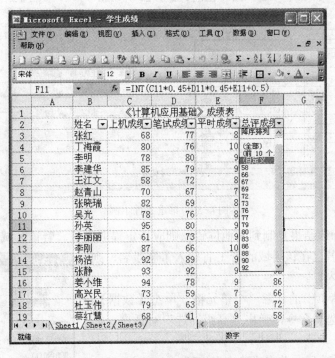

图 4-54 数据清单的列标题全部变为下拉列表框

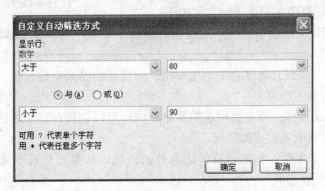

图 4-55 "自定义自动筛选方式"对话框

例 4.16 有如图 4-56 所示工作表，请在工作表中筛选出"上机成绩"大于 80，"总评成绩"大于 70 的学生。

操作步骤如下：

① 在数据清单所在的工作表中选定一个条件区域并输入筛选条件，该区域应至少由两行构成。第 1 行为标题行，第 2 行及后续行为对应字段应满足的条件。必须同时满足的条件要在同一行（"与"关系），满足任意条件的两个条件要在不同行（"或"关系），示例如图 4-56 所示。

数据区域

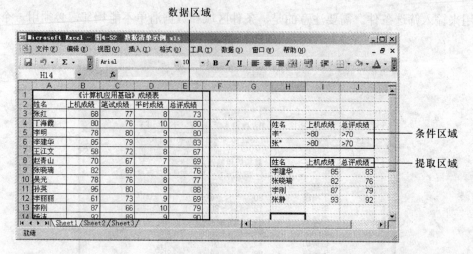

条件区域

提取区域

图 4-56　筛选条件示例

② 如选择将筛选结果复制到其他位置，则应指定提取区域。若该区域为一空单元格，则输出所有的字段；若已在该区域的第 1 行输入了字段名，则只复制相应字段的内容。

③ 选定数据清单中的任意一个单元格，单击【数据】|【筛选】|【高级筛选】命令，弹出"高级筛选"对话框，如图 4-57 所示。

④ 设置所需选项后，单击"确定"按钮。

"高级筛选"对话框中主要选项的含义如下：

● "在原有区域显示筛选结果"单选按钮：筛选结果显示在原数据清单位置。

图 4-57　"高级筛选"对话框

● "将筛选结果复制到其他位置"单选按钮：筛选后的结果将显示在"复制到"文本框中指定的提取区域，与原工作表并存。

● "列表区域"文本框：指定要筛选的数据区域，可以直接在该文本框中输入区域引用，也可以用鼠标在工作表中选定数据区域。

● "条件区域"文本框：指定含有筛选条件的区域，如果要筛选不重复的记录，则选中"选择不重复的记录"复选框。

4.6.4　数据汇总

当用户分析处理表格数据或原始数据时，往往需要对其进行汇总并插入带有汇总信息的行。Excel 2003 提供的"分类汇总"功能使这项工作变得简单易行，它自动地插入汇总信息行，不需要人工操作。

利用汇总功能并选择合适的汇总函数，用户不仅可以建立清晰明了的总结报告，还可以在报告中只显示第 1 层次的数据而隐藏其他层次的数据。

1. 分类汇总

"分类汇总"功能可以自动汇总所选数据，并插入汇总行。汇总方式灵活多样，如求和、平均值、最大值及标准方差等，可以满足用户多方面的需要。

需要注意的是，在分类汇总之前必须首先按分类汇总所依据的列排序。

例 4.17　有如图 4-58 所示工作表，请根据平时成绩进行分类，汇总求出总评成绩的平均值。

操作步骤如下：

① 选定数据清单中分类汇总所依据的列中的某单元格，单击"常用"工具栏的"升序"或"降序"按钮排序。

② 单击【数据】|【分类汇总】命令，弹出如图 4-59 所示的"分类汇总"对话框。在"汇总方式"下拉列表框中选择所需选项，在"选定汇总项"下拉列表框中选中需要的复选框。

③ 单击"确定"按钮，则弹出如图 4-58 所示的分类汇总结果。

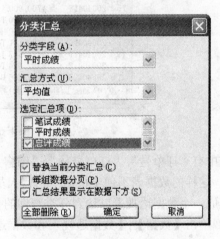

图 4-58　分类汇总结果的示例　　　　　图 4-59　"分类汇总"对话框

2．删除分类汇总

分类汇总数据后，还可以恢复工作表的原始数据。选定工作表，单击【数据】|【分类汇总】命令，弹出"分类汇总"对话框。单击"全部删除"按钮，可将工作表恢复到原始数据状态。

4.6.5　数据透视表和数据透视图

Excel 2003 提供了简单、形象和实用的数据分析工具——数据透视表及数据透视图，使用该工具可以生动全面地对数据清单数据进行重组和统计。

1．数据透视表

数据透视表是一种将大量数据快速汇总并建立交叉列表的交互式表格。它不仅可以转换行和列以查看数据的不同汇总结果，也可以显示不同页面以筛选数据，还可以根据需要显示区域中的细节数据。

下面以“销售订单月表”（如图 4-60）的数据表为例说明数据透视表的创建方法。

	A	B	C	D
1	销售订单月表			
2	订单号	订单金额	销售人员	部门
3	20040401	¥500,000	Jarry	销售1部
4	20040402	¥450,000	Jarry	销售1部
5	20040403	¥250,000	Tom	销售1部
6	20040404	¥420,000	Mike	销售2部
7	20040405	¥450,000	Mike	销售2部
8	20040406	¥250,000	Jarry	销售1部
9	20040407	¥150,000	Helen	销售2部
10	20040408	¥950,000	Mike	销售2部
11	20040409	¥100,000	Helen	销售2部
12	20040410	¥500,000	Helen	销售2部
13	20040411	¥258,000	Tom	销售1部
14	20040412	¥320,000	Tom	销售1部
15	20040413	¥700,000	Jarry	销售1部
16	20040414	¥670,000	Tom	销售1部
17	20040415	¥320,000	Helen	销售2部
18	20040416	¥470,171	Tom	销售1部
19	20040417	¥476,543	Jarry	销售1部
20	20040418	¥482,914	Tom	销售1部
21	20040419	¥489,286	Helen	销售2部

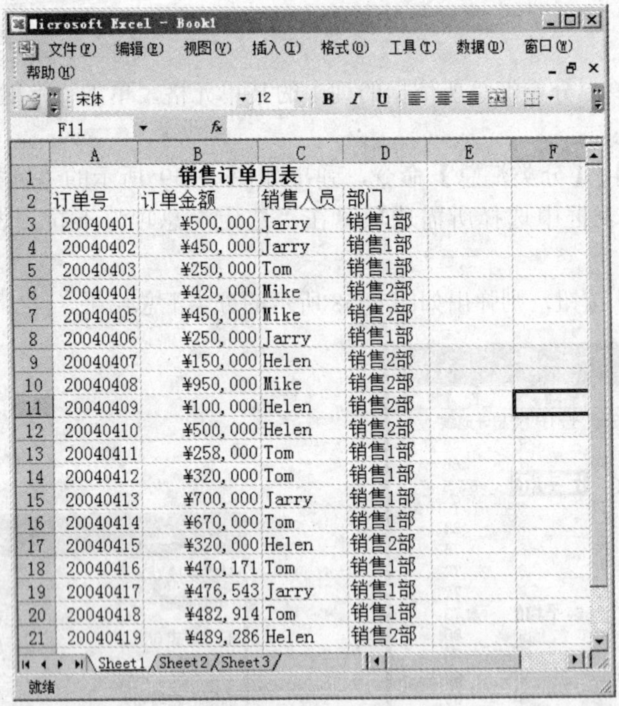

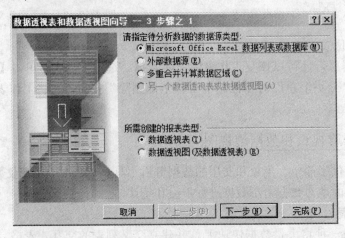

图 4-60　源数据表

表中有“订单号”、“订单金额”、“销售人员”和“部门”4 个字段，这是一个典型的“字段表”。这样的数据表不便于根据“销售人员”或“部门”进行分类数据查询，可以通过以下步骤生成一个数据透视表以达到分类查询的目的。

① 单击【数据】|【数据透视表和数据透视图】命令，打开如图 4-61 所示对话框。

图 4-61　数据透视表和数据透视图向导—3 步骤之 1

② 在"请指定待分析数据的数据源类型"对应的选项中，选择"Microsoft Office Excel 数据列表或数据库"选项，在"所需创建的报表类型"对应的选项中选择"数据透视表"。

③ 单击"下一步"按钮，打开如图 4-62 所示对话框。

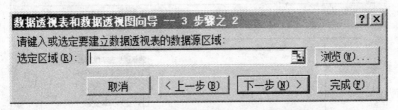

图 4-62 数据透视表和数据透视图向导—3 步骤之 2

④ 单击"选定区域"对应文本框右侧的 按钮，打开如图 4-63 所示对话框。

图 4-63 选取数据区域

⑤ 在 Sheet1 工作表中选定 A2:D21 单元格区域，单击文本框右侧的 按钮返回。

⑥ 单击"下一步"按钮，打开如图 4-64 所示对话框。

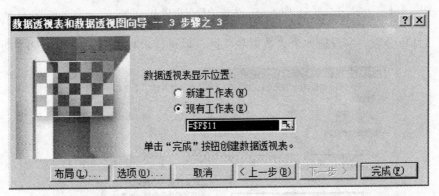

图 4-64 数据透视表和数据透视图向导—3 步骤之 3

在"数据透视表显示位置"对应选项中选择"新建工作表"，那么数据透视表将生成在新建的工作表 Sheet4 中；也可以选择"现有工作表"，数据透视表将生成在当前工作表内。在此，选择"新建工作表"。

⑦ 单击"完成"按钮完成数据透视表的创建，效果如图 4-65 所示。

下面从不同的角度来分析这个"销售订单月表"，体会一下数据透视表的"透视"功能。

例 4.18 有如图 4-65 所示数据表，以"销售人员"分类查询订单总额（单字段分类单字段汇总）。

操作步骤如下：

① 将数据透视表中的"销售人员"字段拖拽至"行字段"区或"列字段"区以进行自动分类。

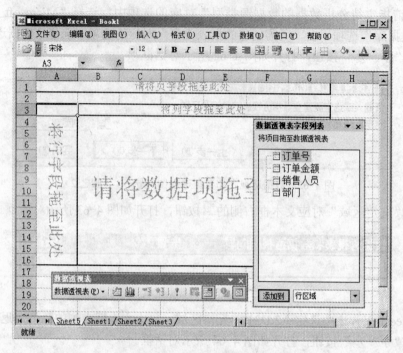

图 4-65　生成的数据透视表

② 将"订单金额"字段拖拽至"数据项"区，以进行求和汇总，如图 4-66 所示。

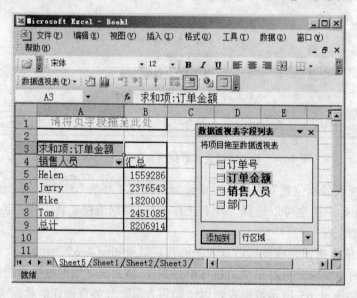

图 4-66　以"销售人员"单字段分类查询订单总额

这种在透视表的不同区域拖放一个字段的方式是最基本的"分类汇总"操作，在数据透视表的各个区域中，可以拖拽放置多个字段，这样就可以起到同时查询多个字段的分类汇总效果。

例 4.19 以"部门"和"销售人员"分类查询订单总额和总订单数（多字段分类多字段汇总）。

操作步骤如下：

① 分别将"部门"和"销售人员"字段拖拽至"行字段"区域，以实现分类。

② 分别将"订单号"和"订单金额"字段拖拽至"数据项"区域以实现汇总。这样就可以在一个数据透视表中查询多字段分类和多字段汇总的效果了，如图 4-67 所示。

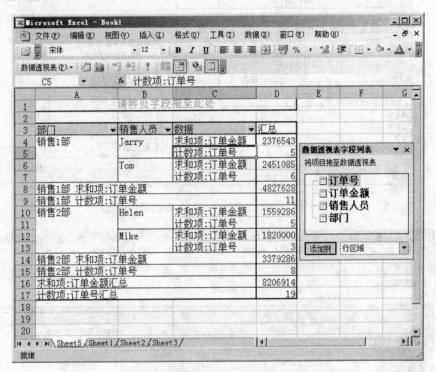

图 4-67 以"部门"和"销售人员"多字段分类查询订单总额和总订单数

数据透视表的每个区域都有筛选功能，尤其是"页字段"，它的主要功能就是筛选。

例 4.20 按照指定的"部门"查询销售情况（利用"页字段"进行筛选）

操作步骤如下：

将"部门"字段拖拽至数据透视表最上方的"页字段"区域，筛选出需要查询的某部门的销售情况，如图 4-68 所示。

以上只是数据透视表的一个简单应用，数据透视表的应用是 Excel 软件的一大精华，它汇集了 Excel 的 COUNTIF、SUMIF 函数、分类汇总、自动筛选等多种功能，是高效办公中分析数据的强大工具。

2. 数据透视图

创建数据透视图的操作与创建数据透视表的操作基本相同，都是通过"数据透视表和数据透视图向导"来完成操作。打开"数据透视表和数据透视图向导"后，在"请指定待分析数据的数据源类型"对应的选项中，选择"Microsoft Office Excel 数据列表或数据库"，在"所需创建的报表类型"对应的选项中选择"数据透视图（及数据透视表）"，向导过程中其他操作完全相同。创建后的数据透视图效果如图 4-69 所示。

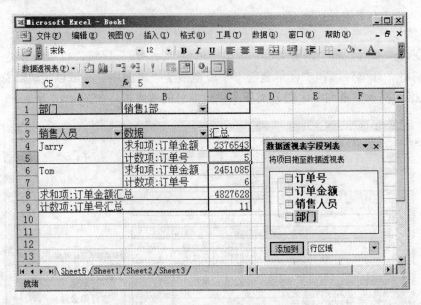

图 4-68 按照指定的"部门"查询销售情况

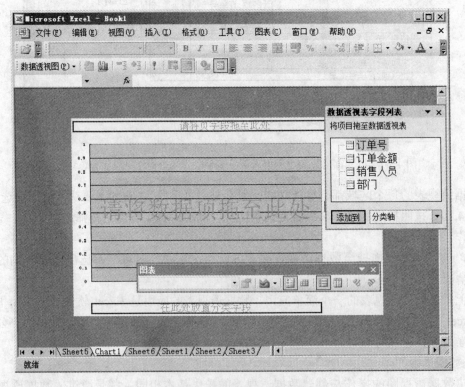

图 4-69 创建的数据透视图

将"部门"拖放到"页字段"区域，将"订单金额"拖放到"数据项"区域，会得到如图 4-70 所示的结果。

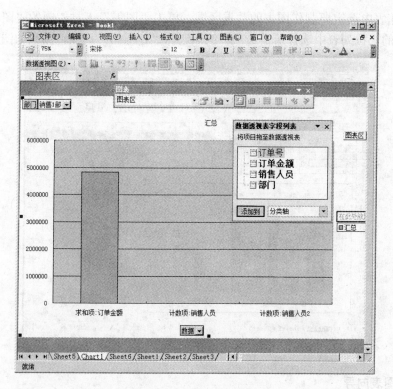

图 4-70 订单金额透视图

可以根据实际情况对数据进行透视，形成各种形式的透视图。透视图格式的处理和图表格式的处理完全相同，后续章节中将会详细讲解。

4.7 图表处理

图表是 Excel 2003 管理和使用工作表的任务之一。作为工作表数据的图形表示，它可以使数据层次分明且条理清楚，且更为直观形象，易于阅读、分析、评价及比较数据。

4.7.1 创建图表

创建图表可以使用"图表"工具栏和"图表向导"两种方法。

1. 使用"图表"工具栏

操作步骤如下：

① 打开或创建一个需要创建图表的工作表。

② 单击【视图】|【工具栏】|【图表】命令，弹出"图表"工具栏，如图 4-71 所示。

图 4-71 "图表"工具栏

③ 在工作表中选定要制作图表的数据区域，单击"图表"工具栏中的"图表类型"下拉按钮，在弹出的下拉列表中选择所需选项。例如选择"柱形图"选项，结果如图 4-72 所示。

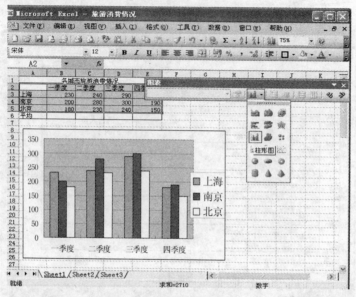

图 4-72 "柱形图"图表

2. 使用图表向导

使用 Excel 2003 提供的图表向导，可以方便快速地创建一个标准或自定义类型的图表。而且在图表创建完成后可继续修改，使整个图表趋于完善。

操作步骤如下：

① 打开一个工作表文件，选定需要创建图表的单元格区域，如图 4-73 所示。

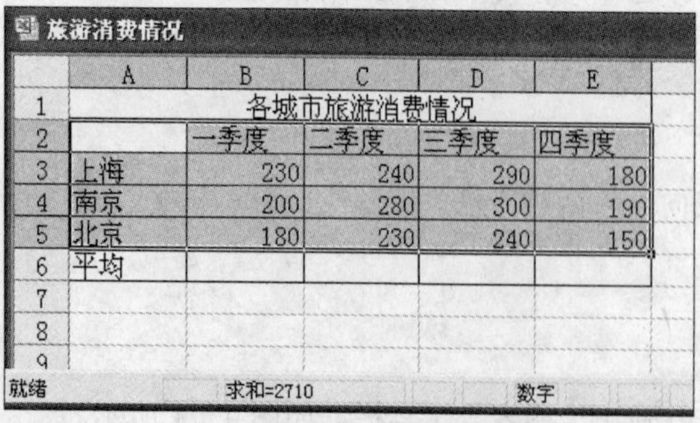

	A	B	C	D	E
	各城市旅游消费情况				
1					
2		一季度	二季度	三季度	四季度
3	上海	230	240	290	180
4	南京	200	280	300	190
5	北京	180	230	240	150
6	平均				
7					
8					

图 4-73 选定单元格区域

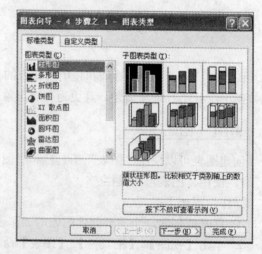

图 4-74 "图表向导 - 4 步骤之 1 - 图表类型"对话框

② 单击【插入】|【图表】命令，或单击"常用"工具栏中的"图表向导"按钮，弹出"图表向导 - 4 步骤之 1 - 图表类型"对话框，如图 4-74 所示。其中显示了 Excel 2003 内置的

14 种图表类型，用户可以根据需要选择。如果不能确定选择哪一种图表类型比较合适，则单击"按下不放可查看示例"按钮，预览图表的效果。

③ 单击"下一步"按钮，弹出"图表向导－4 步骤之 2－图表源数据"对话框，如图 4-75 所示。其中默认使用图表向导之前用户选择的数据区域，如需修改，可在"数据区域"文本框中重新输入数据区域的引用，并在"系列产生在"选项组中设置数据系列是横向（行）还是纵向（列）。若选中"行"单选按钮，则将所选数据区域中的第 1 行作为 X 轴的刻度单位；选中"列"单选按钮，则将所选数据区域的第 1 列作为 Y 轴的刻度单位。

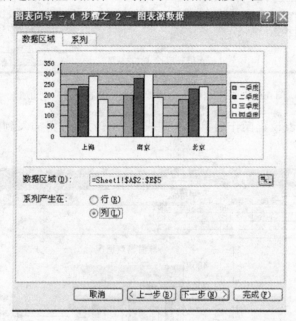

图 4-75 "图表向导－4 步骤之 2－图表源数据"对话框

④ 单击"下一步"按钮，弹出"图表向导－4 步骤之 3－图表选项"对话框，如图 4-76 所示。其中包括 6 个选项卡，主要用于设置图表中的一些选项。

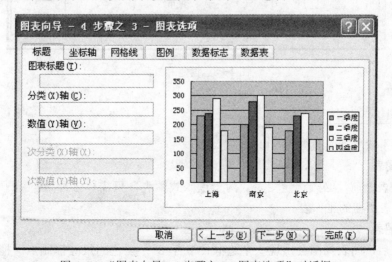

图 4-76 "图表向导－4 步骤之 3－图表选项"对话框

⑤ 设置图表的有关选项，单击"下一步"按钮，弹出"图表向导－4 步骤之 4－图表位置"对话框，如图 4-77 所示。在其中可以设置图表是"作为新工作表插入"，还是"作为其中的对象插入"。

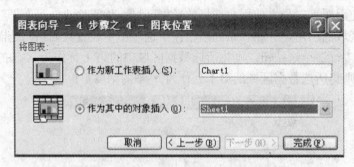

图 4-77 "图表向导－4 步骤之 4－图表位置"对话框

⑥ 完成所有的图表设置操作后单击"完成"按钮，图表将插入到工作表中，如图 4-78 所示。

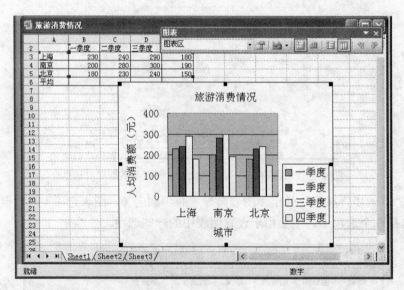

图 4-78 创建的图表

4.7.2 编辑图表

如果用户不满意完成的图表，可以进行编辑。

1. 选定图表

在编辑图表之前，必须选定图表。对于嵌入式图表，只需单击即可；对于图表工作表，只需切换到图表所在的工作表。

2. 调整图表

选定图表后，图表周围会出现一个边框且带有 8 个黑色的尺寸控制点。拖动图表可将其移动到新的位置，拖动尺寸控制点可调整图表的大小。

3．修饰文本

图表中的绝大多数文字，如分类轴刻度线和刻度线标志、数据系列名称、图例文字和数据标志等与创建该图表的工作表中的单元格相链接。如果直接在图表中编辑这些文字，则将失去相应的链接；如果在更改图表文字的同时，还要保持链接，则应当编辑工作表中的源数据。

（1）更改分类轴标志

① 选定需要更改分类轴标志的图表。

② 单击【图表】|【源数据】命令，弹出"源数据"对话框。打开"系列"选项卡，如图4-79所示。

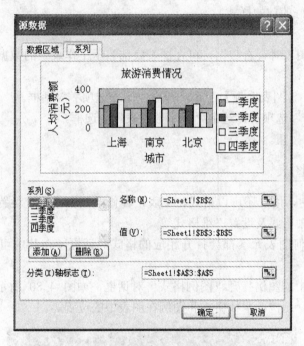

图 4-79 "系列"选项卡

③ 在"分类（X）轴标志"文本框中指定要用做分类轴标志的工作表区域。也可以在其中输入标志文字并用逗号分隔，但是分类轴上的文字将不再与工作表中的单元格链接。

④ 单击"确定"按钮。

（2）更改数据系列名称或图例文字

在"源数据"对话框的"系列"选项卡的"系列"下拉列表框中选定要修改的系列名称，在"值"文本框中指定要用做图例文字或数据系列名称的单元格区域（如果在"名称"文本框中输入了文字，则图例文字或数据系列名称将不再与工作表中的单元格链接），然后单击"确定"按钮。

（3）修改标题

要修改图表中的标题，只需单击相应标题，然后在显示的文本框中输入新标题，按Enter键。

4. 修改类型

用户在实际使用图表的过程中，有时需要将图表转换成另一种类型。在 Excel 2003 中，对于大部分二维图表，既可以修改数据系列的图表类型，也可以修改整个图表的类型；对于大部分三维图表，可以改为圆锥、圆柱或棱锥等类型的图表。操作步骤如下：

① 选定需要修改类型的图表。

② 单击【图表】|【图表类型】命令，弹出"图表类型"对话框。打开"标准类型"选项卡，在"图表类型"下拉列表框和"子图表类型"选项组中选择一种图表类型。

③ 单击"完成"按钮。

如果用户发现修改后的图表效果不理想，则单击【编辑】|【撤销图表类型】命令，Excel 2003 会把图表还原到修改前的样式。

5. 显示数据

为了方便在使用图表时查看数据，可在图表底部显示工作表中的数据，操作步骤如下：

① 选定该图表。

② 单击【图表】|【图表选项】命令，弹出"图表选项"对话框。

③ 打开"数据表"选项卡，选中"显示数据表"复选框。

④ 单击"确定"按钮。

4.7.3 格式化图表

在 Excel 2003 中，用户还可以格式化图表，如修改数据格式、设置图表填充效果、修改文本格式、设置坐标轴格式及设置三维格式等。

在图表中双击任何图表元素都会打开相应的格式对话框，在其中可以设置该图表元素的格式。

例如，双击图表中的图例打开"图例格式"对话框，如图 4-80 所示。在其中可以设置图例的边框样式、颜色、图例的字体格式和图例在图表中的位置等。

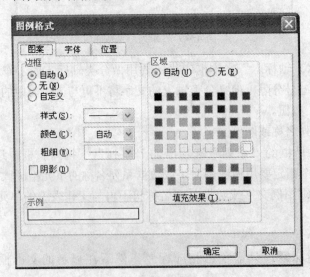

图 4-80 "图例格式"对话框

又如，双击图表中的坐标轴，打开"坐标轴格式"对话框，如图 4-81 所示。在其中可以设置坐标轴的线条样式、刻度、字体及对齐方式等。

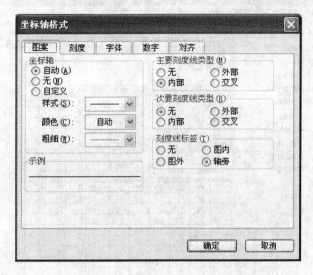

图 4-81 "坐标轴格式"对话框

例 4.21 有如图 4-22 所示工作表，根据姓名和总评成绩列绘制"簇状柱形图"图表（系列产生在列上），最大刻度为 100，纵轴坐标的主要刻度单位为 10。

操作步骤如下：

① 单击【插入】|【图表】命令，打开图表向导对话框，在"图表类型"列表框中选择"柱形图"，"子图表类型"中选择"簇状柱形图"。

② 单击"下一步"按钮，打开"图表源数据"对话框，单击数据区域后的文本框。

③ 拖动选定 A1:A10 单元格区域，按住 Ctrl 键再选取 E1:E10 单元格区域，依次单击"下一步"按钮完成。

④ 单击生成图表的纵轴刻度值，弹出"坐标轴格式"对话框。

⑤ 单击"刻度"标签，在打开的对话框中"最大值"后的文本框中输入"100"，"主要刻度单位"后对应的文本框中输入"10"。

⑥ 单击"确定"按钮返回。

4.8 打印工作表

完成工作表数据的输入和编辑后，即可打印输出。为了使打印的工作表准确清晰，要在打印之前做一些准备工作，如设置页面、页眉和页脚，以及图片和打印区域等。

4.8.1 设置与取消打印区域

要设置打印区域，首先选定要打印的区域，然后单击【文件】|【打印区域】|【设置打印

区域】命令设置打印区域，结果如图 4-82 所示。

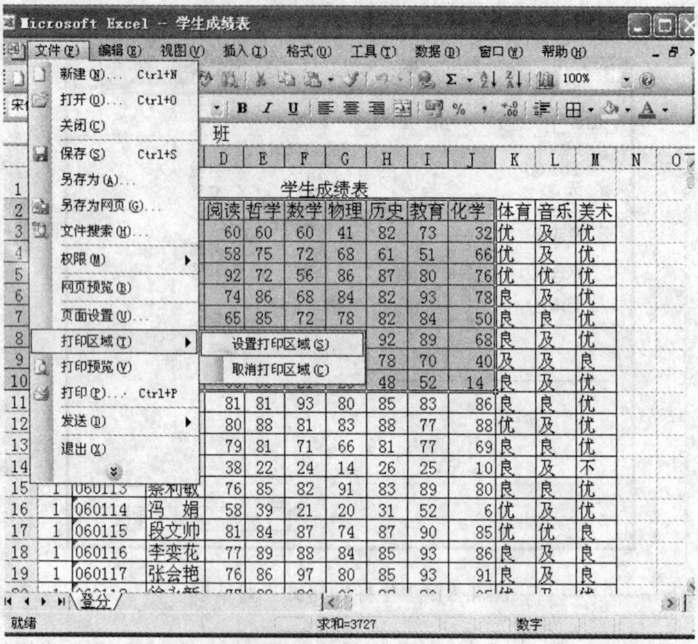

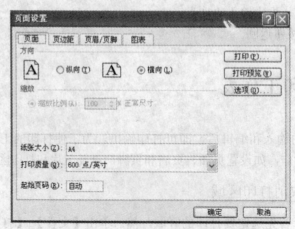

图 4-82 设置的打印区域

如果需要取消工作表中的全部打印区域，单击【文件】|【打印区域】|【取消打印区域】命令。

4.8.2 页面设置

设置打印区域之后，为使打印的页面美观并符合要求，需要设置打印的页面、页边距、页眉和页脚等。

单击【文件】|【页面设置】命令，打开如图 4-83 所示的"页面设置"对话框，在各选项卡中设置所需选项：

图 4-83 "页面设置"对话框

（1）"页面"选项卡：可以设置页面方向和页面的大小。

（2）"页边距"选项卡：可以设置正文和页面边缘之间及页眉、页脚页面边缘之间的距离。

（3）"页眉/页脚"选项卡：既可以添加系统默认的页眉和页脚，也可以添加用户自定义的页眉和页脚。

（4）"工作表"选项卡：如图 4-84 所示，可以选择打印区域、打印内容的行标题和列标题，以及打印的内容及打印顺序等。其中对大型数据清单而言，打印标题是一个非常有用的选项。设置作为标题的行列后，若打印的数据清单由多页构成，则所有页中都将有标题行和标题列的内容。

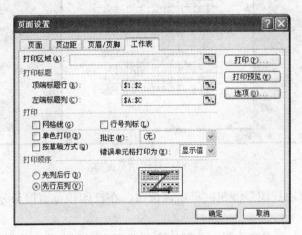

图 4-84 "工作表"选项卡

4.8.3 打印工作表

在设置完成所有的打印选项后即可开始打印，在打印前用户还可以预览打印的效果。

1. 打印预览

单击【文件】|【打印预览】命令，或单击"常用"工具栏中的"打印预览"按钮即可切换到打印预览窗口，如图 4-85 所示。

在该窗口中，用户可以预览所设置的打印选项的实际打印效果，对打印选项进行最后的调整。

该窗口按钮的功能如下：

（1）"下一页"按钮：单击该按钮，显示下一页的打印预览效果。

（2）"上一页"按钮：单击该按钮，显示上一页的打印预览效果。

（3）"缩放"按钮：单击该按钮，在缩小视图和放大视图之间切换。

（4）"打印"按钮：单击该按钮，打印当前预览的文档。

（5）"设置"按钮：单击该按钮，进入"页面设置"对话框。

（6）"页边距"按钮：单击该按钮，显示和隐藏操作柄，通过拖动操作柄可调整页边距、页眉和页脚边距，以及列宽等。

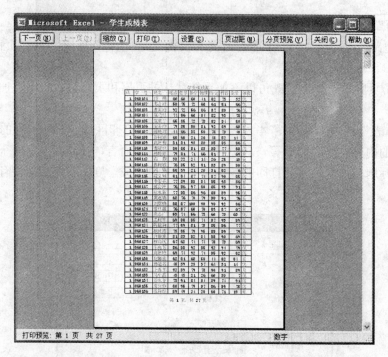

图 4-85 打印预览窗口

（7）"分页预览/普通视图"按钮：单击该按钮，在打印预览窗口与分页预览或普通视图窗口之间切换。

（8）"关闭"按钮：单击该按钮，关闭打印预览窗口回到当前工作表的正常显示状态。

（9）"帮助"按钮：单击该按钮，提供有关打印预览的帮助信息。

2．打印工作表

满意打印预览中显示的效果后即可开始打印，单击【文件】|【打印】命令，弹出"打印内容"对话框，如图 4-86 所示。

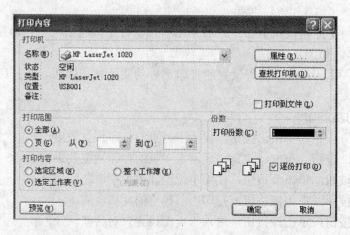

图 4-86 "打印内容"对话框

其中的选项组如下：

①"打印机"选项组：可在"名称"下拉列表框中选择打印机。

②"打印范围"选项组：若选中"全部"单选按钮，则打印全部内容；若选中"页"单选按钮，则在其右侧的微调框中输入要打印的页码范围，或使用微调按钮设置。

③"打印内容"选项组：选中"选定区域"单选按钮，则只打印工作表中选定的区域；选中"整个工作簿"单选按钮，则打印工作簿中有数据的所有工作表；选中"选定工作表"单选按钮，则打印选定的工作表。

④"份数"选项组：指定要打印的份数和打印方式。在"打印份数"微调框中输入要打印的份数或使用微调按钮设置；选中"逐份打印"复选框，则在打印一份完整的文档后开始打印下一份文档。

根据实际需要设置完毕后，单击"确定"按钮开始打印。

用户也可单击"常用"工具栏中的"打印"按钮打印，但使用该按钮不允许设置打印方式，而是按系统默认的方式一次性打印所选内容并且只打印一份。

4.9 习题

一、选择题

1. 工作表是由行和列组成的单元格，每行分配一个数字，它以行号的形式显示在工作表网格的左边，行号从 1 变化到（　　）。

    A．127　　　　　　　B．128　　　　　　　C．65 536　　　　　　D．65 537

2. 在默认条件下，每一个工作簿文件包含（　　）个工作表。

    A．5　　　　　　　　B．10　　　　　　　　C．12　　　　　　　　D．3

3. 在 Excel 文字处理时，强迫换行的方法是在需要换行的位置按（　　）键。

    A．Enter　　　　　　B．Tab　　　　　　　C．【Alt+Enter】　　D．【Alt+Tab】

4. 在 Excel 中，公式的定义必须以（　　）符号开头。

    A．=　　　　　　　　B．^　　　　　　　　C．/　　　　　　　　D．S

5. 活动单元地址显示在（　　）内。

    A．工具栏　　　　　　B．菜单栏　　　　　　C．公式栏　　　　　　D．状态栏

6. 使用坐标$E$3 引用工作表 E 列第 3 行的单元格，这称为对单元格坐标的（　　）。

    A．绝对引用　　　　　B．相对引用　　　　　C．混合引用　　　　　D．交叉引用

7. 在 Excel 中，若活动单元格在 F 列 4 行，其引用的位置以（　　）表示。

    A．F4　　　　　　　　B．4F　　　　　　　　C．G5　　　　　　　　D．5G

8. 在 Excel 中，错误值总是以（　　）开头。

    A．$　　　　　　　　B．#　　　　　　　　C．?　　　　　　　　D．&

9. 在单元格中输入（　　），使该单元格显示 0.5。

    A．3/6　　　　　　　B."3/6"　　　　　　C．= "3/6"　　　　　D．=3/6

10. 在 Excel 2003 中，下列（　　）是正确的区域表示法。

    A．A1#D4　　　　　　B．A1..D5　　　　　C．A1:D4　　　　　　D．Al>D4

二、填空题

1．在 Excel 工作表中，如未特别设定格式，则文字数据会自动_____对齐，数值数据会自动_____对齐。

2．利用 Excel 的自定义序列功能建立新序列，在输入的新序列各项之间要用_____加以分隔。

3．编辑栏位于工作簿窗口的上一行，包括_____、_____和_____3 个部分。

4．工作表标签显示于工作簿区的_____，在工作表标签区中由左至右排列当前工作簿所包括的多个工作表的名称。

5．公式是以_____号开头且由常量、函数和运算符、单元地址，以及名字组成的序列。

6．若文本型数据是全部数字组成的字符串时，应使用_____区分是数字字符串而非数字数据。

7．在工作簿中一次只能操作一个工作表，若需使用其他工作表，可单击_____来完成。

8．相对地址的形式是地址的_____表示，绝对地址需在地址的前面加_____标志。

9．数据清单指包含_____一系列工作表数据行。Excel 2003 在管理数据清单时，把数据清单看做是一个数据库。

10．筛选是从数据清单中查找和分析_____的记录数据的快捷方法，经过筛选的数据清单只显示满足条件的行，该条件由用户针对某列指定。

三、判断题

1．C9 表示第 C 列，第 9 行的单元格地址。（   ）

2．Excel 2003 系统中默认一个工作簿文件包含 15 个工作表。（   ）

3．一个工作簿文件内最多可以有 255 个工作表。（   ）

4．如果数据清单中的字段及筛选的条件比较多，则可以使用"自动筛选"功能来筛选数据。（   ）

5．为选择不相邻的行或列，单击第 1 个行号或列标，按住 Ctrl 键单击其他行号或列标。（   ）

6．已知工作表中 J7 单元格中为公式"=F7*$D$4"，在第 4 行处插入一行，则插入后 J8 单元格中的公式为"=F8*$D$5"。（   ）

7．在 Excel 工作表单元格的字符串超过该单元格的显示宽度时，该字符串可能只在其所在单元格的显示空间部分显示出来，多余部分被删除。（   ）

8．Excel 的图表必须与生成该图表的有关数据处于同一张工作表中。（   ）

9．关系运算符的操作数可以是字符串或数值类型数据。（   ）

10．在 Excel 工作表中，如未特别设定格式，则文字数据会自动靠右对齐。（   ）

四、操作题

1．如下图所示工作表，根据工作表完成下列问题（4.4 公式与函数部分操作题）：

（1）用红色标出各科成绩中不及格的成绩。

（2）求总分和平均分。

（3）按总分从高到低进行排序。

	A	B	C	D	E	F	G	H	I	J	K
1	姓名	性别	专业	大语	高数	英语	计算机	物理	总分	平均分	按高数划分等级
2	吕红杰	女	测绘	84	92	72	69	53			
3	卞勇强	男	计算机	60	84	69	67	65			
4	王国进	男	机械	60	98	51	70	65			
5	毛银龙	男	计算机	60	81	79	51	65			
6	郎见男	男	计算机	64	81	64	45	66			
7	徐晓凯	男	计算机	78	19	72	87	69			
8	郝少博	男	计算机	81	18	62	75	73			
9	李林林	男	计算机	61	74	76	73	78			
10	刘维泽	女	测绘	71	78	85	60	79			
11	胡军海	女	测绘	60	70	88	66	79			

（4）分别求出男女生人数。

（5）按高数成绩为学生划分优秀（85～100）、良好（75～84）、及格（60～74）、不及格（0～59）4 个等级。

（6）任意选用两个单元格，在一个单元格中输入学生的姓名，在另一个单元格中显示学生的总分。（提示：使用 VLOOKUP 函数）

2．有如下图所示工作表，根据工作表完成下列问题：（4.6.3 数据筛选操作题）

	A	B	C	D	E	F	G	H
1	姓名	性别	专业	大语	高数	英语	计算机	物理
2	吕红杰	女	测绘	84	92	72	69	53
3	卞勇强	男	计算机	60	84	69	67	65
4	王国进	男	机械	60	98	51	70	65
5	毛银龙	男	计算机	60	81	79	51	65
6	郎见男	男	计算机	64	81	64	45	66
7	徐晓凯	男	计算机	78	19	72	87	69
8	郝少博	男	计算机	81	18	62	75	73
9	李林林	男	计算机	61	74	76	73	78
10	刘维泽	女	测绘	71	78	85	60	79
11	胡军海	女	测绘	60	70	88	66	79

（1）使用自动筛选筛选出所有"计算机"专业的学生。

（2）使用高级筛选筛选出"计算机"专业所有各门成绩都在 80 分以上的学生。

3．有如下图所示工作表，根据工作表完成下列问题：（4.6.4 数据汇总操作题）

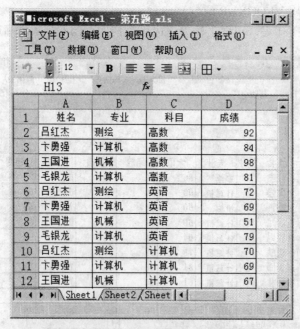

（1）计算学生总分。

（2）根据性别分类汇总求出男女生总分的平均分。

4. 有如下图所示工作表，根据工作表完成下列问题：（4.6.5 数据透视表操作题）

（1）根据数据表数据新建数据透视图，显示位置在新建工作表中。

（2）使用数据透视表显示学生的总成绩，科目计数。

（3）根据专业分页，分别显示不同专业学生总成绩情况。

5. 有如下图所示工作表，根据工作表完成下列问题：（4.7 图表处理操作题）

```
Microsoft Excel - 第五题.xls                              _ □ ×
国 文件(F)  编辑(E)  视图(V)  插入(I)  格式(O)  工具(T)  数据(D)  窗口(W)
  帮助(H)                                                  _ 日 ×
  ᴠ ・  宋体           ・ 12 ・  B  I  U  ≡ ≡ ≡ 国  田 ・
     L10        ▼      fx
        A      B    C      D      E      F      G      H      J
  1    姓名   性别  专业   大语   高数   英语   计算机  物理   平均分
  2   吕红杰   女  测绘   84     92     72     69     53
  3   卞勇强   男  计算机  60     84     69     67     65
  4   王国进   男  机械   60     98     51     70     65
  5   毛银龙   男  计算机  60     81     79            65
  6   郎见男   男  计算机  64     81     64     45     66
  7   徐晓凯   男  计算机  78     19     72     87     69
  8   郝少博   男  计算机  81     18     62     75     73
  9   李林林   男  计算机  61     74     76     73     78
  10  刘维泽   女  测绘   71     78     85     60     79
  11  胡军海   女  测绘   60     70     88     66     79
  ◄ ◄ ► ►◄ \Sheet1 /Sheet2 /Sheet3 /    ◄               ►
  就绪
```

（1）计算学生平均分，保留 2 位小数。

（2）根据姓名和平均分列建立一簇状柱形图，系列产生在列上，图表标题为学生平均成绩立方图，分类（X）轴为姓名，分类（Y）轴为平均分，完成后将图表插入到 A12:J20 单元格区域。

（3）设置图表最大刻度为 100，主要刻度为 10。

第 **5** 章

演示文稿制作软件
PowerPoint 2003 的使用

本 章 导 读

PowerPoint 2003 是微软公司推出的中文版 Office 2003 套装软件中的一个重要组成部分，是最为常用的演示文稿制作软件之一。它在各个领域都有广泛的应用，可以把各种信息（如文字、图片、动画、声音、影片、图表等）合理地组织起来，用于展示战略思想、传授知识、促进交流、宣传文化等。

通过本章学习，应重点掌握以下内容：

1. 中文 PowerPoint 的功能、运行环境、启动和退出。

2. 演示文稿的创建、打开和保存，演示文稿的打包和打印。

3. 演示文稿视图的使用，幻灯片的制作（文字、图片、艺术字、表格、图表、超链接和多媒体对象的插入及格式化）。

4. 幻灯片母版的使用，背景设置和设计模板的选用。

5. 幻灯片的插入、删除和移动，幻灯片版式及放映效果设置（动画设计、放映方式和切换效果）。

5.1   PowerPoint 2003 概述

在日常工作中，人们常常需要制作多个类似简报的电子文稿。例如，在产品展示会上利用一组幻灯片来逐一介绍产品，在学术报告会上利用投影仪阐述自己的观点，在技术鉴定会上利用电脑来演示研究成果等。诸如此类的工作都有一个共同的特点，即通过多个相对独立并且有序的图片、简短文字、图文或图表等来展示要说明的问题。这些可以通过幻灯片、投影机或屏幕演示等途径来实现展示的媒体形式统称为"演示文稿",而其中一张张既相互独立,又相互关联的页面称为"幻灯片",每个"演示文稿"由多张幻灯片组成。PowerPoint 2003 是一个功能强大的幻灯片制作与演示软件,能合理有效地将图形、图像、文字、声音,以及视频剪辑等多媒体元素集于一体,可以将用户的设想通过放映幻灯片的方式完美地展示出来。

PowerPoint 2003 在以往 Office 办公软件的易用性、智能性和集成性基础上,进行了较大的改进和更新。利用中文版 PowerPoint 2003 不仅可以制作出图文并茂、表现力和感染力极强的演示文稿,还可以通过计算机屏幕、幻灯片、投影仪或 Internet 发布。现在,无论是企业新产品展示、会议报告,还是教学课件或亲友相互赠送贺卡,都可以通过 PowerPoint 2003 来实现。

5.1.1 PowerPoint 2003 的启动与退出

1. 启动

启动 PowerPoint 2003 的方法有以下几种:

方法 1:单击【开始】|【所有程序】|【Microsoft Office】|【Microsoft Office PowerPoint 2003】命令。

方法 2:在桌面上建立 PowerPoint 2003 应用程序的快捷方式,以后在桌面上直接双击该快捷方式即可。

方法 3:打开已经存在的 PowerPoint 2003 文件,双击即可启动 PowerPoint 2003,并打开该 PowerPoint 2003 文件。

2. 退出

退出 PowerPoint 2003 的方法有以下几种:

方法 1:单击【文件】|【退出】命令。

方法 2:双击窗口左上角的窗口控制按钮。

方法 3:单击窗口右上角的"关闭"按钮。

方法 4:【Alt+F4】组合键。

方法 5:单击窗口左上角的控制菜单中的"关闭"命令。

5.1.2 PowerPoint 2003 的窗口组成与视图方式

1. 窗口组成

启动之后显示 PowerPoint 2003 主窗口,如图 5-1 所示。

PowerPoint 2003 与 Word 2003、Excel 2003 有相似的组成部分,如标题栏、菜单栏、工具栏、任务窗格和状态栏等,同时也有其独特之处。这里只简要介绍 PowerPoint 2003 的特色部分。

● 幻灯片编辑区

PowerPoint 2003 的核心区域,也是区别于其他软件之处是用户可以在该区域中对幻灯片及演示文稿进行各种编辑操作。

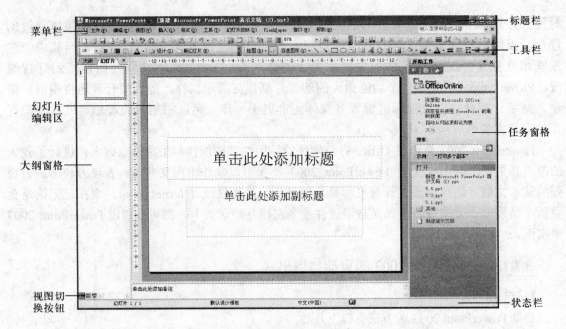

菜单栏
标题栏
工具栏
幻灯片编辑区
任务窗格
大纲窗格
视图切换按钮
状态栏

图 5-1 PowerPoint 2003 主窗口

● 大纲窗格

用于显示演示文稿的大纲，在其中可以看到整个演示文稿的结构或缩略图。

● 视图切换按钮

由"普通视图"按钮、"幻灯片浏览视图"按钮和"幻灯片放映"按钮组成，用于在不同的视图之间切换。

● 任务窗格

其中包括了打开和创建演示文稿的快捷方式，单击即可执行相应的操作。另外，单击任务窗格标题栏中的下拉按钮，从弹出的下拉菜单中可以选择多种不同任务窗格，如"剪贴板"、"搜索结果"、"剪贴画"、"幻灯片版式"及"幻灯片设计"等。在创建和编辑演示文稿时，利用这些任务窗格可以方便快捷地制作演示文稿。

2．视图方式

PowerPoint 2003 主要有 4 种视图，即普通视图、幻灯片浏览视图、幻灯片放映视图和备注页视图。用户可根据需要单击"视图"下拉菜单中的命令或者单击视图切换按钮切换不同的视图方式。

（1）普通视图

普通视图是主要的编辑视图，用于撰写或设计演示文稿。该视图左边是大纲窗格，其中包括如图 5-2 所示的"大纲"选项卡（在大纲窗格中以文本形式显示幻灯片）和如图 5-3 所示的"幻灯片"选项卡（在大纲窗格中以缩略图方式显示幻灯片）。右边是幻灯片窗格，用来显示当前幻灯片。

要切换到普通视图方式，单击【视图】|【普通】命令，或单击 PowerPoint 2003 主窗口左下角的"普通视图"按钮。

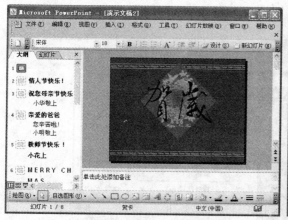 

图 5-2 "大纲"选项卡　　　　　　　　　　图 5-3 "幻灯片"选项卡

（2）幻灯片浏览视图

幻灯片浏览视图以缩略图形式显示幻灯片，用户可以同时查看演示文稿中的多张幻灯片，方便地添加、删除和移动幻灯片。还可以查看幻灯片是否有衔接不好或前后不一致的情况，便于检查整个演示文稿的外观和结构，如图 5-4 所示。

图 5-4　幻灯片浏览视图

要切换到幻灯片浏览视图方式，单击【视图】|【幻灯片浏览】命令，或单击 PowerPoint 2003 窗口左下角的"幻灯片浏览视图"按钮。

（3）幻灯片放映视图

幻灯片放映视图即实际的幻灯片放映演示，是一种全屏幕显示模式。在这种模式下可以看到图形、时间、影片、动画等元素，以及编辑好的各种切换效果，如图 5-5 所示。

要切换到幻灯片放映视图方式，单击【视图】|【幻灯片放映】命令，或单击 PowerPoint 2003 窗口左下角的"幻灯片放映"按钮，此外，还可以按 F5 键或【Shift+F5】组合键。右击幻灯片放映视图，弹出一个快捷菜单，如图 5-6 所示。单击【屏幕】|【黑屏】命令，系统会按照黑屏方式显示幻灯片；单击【屏幕】|【白屏】命令，系统会按照白屏方式显示幻灯片；

单击"下一张"命令，可以查看下一张幻灯片。

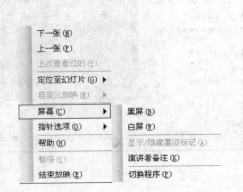

图 5-5　幻灯片放映视图 　　　　　　　　　　　图 5-6　快捷菜单

（4）备注页视图

演示文稿的每张幻灯片中都有一个称为"备注页"的特殊类型的页面，用来记录演示文稿设计者的提示信息和注解。备注页视图用来显示和编排备注页的内容，在该视图中的备注页分为上下两个部分，分别显示幻灯片和备注内容。一般文字备注可以在普通视图中添加，而要添加图形和表格等对象，则必须在备注页视图中完成，如图 5-7 所示。

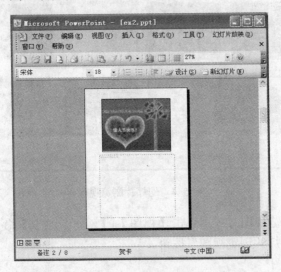

图 5-7　备注页视图

由于备注页视图使用较少，所以要切换到该视图，只能通过单击【视图】|【备注页】命令来实现。

5.1.3　中文 PowerPoint 2003 的帮助系统

PowerPoint 2003 帮助系统的使用方法同 Word 2003 及 Excel 2003。

5.2 PowerPoint 2003 基本操作

5.2.1 创建演示文稿

在 PowerPoint 2003 中，用户可以用多种方式创建演示文稿，输入文字的方法也因此有所区别，下面介绍几种常用的创建方式。

1. 使用空演示文稿

如果需要按照自己的构思创建一个演示文稿，可利用空演示文稿，操作步骤如下：

① 启动 PowerPoint 2003 时，默认新建一个空演示文稿。也可单击【文件】|【新建】命令，弹出"新建演示文稿"任务窗格。单击"新建"选项组中的"空演示文稿"选项，新建一个空演示文稿，并弹出"幻灯片版式"任务窗格。

② 在"幻灯片版式"任务窗格中的"应用幻灯片版式"下拉列表框中根据需要选择合适的版式，如图 5-8 所示。

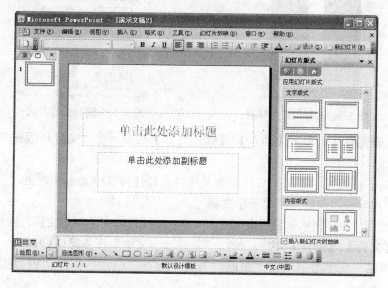

图 5-8 选择合适的版式

③ 单击占位符，输入所需文字，设置文字的字体、字号及颜色等，创建第 1 张幻灯片。

④ 单击工具栏中的"新幻灯片"按钮，添加下一张幻灯片。

⑤ 重复步骤②～④继续创建新幻灯片，直到创建完成演示文稿。

2. 使用"设计模板"

设计模板是仅有背景图案的空演示文稿，其中包含格式和颜色，而无具体文字内容。因此使用设计模板创建演示文稿时，仅决定演示文稿的形式，不决定其内容。它可以使演示文稿中各幻灯片的风格保持一致，操作步骤如下：

① 单击"新建演示文稿"任务窗格中的"新建"选项组中的"根据设计模板"选项，弹

出"幻灯片设计"任务窗格。

② 在"应用设计模板"下拉列表框中选择所需的模板（此时显示该模板的名称），如图 5-9 所示。

③ 在幻灯片窗格中为幻灯片输入文本或插入其他对象。

④ 如果希望幻灯片使用其他版式（版式即幻灯片内容的布局），单击【格式】|【幻灯片版式】命令，弹出"幻灯片版式"任务窗格。在"应用幻灯片版式"下拉列表框中可以选择所需版式，如图 5-10 所示。

图 5-9   选择幻灯片模板

图 5-10   选择幻灯片版式

⑤ 要插入新幻灯片，单击【插入】|【新幻灯片】命令，在"幻灯片版式"任务窗格中选择合适的版式。

重复步骤③～⑤连续添加新幻灯片，并且可以添加任何其他元素和效果。

3. 使用"内容提示向导"创建演示文稿

用户可以使用"内容提示向导"来创建内容和形式比较固定的演示文稿，操作步骤如下：

① 单击【文件】|【新建】命令，弹出"新建演示文稿"任务窗格。

② 在"新建"选项组中单击"根据内容提示向导"选项，弹出"内容提示向导"对话框，如图 5-11 所示。

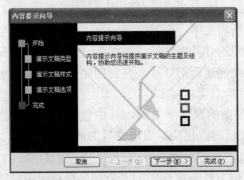
图 5-11   "内容提示向导"对话框

③ 设置相关选项，单击"下一步"按钮，根据向导提示逐步完成所需设置。

4. 根据现有演示文稿创建

新建演示文稿可以借鉴已有演示文稿，根据已有演示文稿进行创建的操作步骤如下：

① 在"新建演示文稿"任务窗格中单击"新建"选项组中的"根据现有演示文稿"选项打开"根据现有演示文稿新建"对话框，如图 5-12 所示。

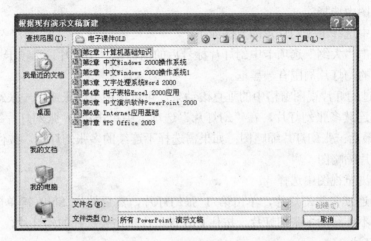

图 5-12   "根据现有演示文稿新建"对话框

② 在"查找范围"下拉列表中找到已有演示文稿的位置后，选中所需演示文稿。

③ 单击"创建"按钮。

这时会打开原演示文稿的内容，但文件名未定义。修改有关幻灯片的内容，然后存盘即可。

5.2.2   保存和打开演示文稿

1. 保存演示文稿

保存演示文稿的方法和保存 Word 2003 及 Excel 2003 文档的方法相同，可以单击【文件】|【保存】命令，或单击"常用"工具栏中的"保存"按钮，或按【Ctrl+S】组合键。第一次保存演示文稿时，弹出"另存为"对话框。提示用户设置文件名和保存路径，系统默认演示文稿的扩展名是 ppt。

2. 打开演示文稿

要修改和使用已创建的演示文稿，必须首先将其打开。打开已存在的演示文稿的方法主要有以下 3 种：

方法 1：单击【文件】|【打开】命令，或直接单击"常用"工具栏中的"打开"按钮，弹出"打开"对话框。可在其中选择所需的其他演示文稿。

方法 2：在 PowerPoint 2003 主窗口右侧"开始工作"任务窗格的"打开"下拉列表框中列出了多个最近使用过的演示文稿，单击其中之一即可打开。也可单击"其他"选项，在弹出的"打开"对话框中选择所需演示文稿，然后单击"打开"按钮。

方法 3：在"文件"下拉菜单的下部列出了多个最近使用过的演示文稿，可单击其中之一打开。

5.2.3 编辑幻灯片

在制作演示文稿的过程中，改变某些幻灯片的位置，插入、移动及复制一张或多张幻灯片，或删除不合适的幻灯片，这些均涉及到幻灯片的编辑操作。

1．选择幻灯片

（1）普通视图中选择

在普通视图中选择单张幻灯片的方法如下：

方法 1：单击"大纲"选项卡中幻灯片标号后的图标或"幻灯片"选项卡中所需的幻灯片缩略图，被选中的幻灯片周围有一黑框。

方法 2：通过幻灯片视图窗格中的垂直滚动条，可以选中上一张或下一张幻灯片。

如果需选择连续多张幻灯片，在"幻灯片"选项卡中单击第 1 张幻灯片缩略图，然后按住 Shift 键单击最后一张幻灯片缩略图；如果需选择不连续的多张幻灯片，按住 Ctrl 键依次单击要选择的幻灯片缩略图。

（2）幻灯片浏览视图中选择

如果需选择连续多张幻灯片，单击第 1 张幻灯片，然后按住 Shift 键单击最后一张幻灯片；如果需选择不连续的多张幻灯片，按住 Ctrl 键依次单击要选择的幻灯片。

2．插入幻灯片

（1）在幻灯片浏览视图中插入幻灯片的操作步骤如下：

① 单击需要插入幻灯片的位置，例如，需要在第 3 张与第 4 张幻灯片之间插入新幻灯片，则单击它们之间的空白位置，这时会出现一个闪烁的大光标。

② 单击【插入】|【新幻灯片】命令，弹出"幻灯片版式"任务窗格。在其中选择合适的版式，新幻灯片即被插入到指定位置。

（2）在普通视图中插入幻灯片，打开"幻灯片"选项卡，在屏幕左边出现各张幻灯片的缩略图，其后的操作同幻灯片浏览视图一样。

3．移动幻灯片

移动幻灯片的操作步骤如下：

① 打开演示文稿，切换到幻灯片浏览视图。

② 拖动幻灯片到所需要位置，如图 5-13 所示。

4．复制幻灯片

如果用户需要制作一张与当前幻灯片相同的幻灯片，并将其插入到该幻灯片的后面，操作步骤如下：

① 选定要复制的幻灯片。

② 单击【插入】|【幻灯片副本】命令。

用户也可以使用"编辑"下拉菜单中的"复制"与"粘贴"命令，将所选幻灯片复制到演示文稿的其他位置或其他文稿中。

5．删除幻灯片

删除幻灯片有以下几种方法：

方法 1：选中要删除的幻灯片，按 Delete 键。

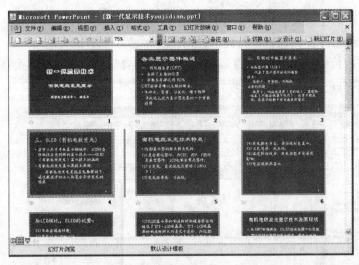

图 5-13 拖动幻灯片

方法 2：选中要删除的幻灯片，单击【编辑】|【删除幻灯片】命令。

方法 3：要一次删除多张幻灯片，按住 Ctrl 键单击选中多张幻灯片，然后按 Delete 键。

例 5.1 创建一个演示文稿，命名为"全国计算机等级考试大纲"。插入第 1 张幻灯片，标题处输入"全国计算机等级考试大纲"，字体设置成黑体，加粗，44 磅，副标题处输入"一级 MS Office"。插入第 2 张幻灯片，标题处输入"考试大纲"，文本内容（分 3 行输入）为"考试内容"、"系统环境"、"考试方式"。

操作步骤如下：

① 单击【开始】|【所有程序】|【Microsoft Office】|【Microsoft Office PowerPoint 2003】命令，启动 PowerPoint 2003。

② 在第 1 张幻灯片上，单击标题占位符内的任何位置，框内出现插入点光标，输入标题"全国计算机等级考试大纲"。选中标题文字，将字体设置成黑体，加粗，字号为 44。

③ 单击副标题占位符内的任何位置，输入副标题"一级 MS Office"，如图 5-14 所示。

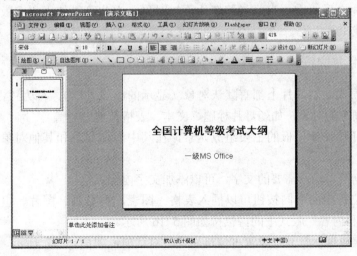

图 5-14 创建第一张幻灯片

④ 单击菜单栏的【插入】|【新幻灯片】，插入第 2 张幻灯片。

⑤ 单击第 2 张幻灯片标题占位符内的任何位置，输入"考试大纲"。

⑥ 单击文本占位符内的任何位置，输入"考试内容"，按 Enter 键换行，输入"基本要求"，按 Enter 键换行，输入"考试方式"。如图 5-15 所示。

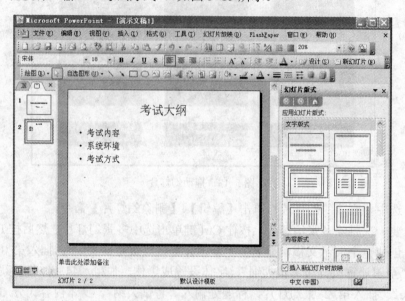

图 5-15 创建第二张幻灯片

⑦ 单击菜单栏中的【文件】|【保存】命令，弹出"另存为"对话框，选择"保存位置"，在文件名中输入"幻灯片教程"，单击"保存"按钮。

5.3 添加对象

设置好幻灯片之后，需要为每张幻灯片添加对象。为此可以使用相应版式的占位符，或者"插入"菜单或工具栏。

5.3.1 使用占位符

对于选定的版式，幻灯片上都有默认对象（显示的虚线方框），称为"占位符"。占位符表示在此处有待确定的对象，如幻灯片标题、文本、表格及剪贴画等。

占位符是幻灯片设计模板的主要组成元素，在其中添加文本和其他对象可以方便地创建美观的演示文稿。

单击文字占位符，输入需要的文字，可以添加文字内容。

单击内容占位符中的不同按钮可以插入表格、图表、剪贴画、图片、组织结构图以及媒体剪辑等，"标题和内容"版式中的占位符如图 5-16 所示。

双击占位符虚线框，打开"设置占位符格式"对话框，如图 5-17 所示，可以设置占位符格式。

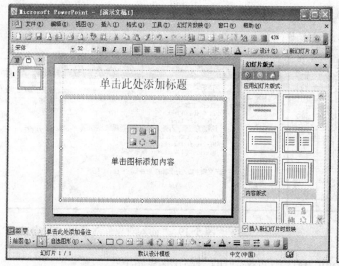
图 5-16 "标题和内容"版式中的占位符

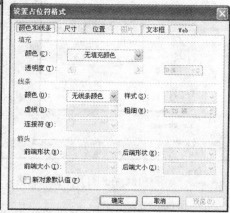
图 5-17 "设置占位符格式"对话框

5.3.2 通过"插入"菜单或相应工具栏添加对象

为了能够制作出更有创意更生动的幻灯片，充分表现讲演者的意图，用户可以在相应位置插入一些对象，如文本、表格、图片及多媒体效果等。

1. 插入文本框

在幻灯片上插入文本框的操作步骤如下：

① 单击"绘图"工具栏中的"文本框"或"竖排文本框"按钮，或者单击【插入】|【文本框】|【水平】或【垂直】命令。

② 拖动鼠标创建文本框，并将文本框处于可编辑状态，用户可以在其中输入文本。

文本框还具有大小、边框及填充等属性，因而可以更改其形状。单击文本框边框，边框变粗，同时出现 8 个空心圆点式样的控制点，拖动任意一个控制点即可改变文本框的大小。拖动文本框的边框，可将文本框移动到合适的位置。此外，还可以选择、复制、剪切、粘贴、删除、查找及替换文本框中的文本。

2. 插入表格

插入表格的操作步骤如下：

① 选中要插入表格的幻灯片，单击【插入】|【表格】命令，弹出"插入表格"对话框。

② 在"列数"和"行数"微调框中分别输入 3 和 4，或通过微调框右侧的微调按钮选择。

③ 单击"确定"按钮即可将一个 3 列 4 行的表格插入幻灯片中，如图 5-18 所示。

④ 选中表格，单击【格式】|【设置表格格式】命令，弹出"设置表格格式"对话框，可完成"边框"、"填充"和"文本框"等设置。

3. 插入图表

在 PowerPoint 2003 中，用户可以通过链接或嵌入的方式将 Excel 2003 图表导入到幻灯片中。为此单击【插入】|【对象】命令，弹出如图 5-19 所示的"插入对象"对话框。在"对象类型"下拉列表框中选择"Microsoft Excel 2003 图表"选项，然后单击"确定"按钮。

　　图 5-18　在幻灯片中插入表格　　　　　　　　图 5-19　"插入对象"对话框

　　一些简单的图表则可以在 PowerPoint 2003 中直接制作，操作步骤如下：

　　① 选中要插入图表的幻灯片。

　　② 单击【插入】|【图表】命令，或单击"常用"工具栏中的"插入图表"按钮，将图表插入到幻灯片中。

　　③ 在"数据表"对话框中选中要修改的单元格，输入新的文本和数据，如图 5-20 所示。

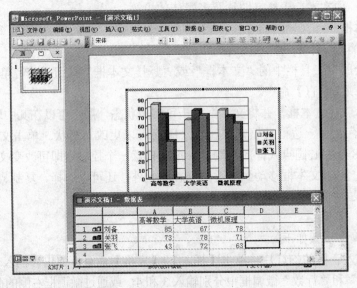

图 5-20　输入新的文本和数据

　　④ 如果需要修改图表类型，则选中图表，然后单击【图表】|【图表类型】命令，弹出"图表类型"对话框，可在其中根据需要选择图表类型。

　　⑤ 单击"确定"按钮。

4. 插入图片和艺术字

　　要制作出富有感染力的演示文稿，仅有文字是远远不够的。为此，PowerPoint 2003 提供了插入"图片"和"艺术字"的功能。用户除了可以插入剪辑管理器中的剪贴画之外，还可以在幻灯片插入自己的图片文件。使用"艺术字"功能，可以为演示文稿中的文本创建艺术效果，用户可以使用"绘图"工具栏中的按钮来设置"艺术字"的文字环绕、填充色、阴影和三维效果等属性。

（1）插入图片

用户可以将已经保存在计算机上的图片文件直接插入到演示文稿中，操作步骤如下：

① 单击"常用"工具栏中的"新建"按钮，新建一个演示文稿。

② 单击【插入】|【图片】|【来自文件】命令，弹出"插入图片"对话框，如图 5-21 所示。

图 5-21 "插入图片"对话框

③ 选中需要插入的图片，单击"插入"按钮将图片插入到演示文稿中，适当调整图片的大小和位置，如图 5-22 所示。

图 5-22 插入图片

单击"插入图片"对话框中的"插入"下拉按钮，在弹出的下拉菜单中选择"链接文件"选项，所选择的图片将以链接的方式插入到幻灯片中。当图片的源文件发生变化时，幻灯片中的图片也随之变化。

插入剪辑管理器中剪贴画的操作与上述步骤类似，这里不再赘述。

（2）插入艺术字

为了美化演示文稿，可以插入具有多种特殊艺术效果的艺术字，操作步骤如下：

① 选择要插入艺术字的幻灯片，单击【插入】|【图片】|【艺术字】命令，弹出"艺术字库"对话框，如图 5-23 所示。

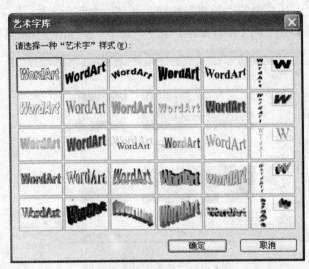

图 5-23 "艺术字库"对话框

② 选择一种合适的样式，单击"确定"按钮，弹出如图 5-24 所示的"编辑'艺术字'文字"对话框。

③ 在"文字"文本区中输入文本，例如"打造高职教育的航空母舰"，设置字体为"隶书"，字号为 40。

④ 单击"确定"按钮在当前幻灯片中插入艺术字，如图 5-25 所示。

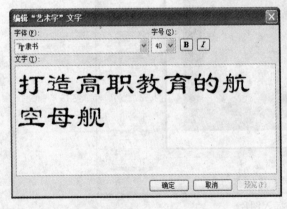

图 5-24 "编辑'艺术字'文字"对话框

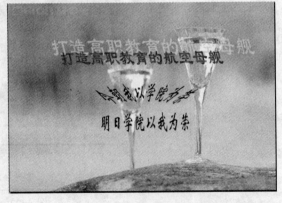

图 5-25 在当前幻灯片中插入艺术字

5. 插入组织结构图

将要插入组织结构图的幻灯片切换为当前幻灯片，单击【插入】|【图示】命令，或单

击"绘图"工具栏中的"插入组织结构图或其他图示"按钮 ⟲ ，打开"图示库"对话框，如图 5-26 所示。

选择一种图示类型，单击"确定"按钮，即可在幻灯片中插入组织结构图，然后结合"组织结构图"工具栏进行编辑即可。

6．添加多媒体对象

（1）插入剪辑库声音

插入剪辑库声音的操作步骤如下：

① 选中要插入剪辑库声音的幻灯片。

② 单击【插入】|【影片和声音】|【剪辑管理器中的声音】命令，弹出"剪贴画"任务窗格，在列表框中单击声音文件图标，或者单击要插入声音文件图标右侧的下拉按钮，在弹出的下拉菜单中选择"插入"选项，如图 5-27 所示。

图 5-26 "图示库"对话框

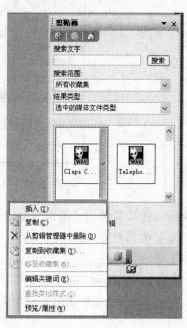

图 5-27 "插入"选项

③ 单击"确定"按钮，弹出提示对话框，如果要在幻灯片放映时自动播放该声音文件，则单击"自动"按钮；如果要在播放过程中仅在单击声音图标之后播放该声音文件，则单击"在单击时"按钮。

（2）插入声音文件

如果剪辑库中的声音文件不能满足要求，用户可以插入其他来源的声音文件，操作步骤如下：

① 选中要插入声音文件的幻灯片。

② 单击【插入】|【影片和声音】|【文件中的声音】命令，弹出"插入声音"对话框，在其中选择要使用的声音文件。

③ 单击"确定"按钮，此时弹出提示对话框，询问用户是在幻灯片放映时自动播放该声

音文件，还是仅在单击声音图标之后播放该声音文件。

④ 选择需要的播放方式。

（3）插入 CD 音乐

在 PowerPoint 2003 中还可以使用 CD 音乐作为背景音乐，操作步骤如下：

① 选中要插入声音文件的幻灯片。

② 将带有所需音乐的 CD 唱片放入 CD-ROM 中。

③ 单击【插入】|【影片和声音】|【播放 CD 乐曲】命令，弹出"插入 CD 乐曲"对话框，如图 5-28 所示。

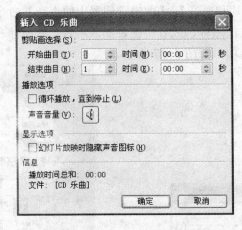

图 5-28 "插入 CD 乐曲"对话框

④ 设置所需选项后单击"确定"按钮，弹出提示对话框询问播放方式。

⑤ 选择需要的播放方式。

（4） 录制旁白

录制旁白是 PowerPoint 2003 的重要功能，录制的声音可随幻灯片一起播放，实现幻灯片的同步解说，从而使观众能够更好地理解幻灯片的内容，使表达观点及展示解说等更为清晰。操作步骤如下：

① 选中要插入旁白的幻灯片。

② 单击【幻灯片放映】|【录制旁白】命令，弹出"录制旁白"对话框，如图 5-29 所示。

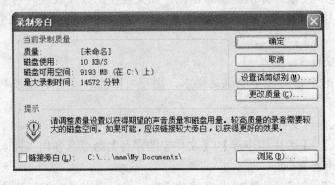

图 5-29 "录制旁白"对话框

③ 单击"确定"按钮，弹出"录制旁白"提示对话框。询问用户是从当前幻灯片开始，还是从第 1 张幻灯片开始录制旁白。

④ 选定开始录制的幻灯片后，开始全屏幕放映幻灯片。此时可以录制旁白或解说，录制当前页后可以切换到下一张幻灯片继续录制。

⑤ 当放映完毕后，弹出提示对话框。提示旁白已保存到每张幻灯片中，并询问是否保存排练时间。如果为每张幻灯片录制了旁白，则单击"是"按钮；如果忽略了一些幻灯片，则单击"否"按钮。此时在普通视图中可以看到录制旁白的幻灯片中添加了一个声音图标，如果认为此声音图标影响放映效果，可以将其拖动出幻灯片。

（5） 插入影片

影片是指 .avi、.mov、.qt、.mpg 和 .mpeg 等格式的文件，插入影片的操作步骤如下：

① 选中要插入影片的幻灯片。

② 单击【插入】|【影片和声音】|【剪辑管理器中的影片】或【文件中的影片】命令。

③ 根据不同选择，可以从"插入剪贴画"任务窗格或"打开影片"对话框中选择需要插入到幻灯片中的影片。这时弹出提示对话框询问用户如何设置影片的开始方式，即单击播放，还是自动播放。

例 5.2 打开例 5.1 中完成的演示文稿，在其基础上完成以下操作：

（1） 插入第 3 张幻灯片，删除幻灯片上所有的占位符，然后创建一个 4 行 3 列的表格，按行输入以下内容：

测试内容	分值	备注
字处理	25 分	Word
电子表格	15 分	Excel
演示文稿	10 分	PowerPoint

（2） 插入第 4 张幻灯片，删除幻灯片上所有的占位符。在第 4 张幻灯片上插入艺术字"系统环境：中文版 Windows XP"。字体为"华文彩云"，字号为 48，艺术字形状为"波形 2"。

（3） 插入第 5 张幻灯片，删除幻灯片中所有的占位符。在第 5 张幻灯片中插入一张关于计算机的剪贴画。插入一个横排文本框，输入"考试方式：上机考试"，位置放在图片的下方。

操作步骤如下：

① 打开例 5.1 完成的演示文稿。

② 在大纲窗格中选中第 2 张幻灯片。单击【插入】|【新幻灯片】，插入第 3 张幻灯片。选择幻灯片上的所有占位符，单击 Delete 键删除。

③ 单击【插入】|【表格】命令，在弹出的"插入表格"对话框的列数中输入"3"，行数中输入"4"，单击"确定"按钮，如图 5-30 所示。

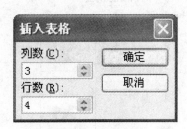

④ 在插入的表格内输入相应文字。

图 5-30 插入表格

⑤ 同样方法，插入第 4 张幻灯片并删除所有的占位符，单击【插入】|【图片】|【艺术

字】命令，在弹出的"艺术字库"对话框中任选一种样式，单击"确定"按钮，如图 5-31
所示。

　　⑥ 在"编辑'艺术字'文字"对话框中，在"文
字"栏中输入文字"系统环境：中文版 Windows XP"，
选择字体为"华文彩云"，字号为 48，单击"确定"按
钮，如图 5-32 所示。

　　⑦ 选中插入的艺术字，单击工具栏中"艺术字"的
"艺术字形状"按钮，单击"波形 2"按钮，如图 5-33
所示。

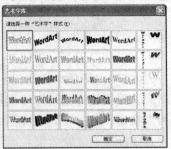

图 5-31　选择"艺术字"样式

图 5-32　编辑"艺术字"文字

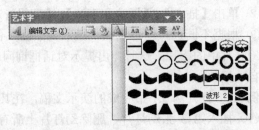

图 5-33　设置艺术字形状为"波形 2"

　　⑧ 同样方法，插入第 5 张幻灯片并删除所有占位符，单击【插入】|【图片】|【剪贴画】
命令，在右侧任务窗格中出现"剪贴画"窗格，在"搜索文字"栏中输入"计算机"，单击
"搜索"按钮，下方将显示搜索结果，如图 5-34 所示。双击任意一个剪贴画，该剪贴画将插入
到幻灯片中。

　　⑨ 单击【插入】|【文本框】|【水平】命令，在需要插入文本处单击，即出现一个水平文
本占位符，输入文字"考试方式：上机考试"。拖拽此文本框的边缘，调整位置至剪贴画的下
方，效果如图 5-35 所示。

图 5-34　搜索关于"计算机"的剪切画

图 5-35　第 5 张幻灯片效果图

5.4 美化演示文稿

在制作幻灯片的过程中，为了体现演示内容的整体性，使演示文稿中的所有幻灯片具有一致的外观，可以通过设置幻灯片母版来实现；如果演示文稿中的不同幻灯片需要具有不同风格的版面，使幻灯片色彩缤纷、样式新颖且美观大方，需要为不同的幻灯片设置不同的外观。

5.4.1 设置幻灯片版式

版式指幻灯片内容在幻灯片中的排列方式，版式由占位符组成，占位符中可放置文字（如标题和项目符号列表）和其他内容（如表格、图片、组织结构图和剪贴画等）。在创建幻灯片时，PowerPoint 2003 会采用默认版式，用户也可以在创建时设置其他版式，如图 5-36 所示。

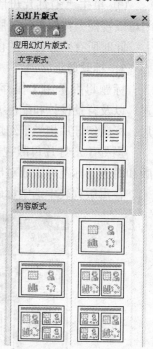

设置幻灯片版式的操作步骤如下：

① 选中要设置版式的幻灯片。

② 单击【格式】|【幻灯片版式】命令，弹出"幻灯片版式"任务窗格。

③ 在"应用幻灯片版式"下拉列表框中的选项组中选择所需选项，即可完成设置。

5.4.2 设置幻灯片母版

母版是可以由用户自己定义模板和版式的一种工具，通常在插入一张新幻灯片时，输入的标题和文本内容将自动套用母版给出的格式。用户可以修改幻灯片中的文字格式，如字号及颜色等，但这种修改往往只作用于被修改的幻灯片。如果希望这种修改能作用于所有幻灯片，而不必分别修改每一张幻灯片，则只需修改相应的母版。

图 5-36 幻灯片版式

在 PowerPoint 2003 中，幻灯片母版类型包括幻灯片母版、标题母版、讲义母版和备注母版。

1. 幻灯片母版

幻灯片母版中保存了下列信息：

- 标题、文本和页脚文本的字形。
- 文本和对象的占位符位置。
- 项目符号样式。
- 背景设计、模板设计、配色方案与动画方案。

设置幻灯片母版的操作步骤如下：

① 打开一个原有的演示文稿或创建一个新的演示文稿。

② 在幻灯片视图中按住 Shift 键单击"普通视图"按钮，或者单击【视图】|【母版】|【幻灯片母版】命令，进入如图 5-37 所示的幻灯片母版设置窗口，同时打开"幻灯片母版视图"工具栏。

③ 单击"自动版式的标题区"，可在其中设置文字、字体、字号、颜色以及效果等。

④ 单击"自动版式的对象区"，可以在此区域内执行与步骤③类似的设置。用户还可以单击某一级文本，在其中设置此级项目符号的样式。

⑤ 选择背景、模板的设计和配色以及动画方案。

⑥ 单击"幻灯片母版视图"工具栏中的"关闭母版视图"按钮关闭母版视图。

此时所有幻灯片上的内容即会应用母版设置。

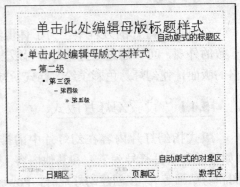

图 5-37　幻灯片母版设置窗口

2．标题母版

标题母版是用于保存设计模板中属于标题幻灯片样式的幻灯片，包括占位符大小和位置，以及背景设计和配色方案。可使用标题幻灯片母版更改演示文稿中使用标题幻灯片的幻灯片。标题幻灯片相当于幻灯片的封面，因此需单独设计。

当处于幻灯片母版视图时，左侧的"大纲"窗格变为"母版列表"窗格，其中幻灯片母版和对应的标题母版成对出现。

在母版列表中选中标题母版，在右窗格中编辑该母版，如图 5-38 所示。

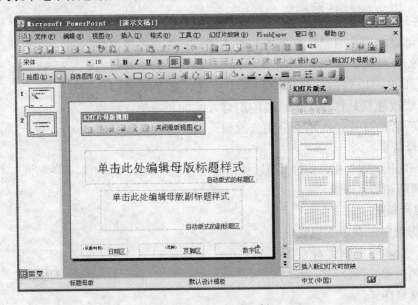

图 5-38　编辑标题母版

如果在母版视图中看不到标题母版，可以从"幻灯片母版视图"工具栏中插入。

默认情况下，标题母版会从幻灯片母版中继承一些样式，如字体和字号等。但是如果直接修改标题母版，这些更改会一直保留，不会受幻灯片母版更改的影响。

3．讲义母版

讲义母版在一张幻灯片中显示 6 个或 9 个幻灯片的版面配置区，设置讲义母版的操作步骤如下：

① 单击【视图】|【母版】|【讲义母版】命令，进入讲义母版设置窗口，如图 5-39 所示。

② 在"讲义母版视图"工具栏中单击某个需要的幻灯片张数和样式的按钮，此时讲义上显示所需要的幻灯片张数和排列样式。

③ 根据需要设置页眉和页脚。

④ 退出窗口。

4．备注母版

备注母版中含有幻灯片的缩小画面和一个文本版面配置区，设置备注母版的操作步骤如下：

① 单击【视图】|【母版】|【备注母版】命令，进入如图 5-40 所示的备注母版设置窗口，同时显示"备注母版视图"工具栏。

② 单击幻灯片的缩小画面，可执行移动、改变大小等操作。

③ 分别选中"备注文本区"中的各级文本，可以设置文字、字体、字号、颜色以及效果等。

④ 根据需要在备注页上添加图片等其他对象。

⑤ 退出窗口。

图 5-39 讲义母版设置窗口

5.4.3 应用设计模板

模板直接影响幻灯片的外观，要在最短的时间内改变演示文稿的风格，最方便的方法就是更换模板。其操作步骤如下：

① 选中要更换模板的幻灯片。

② 单击【格式】|【幻灯片设计】命令，弹出"幻灯片设计"任务窗格。

图 5-40 备注母版设置窗口

③ 在下拉列表框中选择一种模板，单击模板缩略图或单击其右侧的下拉按钮，在弹出的下拉菜单中选择"应用于选定幻灯片"选项。

注意幻灯片母版、模板与版式的区别。母版是可以由用户自己定义模板和版式的一种工具；模板给出的是 PowerPoint 2003 提供的已设计好的版面格式；版式是幻灯片的版面布局。

5.4.4 修改幻灯片背景

幻灯片的视觉效果很大程度上取决于背景，修改幻灯片背景的操作步骤如下：

① 选中要修改背景的幻灯片。

② 单击【格式】|【背景】命令，弹出"背景"对话框。

③ 单击其中的下拉按钮，在弹出的调色板中选择一种颜色。如果找不到满意的颜色，可选择"其他颜色"或"填充效果"选项，在弹出对话框的调色板中选择所需颜色。

④ 单击"确定"按钮，返回"背景"对话框。

⑤ 单击"背景"对话框中的"应用"按钮，修改的背景只应用到当前幻灯片中；单击"全部应用"按钮，修改的背景应用到演示文稿中的全部幻灯片中。

5.4.5 修改幻灯片配色方案

如果要为幻灯片的背景、正文文本、图表和标题等设置颜色，可以使用 PowerPoint 2003 提供的配色方案，操作步骤如下：

① 选中要修改配色方案的幻灯片。

② 单击【格式】|【幻灯片设计】命令，在弹出的"幻灯片设计"任务窗格中单击"配色方案"选项。"幻灯片设计"任务窗格中显示"应用配色方案"下拉列表框，如图 5-41 所示。

③ 选择一种需要的配色方案即可。

如果没有满意的颜色，可以单击任务窗格底部的"编辑配色方案"选项，弹出"编辑配色方案"对话框。在"配色方案颜色"选项组中选择要修改颜色的部分，单击"更改颜色"按钮，在弹出的对话框中选择颜色，然后单击"确定"按钮返回。如果单击"应用"按钮，则将选择的配色方案应用于幻灯片中。

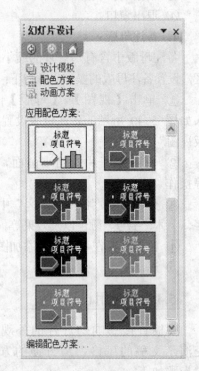

图 5-41 "应用配色方案"下拉列表框

例 5.3 打开例 5.2 中完成的演示文稿，在其基础上完成以下操作：

（1）将第 2 张幻灯片版面改变为"垂直排列标题与文本"。

（2）整个演示文稿设置为"诗情画意模板"。

（3）将幻灯片母版的页脚区插入文字"教育部考试中心主办"，并应用到所有幻灯片，将标题母版的背景填充效果设置为"羊皮纸"纹理。

（4）将第 4 张幻灯片的背景填充预设颜色为"雨后初晴"，底纹样式为"斜下"。

操作步骤如下：

① 打开例 5.2 完成的演示文稿。

② 在大纲窗格中选中第 2 张幻灯片。单击【格式】|【幻灯片版式】命令，在右侧任务窗格中出现"幻灯片版式"窗格，单击"文字版式"中的"垂直排列标题与文本"，如图 5-42 所示。

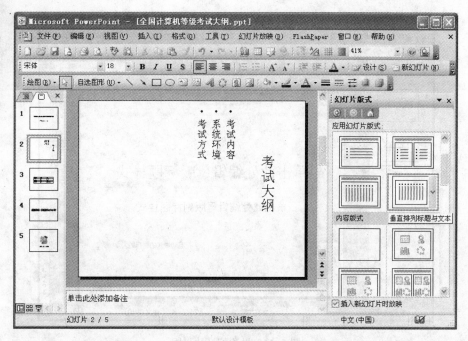

图 5-42　设置幻灯片版式

③ 单击【格式】|【幻灯片设计】命令，在右侧任务窗格中出现"幻灯片设计"窗格，单击"诗情画意模板"右侧的下拉按钮，在弹出的下拉菜单中选择"应用于所有幻灯片"选项，如图 5-43 所示。

④ 单击【视图】|【母版】|【幻灯片母版】命令，在大纲窗格中出现标题母版和幻灯片母版，如图 5-44 所示。

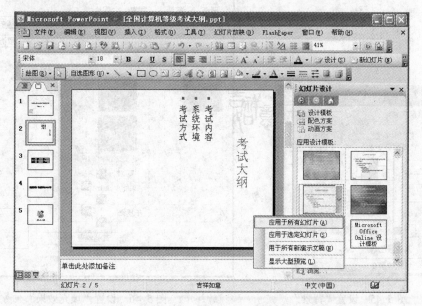

图 5-43　整个演示文稿设置为"诗情画意"模板

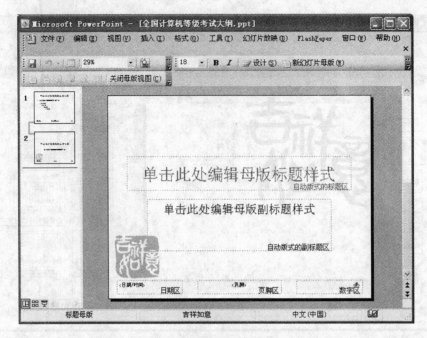

图 5-44 设置幻灯片母版

⑤ 单击选中"幻灯片母版",在"页脚区"插入文字"教育部考试中心主办"。选中"标题母版",单击菜单栏的【格式】|【背景】命令,在弹出的"背景"对话框下拉菜单中单击"填充效果",如图 5-45 所示;弹出"填充效果"对话框,单击"纹理"选项卡中的"羊皮纸",单击"确定"按钮,如图 5-46 所示。单击"背景"对话框中的"应用"按钮。

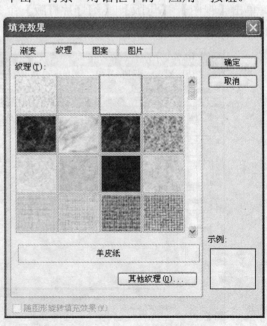

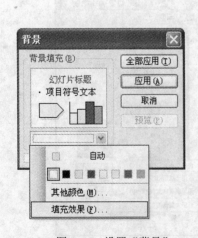

图 5-45 设置"背景"　　　　　　　图 5-46 设置"填充效果"

⑥ 现在母版已经设置完毕，单击 "幻灯片母版视图"工具栏的"关闭母版视图"按钮，如图 5-47 所示。

图 5-47 关闭母版视图

⑦ 在大纲窗格中选中第 4 张幻灯片。单击【格式】|【背景】命令，在弹出的"背景"对话框下拉菜单中单击"填充效果"，弹出"填充效果"对话框，如图 5-48 所示。单击"渐变"选项卡，选择颜色为"预设"，在"预设颜色"下拉菜单中选择"雨后初晴"，在"底纹样式"中选择"斜下"，单击"确定"按钮。

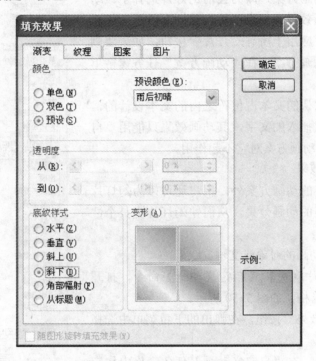

图 5-48 "填充效果"对话框

⑧ 单击"背景"对话框中的"应用"按钮。

5.5 动画和超链接技术

5.5.1 设置动画效果

在幻灯片放映时，如果能为幻灯片中的对象设置不同的动画效果，并为幻灯片之间设置不同的切换方式，将会进一步增强文稿的表现力和感染力，使幻灯片更加生动。为了便于设置动画效果，系统特别提供了一些预设的"动画方案"。此外，用户还可以使用"自定义动画"对幻灯片进行相关设置。为幻灯片内部对象设置的动画又称为"片内动画"，为不同幻灯片设置的切换方式又称为"片间动画"。

1．使用动画方案设置动画

PowerPoint 2003 为用户提供了多种动画方案，并在其中设定了幻灯片的切换效果和幻灯片中对象的动画显示效果。使用这些预设的动画方案，能够快速地为演示文稿中的一张或所有幻灯片设置动画效果。

在幻灯片视图中，选择需要设置动画效果的对象。单击【幻灯片放映】|【动画方案】命令，从右边的"幻灯片设计"任务窗格中选择一种动画方案，如图 5-49 所示。

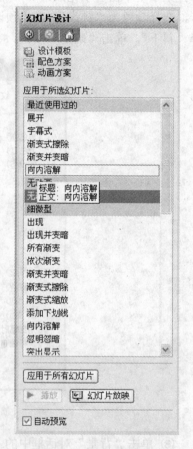

选择要使用的动画方案，即为当前幻灯片选择了该动画方案中设定的动画效果。如果要将当前动画效果应用于全部幻灯片，单击"应用于所有幻灯片"按钮；如果要删除为幻灯片设置的动画方案，在"动画方案"任务窗格单击"无动画"即可。

动画方案是为默认的文本占位符之内的文本设计的，用插入文本框的方式插入的文字，其动画效果只能用"自定义动画"来实现，动画方案对它不起作用。

2．自定义动画效果

除了使用预定义的动画方案外，用户还可以为幻灯片中的对象应用自定义的动画效果，从而使幻灯片更具个性化。其操作步骤如下：

① 选中要设置动画的对象或文本。

② 单击【幻灯片放映】|【自定义动画】命令，打开"自定义动画"任务窗格，如图 5-50 所示。

③ 单击"添加效果"按钮，在弹出的下拉菜单中选择一种动画方式。

设置动画的对象，在"自定义动画"任务窗格中按应用的顺序从上到下显示，同时在幻灯片中对象的左边会出现数字标号表示动画显示的顺序。

图 5-49　选择动画方案

动画方案中的动画只对所选定版式中默认的对象（即占位符）和幻灯片的切换有效，对于用户新建的对象无效。如果要为新建的对象设置动画，可通过自定义动画来实现。

3．幻灯片切换效果

切换方式即放映幻灯片时幻灯片进入和离开屏幕的方式，既可以为一组幻灯片设置一种切换方式，也可以为每一张幻灯片单独设置切换方式。其操作步骤如下：

① 在幻灯片浏览视图中选中要添加切换效果的幻灯片。

② 单击【幻灯片放映】|【幻灯片切换】命令，打开"幻灯片切换"任务窗格，如图 5-51 所示。

图 5-50 "自定义动画"任务窗格　　　图 5-51 "幻灯片切换"任务窗格

③ 从"应用于所选幻灯片"下拉列表框中选择一种切换类型，左面的幻灯片中显示其效果。

④ 在"速度"下拉列表框中选择切换速度。

⑤ 选中"单击鼠标时"复选框。如果清除该复选框，那么在放映幻灯片时只能按键才能切换到下一页；如果选中"每隔"复选框，然后设定时间，即可在指定的间隔时间中自动切换到下一页。

⑥ 在"声音"下拉列表框中选择一种声音，每次换页时会播放该声音。

5.5.2 设置超链接技术

在编辑幻灯片时用户可以添加一些超链接效果和动作按钮，在演示过程中可以通过这些超链接或按钮跳转到其他位置，使幻灯片放映更加灵活。设置超链接的对象可以是文本或其他对象，如图片、图形或艺术字等；动作按钮则是设置了超链接的实际按钮。创建超链接的方法为使用"超链接"命令和"动作"按钮。

1. 使用"超链接"命令

创建超链接的起点可以是任何文本或对象，激活超链接的最好方法是单击。设置超链接后，代表超链接起点的文本会添加下划线，并且显示系统配色方案指定的颜色。操作步骤如下：

① 打开一个演示文稿，在普通视图下选定要设置超链接点的对象。

② 单击【插入】|【超链接】命令或"常用"工具栏中的"插入超链接"按钮，弹出"编

辑超链接"对话框，如图 5-52 所示。

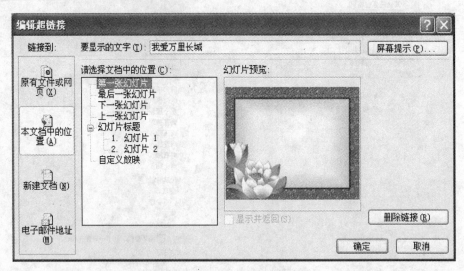

图 5-52 "编辑超链接"对话框

③ 单击"屏幕提示"按钮，弹出"设置超链接屏幕提示"对话框。在"屏幕提示文字"
文本框中输入提示文字，这些文字是在幻灯片播放时鼠标指针悬停在该对象上显示的文字提
示，如图 5-53 所示。

④ 选择要链接到的幻灯片的名称或文件名或 Web 页，超链接设置完毕。

在幻灯片放映时，将鼠标指针移到下划线显示处，就会出现一个超链接标志（鼠标指针
变成小手形状），单击（即激活超链接）跳转到超链接设置的相应位置，如图 5-54 所示。

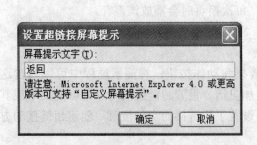

图 5-53 "设置超链接屏幕提示"对话框

图 5-54 为文本设置超链接

2. 使用动作按钮

使用动作按钮也可以创建同样效果的超链接，操作步骤如下：

① 打开一个演示文稿，单击【幻灯片放映】|【动作按钮】命令，在子菜单中选择所需
按钮，如"后退"或"前一项"按钮。单击幻灯片，弹出"动作设置"对话框，如图 5-55
所示。

图 5-55 "动作设置"对话框

② 打开"单击鼠标"选项卡，选中"超链接到"单选按钮。在其下拉列表框中选择"其他文件"选项，单击"确定"按钮打开如图 5-56 所示的"超链接到其他文件"对话框，选择要链接的文件。如果要用"动作按钮"启动应用程序，则选中"运行程序"单选按钮，并在下面的文本框中输入程序所在的路径和启动命令；如果需为该按钮添加声音效果，则选中"播放声音"复选框，然后在其下拉列表框中选择一种声音效果。这样在放映幻灯片时，单击该按钮就会播放声音。

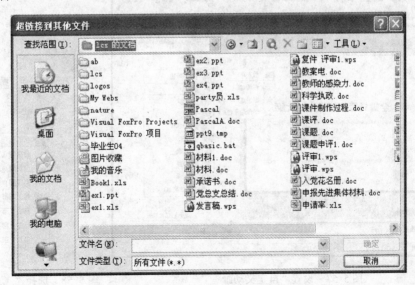

图 5-56 "超链接到其他文件"对话框

③ 单击"确定"按钮，返回"动作设置"对话框，再次单击"确定"按钮即可完成按钮的动作设置。

3. 修改和删除超链接

修改超链接的操作步骤如下:

① 右击需编辑的超链接对象或者选中设置超链接的文本,弹出快捷菜单。

② 单击"编辑超链接"命令,打开"编辑超链接"对话框,与"插入超链接"对话框相类似。

③ 修改超链接,然后单击"确定"按钮。

删除超链接的方法与编辑超链接类似,只要单击快捷菜单中的"删除超链接"命令即可。也可在"编辑超链接"对话框中单击"删除链接"按钮,或者在"动作设置"对话框中选择"无动作"单选按钮。

例 5.4 打开例 5.3 中完成的演示文稿,在其基础上完成以下操作:

(1)将第 1 张幻灯片的副标题部分动画设置为"底部飞入"。

(2)将全文幻灯片切换效果设置为"从左下抽出"。

(3)为第 2 张幻灯片目录项与相关幻灯片之间建立超链接。("考试内容"链接到第 3 张幻灯片;"考试环境"链接到第 4 张幻灯片;"考试方式"链接到第 5 张幻灯片)。

操作步骤如下:

① 选择第 1 张幻灯片中的副标题。单击【幻灯片放映】|【自定义动画】命令,在右侧任务窗格中出现"自定义动画"窗格,单击"添加效果"按钮,在弹出的下拉菜单中选择【进入】|【飞入】命令,如图 5-57 所示。然后在"方向"的下拉菜单中选择"自底部",如图 5-58 所示。

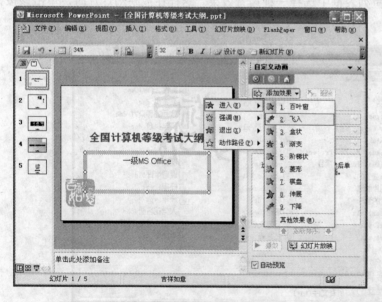

图 5-57 设置"自定义动画"   图 5-58 选择"飞入"方向

② 单击【幻灯片放映】|【幻灯片切换】命令,在右侧任务窗格中出现"幻灯片切换"窗格,选择"从左下抽出",单击"应用于所有幻灯片"按钮,如图 5-59 所示。

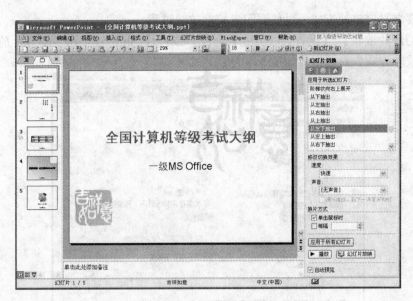

图 5-59 设置"幻灯片切换"

③ 选择第 2 张幻灯片目录项中的第一项（考试内容），单击【插入】|【超链接】命令，弹出"插入超链接"对话框，在"链接到"区域内选中"本文档中的位置"，在"请选择文档中的位置"区域内选中"幻灯片 3"，单击"确定"按钮，如图 5-60 所示。

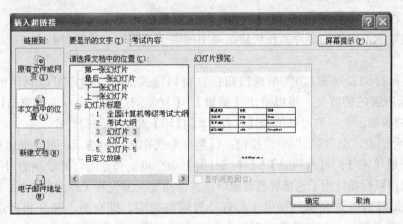

图 5-60 "插入超链接"对话框

（4）同样方法，完成第 2 张幻灯片其他目录项与相关幻灯片之间的超链接。

5.6 放映演示文稿

5.6.1 设置放映方式

幻灯片的各项设置完成后，即可放映演示文稿。本节介绍如何根据演示文稿的用途和放映环境的需要来设定放映方式，以便演示者控制放映过程。

单击【幻灯片放映】|【设置放映方式】命令，或按住 Shift 键单击"幻灯片放映"按钮，打开"设置放映方式"对话框，如图 5-61 所示。

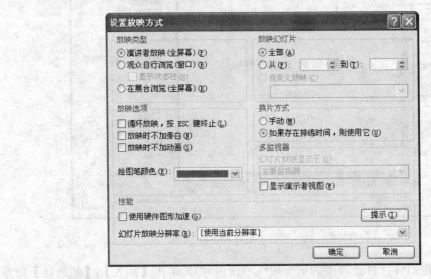

图 5-61 "设置放映方式"对话框

其中主要选项的说明如下：

● "演讲者放映（全屏幕）"单选按钮：以全屏幕形式显示，可以通过快捷菜单或 PgDn 键、PgUp 键显示不同的幻灯片。在快捷菜单中提供了绘图笔，放映时右击，放映时可在幻灯片上勾画。

● "观众自行浏览（窗口）"单选按钮：以窗口形式显示，用户可以利用滚动条或"浏览"菜单显示所需的幻灯片。可以单击【编辑】|【复制幻灯片】命令将当前幻灯片图像复制到 Windows 的剪贴板上；也可以单击【文件】|【打印】命令打印幻灯片。

● "在展台浏览（全屏幕）"单选按钮：以全屏形式在展台上演示，可自动运行演示文稿。在放映前，一般单击【幻灯片放映】|【排练计时】命令规定每张幻灯片放映的时间。在放映过程中，除了保留鼠标指针用于选择屏幕对象外，其余功能全部失效（终止可按 Esc 键）。

● "放映幻灯片"选项组：提供了幻灯片放映的范围，即全部、部分和自定义放映。其中，自定义放映是通过"幻灯片放映"命令，逻辑地组织演示文稿中的某些幻灯片以某种顺序排列，并以一个自定义放映名称命名。然后在"幻灯片"文本框中选择自定义放映的名称，则仅放映该组幻灯片。

● "换片方式"选项组：选择换片方式是手动还是自动。

5.6.2 设置放映时间

制作演示文稿最终要播放给观众观看。通过幻灯片放映，可以将精心创建的演示文稿展示给观众或客户，以表达自己想要说明的问题。为了使演示文稿更精彩，以便观众更好地观看并理解文稿内容，在放映前还必须设置演示文稿。

在放映幻灯片时，可以通过人工移动每张幻灯片，也可以通过设置来让幻灯片自动切换。设置自动切换有两种方法。

一是人工为每 1 张幻灯片设置时间，然后放映幻灯片并查看所设置的时间；二是使用排练功能，在排练时自动记录时间。当然也可以调整已设置的时间，然后排练新的时间。

通过人工设置幻灯片放映的时间间隔的操作步骤如下：

① 打开要设置放映时间的演示文稿，切换到幻灯片或者幻灯片浏览视图中，然后选择要设置时间的幻灯片。单击【幻灯片放映】|【幻灯片切换】命令，打开"幻灯片切换"对话框。

② 在"换片方式"选项组中选中"每隔"复选框，然后从其下拉列表框中选择或直接输入希望幻灯片停留的时间（以秒为单位）。单击"应用于所有幻灯片"按钮，该设置将应用于所有幻灯片。

③ 单击"确定"按钮，可以在幻灯片浏览视图中看到所有设置时间的幻灯片下方显示有该幻灯片在屏幕上停留的时间。

排练时自动设置幻灯片放映时间间隔的操作步骤如下：

① 打开要设置时间的演示文稿。

② 单击【幻灯片放映】|【排练计时】命令，激活排练方式。幻灯片开始放映，同时计时系统启动。

③ 重新计时可以单击 按钮，暂停可以单击 按钮。如果要继续，则单击 按钮。当 PowerPoint 2003 放映最后 1 张幻灯片后，系统会自动弹出一个提示对话框。单击"是"按钮，则保留上述操作所记录的时间，并在以后播放这一组幻灯片时以此次记录的时间放映，同时显示每张幻灯片放映的对应时间；单击"否"按钮，则用户所做的所有时间设置将被取消。

5.7 打包和打印演示文稿

5.7.1 打包演示文稿

在工作中，有时需要将制作好的演示文稿随身携带，以便演讲者随时能够在其他没有与 Internet 连接的计算机上播放。一般的操作方法是将演示文稿文件复制到 U 盘上，再从 U 盘复制到播放演示文稿的计算机中。但如果演讲者准备播放演示文稿的计算机没有安装 PowerPoint 2003 程序，或者演示文稿中所链接的文件，以及采用的字体在用于演示的计算机上不存在，则演示文稿无法播放，或者影响演示文稿的播放效果。为了解决上述问题，PowerPoint 2003 提供了演示文稿的"打包"功能，以便于将演示文稿制作成可以在其他计算机上播放的文件。

使用打包功能，可以将播放演示文稿所涉及的有关文件或程序连同演示文稿一起打包形成一个文件，以便移至其他计算机中播放，操作步骤如下：

① 打开准备打包的演示文稿，单击【文件】|【打包成 CD】命令，弹出"打包成 CD"对话框，如图 5-62 所示。

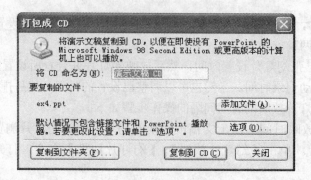

图 5-62 "打包成 CD"对话框

② 在"将 CD 命名为"文本框中输入即将打包生成的 CD 名称。

③ 默认情况下，所打包的 CD 将包含链接文件和 PowerPoint 2003 播放器。如果用户需要更改默认设置，则单击"选项"按钮，弹出"选项"对话框，如图 5-63 所示。用户可以在其中设置所包含的选项，在"帮助保护 PowerPoint 2003 文件"选项组中，还可以指定打开文件的密码并修改。

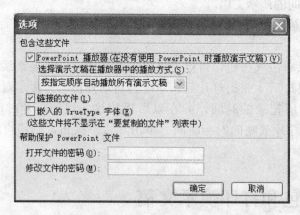

图 5-63 "选项"对话框

④ 单击"确定"按钮，保存设置返回"打包成 CD"对话框。如果需要将多个演示文稿同时打包，可以单击"添加文件"按钮，弹出"添加文件"对话框，可在打包的 CD 中添加新的文件。

⑤ 单击"复制到文件夹"按钮，弹出"复制到文件夹"对话框，如图 5-64 所示。在其中可以指定路径，将当前文件复制到指定位置。

图 5-64 "复制到文件夹"对话框

单击"复制到 CD"按钮，弹出"正在将文件复制到 CD"对话框，并弹出刻录机托盘。当用户将一张有效的 CD 插入到刻录机中，便开始文件的打包和复制过程。

⑥ 单击"关闭"按钮完成全部操作。

在完成打包演示文稿后，会在打包目录中产生一个名为"pptview.exe"的文件，双击此文件即可直接演示所打包的 PowerPoint 2003 文件。

5.7.2 打印演示文稿

用户不仅可以将演示文稿通过投影仪或计算机进行放映，还可以直接打印演示文稿，做成讲义或留做备份。在打印演示文稿时，既可用彩色、灰度或纯黑白打印整个演示文稿的幻灯片、大纲、备注和观众讲义，也可打印特定的幻灯片、讲义、备注页或大纲页。在打印之前需要设置页面和打印选项。

1. 页面设置

根据演示文稿的页面大小和输入要求，在打印之前应该设置打印纸张的大小和页面布局，操作步骤如下：

① 单击【文件】|【页面设置】命令，弹出"页面设置"对话框，如 5-65 所示。

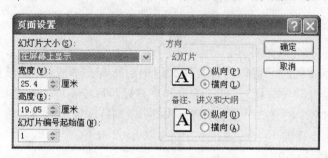

图 5-65 "页面设置"对话框

② 在"幻灯片大小"下拉列表框中选择打印纸张的大小，也可以在"宽度"和"高度"微调框中自定义打印纸张的大小。

③ 在"方向"选项组中设置幻灯片页面在打印纸上是横向打印还是纵向打印。备注、讲义和大纲也可以在此设置。

④ 单击"确定"按钮。

2. 打印幻灯片

打印时，用户可以选择仅打印幻灯片并将其作为讲义。

操作步骤如下：

① 单击【文件】|【页面设置】命令，在弹出的"页面设置"对话框中设置要打印的幻灯片大小。

② 单击【文件】|【打印】命令，弹出"打印"对话框，如图 5-66 所示。

如果计算机有多台可用的打印机，在"打印机"选项组的"名称"下拉列表框中选择用于当前打印任务的打印机。在"打印范围"选项组中可以选择打印全部或部分幻灯片，在"份数"选项组中可以设置要打印的份数。单击"预览"按钮，可以切换到打印预览视图。

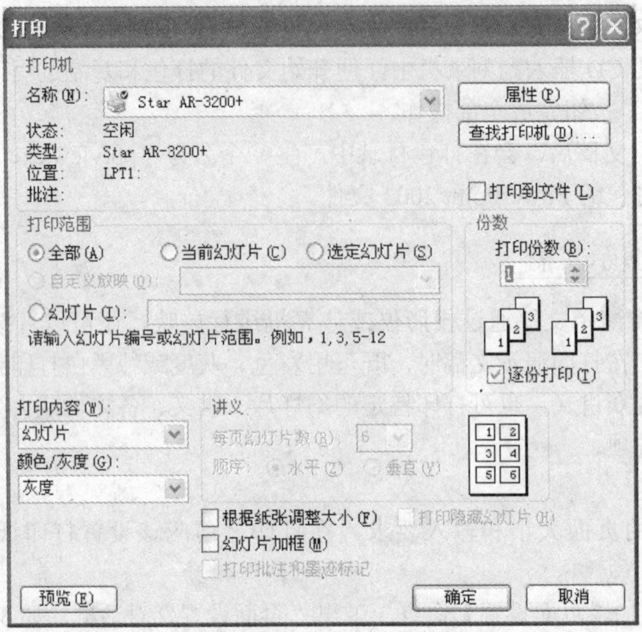

图 5-66 "打印"对话框

③ 单击"确定"按钮开始打印。

用户在打印演示文稿时，可以选择打印大纲中的所有文本或仅打印幻灯片标题，而忽略是横向（水平）还是纵向（垂直）。打印输出和屏幕显示可能不同，但是如果可以在屏幕上显示或隐藏"大纲"窗格中的格式（如粗体或斜体等），则打印输出的格式将显示在屏幕上。

打印大纲的操作步骤如下：

① 打开要打印的演示文稿。

② 在普通视图中单击左侧窗格的"大纲"标签，单击"常用"工具栏中的"全部展开"按钮显示放映幻灯片标题或文本的所有级别，如图 5-67 所示。

图 5-67 显示所有级别

③ 单击【文件】|【打印预览】命令，切换到如图 5-68 所示的"打印预览"视图，在"打印内容"下拉列表框中选择"大纲视图"选项。

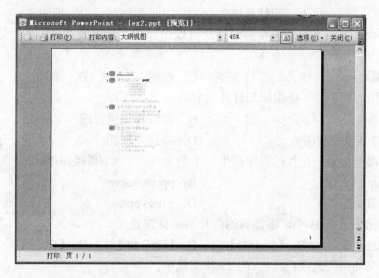

图 5-68 "打印预览"视图

④ 单击"打印预览"工具栏中的"打印"按钮开始打印。

打印演示文稿时打印备注页，在演示时备用，或将其包含在发给听众的印刷品中。备注页可用颜色、形状、图表和版式选项来设计并格式化。每个备注页包含与其相关幻灯片的一个副本并且只显示一张幻灯片，幻灯片下有打印的备注。

用户可以将演示文稿设计成类似备注页的讲义，打印时可设置的打印版面选项，包括每页 1 张幻灯片、9 张幻灯片和 3 张幻灯片，并包含听众填写备注的空行符等。对于其他版面选项，可以将演示文稿发送到 Word 2003，讲义的页眉和页脚可与幻灯片的页眉页脚分开。

5.8　习题

一、选择题

1. PowerPoint 2003 演示文稿的扩展名是（　　　）。

　　A．doc　　　　　　B．xls　　　　　　C．ppt　　　　　　D．pot

2. 下列不是 PowerPoint 2003 视图的是（　　　）。

　　A．页面视图　　　B．幻灯片视图　　C．普通视图　　　D．大纲视图

3. 如要终止幻灯片的放映，按（　　　）键。

　　A．【Ctrl+C】　　 B．Esc　　　　　　C．End　　　　　　D．【Alt+F4】

4. 下列操作中，不能退出 PowerPoint 2003 的操作是（　　　）。

　　A．单击【文件】|【关闭】命令

　　B．单击【文件】|【退出】命令

　　C．按【Alt+F4】组合键

D．双击 PowerPoint 2003 窗口的"控制菜单"图标

5．使用（　　）下拉菜单中的"背景"命令改变幻灯片的背景。

A．格式　　　　　　B．幻灯片放映　　C．工具　　　　　　D．视图

6．对于演示文稿中不准备放映的幻灯片可以用（　　）下拉菜单中的"隐藏幻灯片"命令隐藏。

A．工具　　　　　　B．幻灯片放映　　C．视图　　　　　　D．编辑

7．下列视图方式中，不能编辑幻灯片内容的是（　　）。

A．普通视图　　　　　　　　　　B．幻灯片浏览视图

C．幻灯片放映视图　　　　　　　D．备注页视图

8．演示文稿打包后，在目标盘中产生一个名为（　　）的解包可执行文件。

A．setup.exe　　　　　　　　　　B．pptview.exe

C．install.exe　　　　　　　　　　D．preso.ppz

9．在 PowerPoint 2003 中，添加新幻灯片的快捷键是（　　）。

A．【Ctrl+C】　　B．【Ctrl+N】　　C．【Ctrl+M】　　D．【Ctrl+S】

10．"自定义动画"选项在（　　）下拉菜单中。

A．编辑　　　　　　B．格式　　　　C．工具　　　　　　D．幻灯片放映

二、填空题

1．在 PowerPoint 2003 中，可以对幻灯片执行移动、删除、复制及设置动画效果的操作，但不能编辑单独的幻灯片内容的视图是 _____ 。

2．如要在幻灯片浏览视图中选定若干张幻灯片，应按住 _____ 键，分别单击各幻灯片。

3．在 _____ 和 _____ 视图下可以改变幻灯片的顺序。

4．在 PowerPoint 2003 中用户可以用多种方法创建演示文稿，最常用的 3 种方法是 _____ 、_____ 和 _____ 。

5．在 PowerPoint 2003 中，为幻灯片添加对象有两种方法，即通过 _____ 和 _____ 。

6．在幻灯片中插入剪贴画有 _____ 和 _____ 两种方法。

7．在幻灯片的文本占位符中可以直接输入文本，如果要在占位符以外输入文本，必须在 _____ 中输入。

8．选择幻灯片的设计模板使用 _____ 下拉菜单中的命令。

三、判断题

1．PowerPoint 2003 是创作演示文稿的软件。（　　）

2．幻灯片是演示文稿的组成部分。（　　）

3．幻灯片的放映通过幻灯片放映菜单完成。（　　）

4．编辑幻灯片时可以在空白区输入文本。（　　）

5．可以通过按【Ctrl+F4】组合键退出 PowerPoint 2003。（　　）

6．PowerPoint 2003 是 Office 的核心组件之一。（　　）

7．设置幻灯片的背景通过"格式"下拉菜单中的"背景"命令完成。（　　）

8．幻灯片的切换可以通过快捷键来完成。（　　）

9．美化演示文稿主要是设置幻灯片格式，如设置背景和颜色。（　　）

10．可以在幻灯片浏览视图下编辑一张幻灯片。（　　）

四、操作题

设计一套为新生介绍本校情况的幻灯片，内容包括学校概况、学校组织结构和学生学习生活等。要求如下：

（1）新建幻灯片，从幻灯片版式中选择相应的版式，输入文字。

（2）从剪贴画库中选择图片插入。

（3）插入艺术字。

（4）设置标题和文字字体、字号和字形。

（5）在母版中放置校名、校徽及制作时间。

（6）使用图片、图表和组织结构图等来表现内容。

（7）在主要内容上使用超链接跳转。

（8）设计定时自动放映。

（9）为每一张幻灯片设计切换动画。

（10）为突出的内容设计对象动画。

（11）为幻灯片设置从头至尾循环播放的背景音乐。

第**6**章

计算机网络与 Internet

本 章 导 读

　　计算机网络是计算机技术与现代通信技术紧密结合的产物，是计算机科学技术的主要研究和发展方向之一。Internet 是全球最大的计算机网络，又称为因特网、国际互联网，是"网络中的网络"。如今，计算机网络特别是 Internet，已深入到政治、经济、科教及文化等社会生活的各个方面，人们随处都可以享受到计算机网络带来的便利，计算机网络已成为人们日常生活中必不可少的工具。

　　通过本章学习，应重点掌握以下内容：

1. 计算机网络的概念和分类。
2. Internet 的基本概念和接入方式。
3. Internet 的简单应用：拨号连接、浏览器（IE 6.0）的使用，电子邮件的收发和搜索引擎的使用。

6.1　计算机网络基础知识

6.1.1　计算机网络概述

1. 计算机网络的定义

　　计算机网络是计算机技术与通信技术高度发展、紧密集合的产物，在计算机网络发展的过程的不同阶段，人们对计算机网络提出了不同定义。关于计算机网络还没有一个严格的定义，目前较为公认的定义是：将分布在不同地点具有独立功能的多台计算机通过通信设备和通信线路连接起来，在功能完善的网络软件支持下，实现数据通信和资源共享的系统。

　　这个定义涉及以下几个方面的含义：

（1）构成网络的计算机是自主工作的，且至少有两台。

（2）网络内的计算机通过通信介质和互联设备连接在一起，通信技术为计算机之间的数据传输和交换提供了必要手段。

（3）计算机间利用通信手段进行数据交换，实现资源共享。而数据通信和资源共享是计算机网络最主要的两个功能。

（4）数据通信和资源共享必须在完善的网络协议和软件支持下才能实现。

2．计算机网络的功能

建立计算机网络的基本目的是实现数据通信和资源共享，其主要功能有：

（1）数据通信

数据通信即数据传输和交换，是计算机网络的最基本功能之一。从通信角度看，计算机网络其实是一种计算机通信系统，其本质是数据通信的问题。

（2）资源共享

资源共享指的是网上用户能够部分或全部地使用计算机网络资源，使计算机网络中的资源互通有无、分工协作，从而大大提高各种资源的利用率。资源共享主要包括硬件、软件和数据资源，它是计算机网络的最基本功能之一。硬件资源包括各种处理器、存储设备、输入/输出设备等，例如打印机、扫描仪和 DVD 刻录机；软件资源包括操作系统、应用软件和驱动程序等。对于如今越来越依赖于信息化管理的公司、企业和政府部门来讲，更重要的是共享信息。共享的目的就是让网络上的每一个人都可以访问所有的程序、设备和数据，并让资源的共享摆脱地理位置的束缚。

（3）提高计算机系统的可靠性和可用性

在单机使用的情况下，如果没有备用的计算机，一旦故障发生就会出现各种问题。如果增加备用机，又会提高费用。而计算机网络是一个高度冗余、容错的计算机系统。连网的计算机可以互为备份，一旦某台计算机发生故障，则另一台计算机可替代它继续工作。更重要的是，由于数据和信息资源存放在不同地点，可防止由于故障而无法访问或由于灾害造成数据破坏的事故发生。另一方面，当某一计算机负载过重时可以通过网上其他计算机代为处理，从而减少用户的等待时间，提高工作效率，均衡了计算机之间的负载。如果其中一台或几台出现故障，其他计算机仍可使网络正常工作，因此大大提高了计算机的可靠性和可用性。

（4）易于进行分布处理

在计算机网络中，每个用户可根据各自的情况合理选择计算机网络内的资源，以就近原则快速处理。对于较大型的综合问题，在网络操作系统的调度和管理下，网络中的多台计算机可协同工作来解决，从而达到均衡网络资源，实现分布式处理的目的。

3．计算机网络的应用

如今人们已经越来越离不开计算机网络了。从日常生活中的银行存取款、交电话费、信用卡支付、网上购物、在线聊天，到高科技领域的 GPS（全球卫星定位系统）、火箭发射等方面。计算机网络已日益渗透到各行各业中，直接影响着人们的工作、学习、生活甚至思维方式。随着计算机网络技术的发展与成熟，Internet 的迅速普及，各种网络应用需求的不断增加，计算机网络的应用范围也在不断扩大。如计算机网络技术已广泛应用于工业自动控制、辅助决策、管理信息系统、远程教育、远程办公、数字图书馆全球情报检索与信息查询、电子商务、电视会议、视频点播等领域，并取得了巨大效益。

4. 一个计算机网络的案例

图 6-1 是某高校的校园网络，网络主干中心是千兆以太网的光纤局域网，连接各学院、系部、图书馆等信息网，并接入 Internet，从而实现各级各类网络的互连互通，为学校的各级单位、教师、学生提供方便快捷的服务，有效地为科研、教学服务，提高学校的综合实力水平。

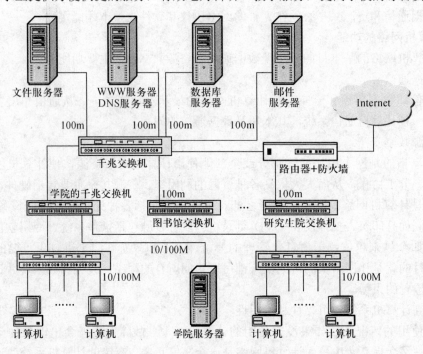

图 6-1　某高校的校园网络

6.1.2　计算机网络的组成和分类

1. 计算机网络的组成

（1）计算机网络的系统组成

正如计算机系统由硬件系统和软件系统组成一样，计算机网络系统也是由网络硬件系统和网络软件系统组成的。

网络硬件是计算机网络系统的物质基础。网络硬件通常由服务器、客户机、网络接口卡、传输介质（可以是有形的，也可以是无形的，如无线网络的传输介质就是空气）、网络互联设备等组成。其中服务器是网络的核心，它为使用者提供了主要的网络资源。

网络软件是实现网络功能不可缺少的组成部分。网络软件主要包括网络操作系统、网络通信软件及协议和各种网络应用程序等。

（2）计算机网络的功能组成

为了简化计算机网络的分析与设计，便于网络硬件和软件配置，按照计算机网络系统的逻辑功能（结构），一个网络可划分为通信子网和资源子网，如图 6-2 所示。

通信子网主要负责全网的数据通信，为网络用户提供数据传输、转接、加工和交换等通信处理工作。它主要包括通信线路（即传输介质）、通信控制处理机、通信协议和控制软件等。

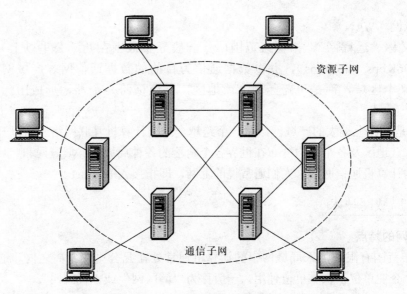

图 6-2　网络的功能组成

资源子网主要负责全网的信息处理，为网络用户提供网络服务和资源共享。它主要包括网络中的主机、终端、输入/输出设备、各种软件资源和数据库等。

将计算机网络分为资源子网和通信子网，符合网络体系结构的分层思想，便于对网络进行研究和设计。资源子网、通信子网可单独规划和管理，从而使整个网络的设计与运行得以简化。

2．计算机网络的分类

计算机网络的分类方式很多，按照不同的分类原则，可以得到各种不同类型的计算机网络。

从覆盖范围（或通信距离）上，可分为局域网（Local Area Network，LAN）、广域网（Wide Area Network，WAN）和城域网（Metropolitan Area Network，MAN）；按网络拓扑结构可分为总线型网络、环型网络、星型网络、树型网络和网状网络；按通信介质可分为双绞线网、同轴电缆网、光纤网和卫星网等；按使用范围可分为公用网和专用网；按通信传播方式可分为广播式网络和点到点式网络。

这里主要介绍根据计算机网络的覆盖范围分类的 3 类网络以及 Internet 和无线网。

（1）局域网（LAN）

局域网是指覆盖范围局限于某个区域，传输距离较短，传输速率较高，以共享网络资源为目的的网络系统。其传输距离一般在几公里之内，最大距离不超过 10 公里，因此适用于一个部门或单位组建的网络，校园网就是一种典型的局域网。局域网具有高传输速率（10Mbps～10Gbps）、低误码率、成本低、易组网、易管理、易维护、使用灵活方便等优点。

（2）城域网（MAN）

城域网是规模介于局域网和广域网之间的一种较大范围的高速网络，一般覆盖几十公里到几百公里范围内邻近的多个单位和城市，从而为接入网络的企业、机关、公司及社会单位提供服务。

（3）广域网（WAN）

广域网又称"远程网"，指覆盖范围广（一般分布范围在几千公里以上）、传输速率相对较低（96Kbps～45Mbps），并以数据通信为目的的数据通信网。广域网的覆盖范围不再局限于某个区域，而是可跨越国家或地区，甚至横跨几个洲，形成国际性的远程计算机网络。

Internet 是世界上最大的广域网，是一个跨越全球的计算机互联网络。它以开放的连接方式将各个国家、地区及各个机构分布在世界各个角落的各种局域网、城域网和广域网互联，组成全球最大的计算机通信网络。人们通常说的上网，即指接入 Internet。

6.1.3 局域网技术

1. 局域网的特点

（1）分布范围有限，加入局域网中的计算机通常处在几公里的距离之内。通常分布在一个学校、一个企业单位，供本单位使用。一般称为"园区网"或"校园网"。

（2）有较高的通信带宽，数据传输速率高。一般为10Mbps以上，目前最高已达10Gbps。

（3）数据传输可靠，误码率低，误码率一般为10^{-6}～10^{-9}。

（4）通常采用同轴电缆或双绞线作为传输介质，跨楼时使用光纤。

（5）通常网络归单一组织所拥有和使用。

2. 局域网的拓扑结构

网络拓扑是指网络中通信线路和节点间的几何连接形状，用以表示整个网络的结构外貌，反映各节点之间的结构关系。它影响着整个网络的设计、功能、可靠性和通信费用等方面，是计算机网络十分重要的因素。局域网常用的网络拓扑结构有总线型、星型和环型结构。

（1）总线型结构

总线型拓扑结构（见图6-3）采用单根传输线作为传输介质，所有的站点（包括工作站和文件服务器）均通过相应的硬件接口直接连接到传输介质或称总线上，各工作站地位平等，无中心节点控制。

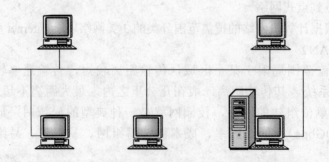

图6-3　总线型结构

总线型拓扑结构的优点：

● 从硬件观点来看总线型拓扑结构可靠性高。因为总线型拓扑结构简单，且为无源元件。

● 易于扩充，增加新的站点容易。如要增加新站点，仅需在总线的相应接入点将工作站接入即可。

- 使用电缆较少，且安装容易。
- 使用的设备相对简单，可靠性高。

总线型拓扑结构的缺点：

- 故障隔离困难。在星型拓扑结构中，一旦检查出哪个站点出故障，只需简单地把连接拆除即可。而在总线型拓扑结构中，如果某个站点发生故障，造成整个网络中断，则需将该站点从总线上拆除，如传输介质故障，则要切断和变换整个这段总线。
- 故障诊断困难。由于总线型拓扑结构不是集中控制，故障检测需在网络上各个站点进行。

（2）星型结构

星型拓扑结构（见图 6-4）由中心节点和通过点对点链路连接到中心节点的各站点组成。中心节点是主节点，它接收各分散站点的信息再转发给相应站点。目前这种星型拓扑结构几乎是以太网双绞线网络专用的结构。这种星型拓扑结构的中心节点是由集线器或者交换机来承担。

星型拓扑结构的优点：

- 网络的扩展容易。
- 控制和诊断方便。
- 访问协议简单。

星型拓扑结构的缺点：

- 过分依赖中心节点。
- 相对成本高。

（3）环型结构

环型拓扑结构（如图 6-5 所示）是由网络中若干中继器通过点到点的链路首尾相连形成一个闭合的环。

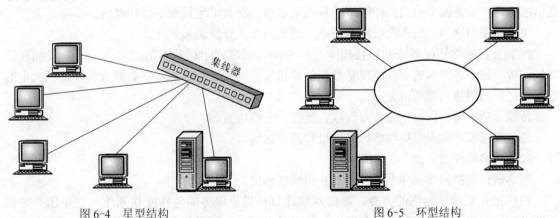

图 6-4　星型结构　　　　　　　　　　图 6-5　环型结构

环型拓扑结构的优点：

- 路由选择控制简单。因为信息流沿着一个固定的方向流动，两个站点仅有一条通路。
- 电缆长度短。环型拓扑所需电缆长度和总线型拓扑结构相似，但比星型拓扑要短。
- 适用于光纤。光纤传输速度高，而环型拓扑是单向传输，十分适用于光纤这种传输介质。

环型拓扑结构的缺点：

结点故障会引起整个网络瘫痪。诊断故障困难。因为某一节点故障会使整个网络都不能工作，但具体确定是哪一个节点出现故障非常困难，需要对每个节点进行检测。

3．局域网的工作模式

局域网的工作模式主要有两种：对等网络模式和客户机/服务器网络模式。

（1）对等网络模式

在对等网络模式中，相连的机器之间彼此处于同等地位，没有主从之分，故又称为对等网络（peer to peer network）。它们能够相互共享资源，每台计算机都能以同样方式作用于对方。该网络适合于小规模的办公室或家庭局域网内使用。

（2）客户机/服务器网络

客户机/服务器网络是一种基于服务器的网络，与对等网络相比，基于服务器的网络提供了更好的运行性能并且可靠性也有所提高。在基于服务器的网络中，共享数据全部都集中存放在服务器上。客户机/服务器模式的网络与对等网络相比，其优点主要有：分工明确，由服务器完成主要的数据处理任务，提高了效率；服务器对资源进行集中管理，安全性较高。

4．局域网的组成

局域网由网络硬件和网络软件组成。

（1）网络硬件

网络硬件主要由服务器（Server）、工作站（Workstation）、网卡（Network Interface Card，NIC）、传输介质（Transmission Media）和通信连接设备等组成。

服务器是为局域网提供共享资源的基本设备。常见的局域网服务器有文件服务器、打印服务器和邮件服务器等，分别向用户提供共享的文件（如数据库和应用程序）、打印机和远程通信服务等。服务器多数由高档微型计算机来承担，在其上运行网络操作系统。

工作站是网络用户进入局域网的节点，通常由个人计算机来担任。

网卡又称网络适配器或网络接口卡。网卡作为局域网中最基本的部件之一，一般插在计算机主板插槽中。网卡的工作原理是整理计算机发往网络上的数据并将数据分解为适当大小的数据包之后向网络上发送出去。

传输介质主要有同轴电缆、双绞线、光缆、无线电波等。

通信连接设备主要有集线器、交换机和路由器等。

（2）网络软件

网络软件包括网络操作系统（NOS）和网络协议。

网络操作系统是网络的灵魂，是向网络计算机提供服务的特殊操作系统，它是用户与局域网之间的接口，通常安装在服务器上。除了具有 CPU 管理、存储管理、设备管理和文件管理等资源管理能力外，还具有实现网络通信、帮助用户使用网络共享资源、支持网络管理等功能。根据网络操作系统不同，常见的网络操作系统主要有以下几类：

● Windows 类：这类操作系统配置在整个局域网配置中是最常见的，但由于对服务器的硬件要求较高，且稳定性能不高，所以微软的网络操作系统一般只是用在中低档服务器中，高端服务器通常采用 UNIX、Linux 或 Solaris 等非 Windows 操作系统。在局域网中主要有：Windows NT 4.0 Server、Windows 2000 Server/Advance Server，以及 Windows 2003 Server/Advance Server 等。

● NetWare 类：虽然远不如早几年那么风光，在局域网中早已失去了当年雄霸一方的气势，但是 NetWare 操作系统仍以对网络硬件的要求较低（工作站只要是 286 机就可以了）而受到一些设备比较落后的中小型企业，特别是学校的青睐。目前常用的版本有 3.11、3.12 和 4.10、V4.11 和 V5.0 等中英文版本。

● Unix 系统：这种网络操作系统稳定和安全性能非常好，但由于多数是以命令方式来进行操作的，不容易掌握，特别是对初级用户来说。正因为如此，小型局域网基本不使用 Unix 作为网络操作系统，Unix 一般用于大型的网站或大型的企事业局域网中。目前常用的 Unix 系统版本主要有：Unix SUR4.0、HP-UX 11.0，SUN 的 Solaris8.0 等。

● Linux 系统：是一种新型的网络操作系统，它的最大的特点就是源代码开放，可以免费获得很多应用程序。目前也有中文版本的 Linux，如 REDHAT（红帽子），红旗 Linux 等。

网络协议是为计算机网络中进行数据交换而建立的规则、标准或约定的集合。换言之，就像人们说话用某种语言一样，网络上的计算机之间交换信息也有一种语言，这就是网络协议。不同的计算机之间必须使用相同的网络协议才能进行通信。网络协议是网络上所有设备（网络服务器、计算机及交换机、路由器、防火墙等）之间通信规则的集合，它规定了通信时信息必须采用的格式和这些格式的意义。常见的协议有：TCP/IP 协议、IPX/SPX 协议、NetBEUI 协议等。

TCP/IP 协议是三大协议中最重要的一个，作为互联网的基础协议，没有它就根本不可能上网，任何和互联网有关的操作都离不开 TCP/IP 协议。不过 TCP/IP 协议也是三大协议中配置起来最烦琐的一个，通过局域网访问互联网，要详细设置 IP 地址、网关、子网掩码、DNS 服务器等参数。TCP/IP 协议尽管是目前最流行的网络协议，但其在局域网中的通信效率并不高，使用它浏览网上邻居中的计算机，经常会出现不能正常浏览的现象。此时安装 NetBEUI 协议就会解决这个问题。

NetBEUI 协议是一种体积小、效率高、速度快的通信协议。在微软公司的主流产品中，尤其是在 Windows9X 和 Windows2000 中，NetBEUI 已成为固有的默认协议。NetBEUI 专门为几台到百余台计算机所组成的单网段小型局域网而设计，不具有跨网段工作的功能，即 NetBEUI 不具备路由功能。虽然 NetBEUI 存在许多不尽人意的地方，但它也具有其他协议所不具备的优点。在三种常用的通信协议中，NetBEUI 占用内存最少，在网络中基本不需要配置。

IPX/SPX 及其兼容协议是 Novell 公司的通信协议集。与 NetBEUI 协议的明显区别是：IPX/SPX 协议比较庞大，在复杂环境下有很强的适应性。因为 IPX/SPX 协议在开始就考虑了多网段的问题，具有强大的路由功能，适合大型网络使用。当用户端接入 NetWare 服务器时，IPX/SPX 协议是最好的选择。但在非 Novell 网络环境中，一般不使用。Windows 2000/2003 中提供了两个 IPX/SPX 的兼容协议（NWLink SPX/SPX 和 NWLink NetBIOS），两者统称为 NWLink 通信协议。

6.2 Internet 基础

6.2.1 Internet 概述

1. Internet 的概念

Internet，中文译名为因特网或国际互联网。Internet 目前还没有一个十分精确的概念，大致可从以下几方面理解。

从结构角度看，它是一个使用路由器将分布在世界各地数以千万计的规模不一的计算机网络互联起来的大型网际互联网。

从网络通信技术的观点来看，Internet 是一个以 TCP/IP 协议为基础，连接各个国家、各个部门、各个机构计算机网络的数据通信网。

从信息资源的观点来看，Internet 是一个集各个领域、各个学科的各种信息资源为一体的、供网上用户共享的数据资源网。

总之，Internet 是当今世界上最大的、也是应用最为广泛的计算机信息网络，它是把全世界各个地方已有的各种网络，如局域网、数据通信网以及公用电话交换网等互连起来，组成一个跨越国界的庞大互联网，因此也称为"网络的网络"。通过 Internet，人们可以自由地和其他人进行交流，互通信息，共享网络中的各种资源，包括硬件、软件、信息和服务资源。Internet 已成为科学研究、商业活动、远程教育和共享信息资源的重要手段，它从根本上改变了人们的生活方式和工作方式，促进人类社会进步和发展。

2. Internet 的发展概况

（1）Internet 的产生与发展

● 1969 年 Internet 的前身 ARPANET 问世。

● 1984 年 ARPANET 分解成两个网络。一个网络仍称为 ARPANET，是民用科研网。另一个网络是军用计算机网络 MILNET。

● 1986 年，NSF 建立了国家科学基金网 NSFNET。NSFNET 后来接管了 ARPANET，并将网络改名为 Internet。

● 1991 年世界上的许多公司开始纷纷接入到 Internet。

● 随着由欧洲原子核研究组织 CERN 开发的万维网（World Wide Web，WWW）在 Internet 上被广泛使用，广大非网络专业人员也能方便地使用网络，这成为 Internet 指数级增长的主要驱动力。

● 目前，Internet 已成为世界上规模最大和增长速率最快的计算机网络，没有人能够准确说出 Internet 究竟有多大。

（2）Internet 在我国的发展

Internet 在我国的发展经历了两个阶段：第一阶段是 1987 年至 1993 年，这一阶段只是少数高等院校、研究机构提供了 Internet 的电子邮件服务，还谈不上真正的 Internet；第二阶段从 1994 年开始，我国通过 TCP/IP 协议连接 Internet，并设立了中国最高域名（CN）服务器。这时我国才算真正加入 Internet 行列之中，此后 Internet 在我国飞速发展。据中国互联网络信息中心

（CNNIC）发布的第 27 次中国互联网报告称，截至 2010 年 12 月底，我国网民规模突破 4.5 亿大关，达到 4.57 亿，较 2009 年底增加 7 330 万人；互联网普及率攀升至 34.3%，较 2009 年提高 5.4 个百分点。我国手机网民规模达 3.03 亿，较 2009 年底增加 6 930 万人。手机网民在总体网民中的比例进一步提高，从 2009 年末的 60.8%提升至 66.2%。网民使用台式机、手机和笔记本电脑上网的比例分别为 78.4%、66.2%和 45.7%，与 2009 年相比，笔记本电脑上网使用率上升最快，增加了 15 个百分点，手机和台式机上网使用率分别增加 5.4%和 5%。

（3）中国的四大网络

中国的四大网络为中国教育与科研网（CERNET）、中国科技网（CSTNET）、中国公用计算机互联网（CHINANET）和中国金桥信息网（CHINAGBN）。

● 中国教育与科研网

中国教育与科研网是由政府资金启动的全国范围的教育与学术网络，是一个包括全国主干网、地区网和校园网在内的三级层次结构的计算机网络。

● 中国科技网

中国科技网主要为中科院在全国的研究所和其他相关研究机构提供科学数据库和超级计算资源。CSTNET 同时是中国最高互联网络管理机构 CNNIC 的管理者。

● 中国公用计算机互联网

中国公用计算机互联网是中国电信经营和管理的中国公用 Internet。目前，已建成一个覆盖全国的骨干网，骨干网节点之间采用 CHINADDN 提供的数字专线，遍布内地的 31 个骨干网节点全部开通。普通用户使用电话线上网，大多通过该网接入。

● 中国金桥信息网

中国金桥信息网简称金桥网，是国家公用经济信息通信网，由吉通通信有限责任公司负责建设、运营和管理。中国金桥信息网面向政府、企业事业单位和社会公众提供数据通信和信息服务。

3. Internet 的通信协议

Internet 采用 TCP/IP 协议进行通信，TCP/IP 协议实际上是一个网络体系结构，它包括一系列的协议，TCP/IP 是其中的两个核心协议。TCP/IP 协议是 Internet 中计算机之间通信所必须共同遵循的一种通信规定。

（1）IP 地址

为了使任意两台主机在互联网上进行通信，TCP/IP 协议为每台主机分配了一个 32 位的互联网地址，这就是通常讲的 IP 地址。IP 地址由网络号与主机号两部分组成，网络号标识一个逻辑网络，主机号标识网络中一台主机。一台 Internet 主机有一个在全网唯一的 IP 地址，这样便可标识出该主机。

目前普遍使用的 IPv4（即 IP 协议第四版本），为了方便用户理解和记忆，采用一种"点分十进制表示法"，即将 4 个字节的二进制数值转换成 4 个十进制数值，每个数值的取值范围为 0～255，数值之间用点号"."隔开，如"130.130.71.1"。

随着 Internet 应用快速发展，IPv4 的弊端开始显现，其最大问题是网络地址资源有限，从理论上讲，可编址 1 600 万个网络、40 亿台主机。但采用 A、B、C 三类编址方式后，可用的网络地址和主机地址的数目大打折扣，以致目前的 IP 地址近乎枯竭。目前使用的 IPv4 技术，核心技术属于美国，而人口最多的亚洲只有不到 4 亿个地址，截至 2010 年 12 月，我国 IPv4 地址数量达到 2.78 亿，落后于 4.5 亿网民的需求。地址不足，严重制约了我国及其他国家互联网的应用和发展。一方面是地址资源数量的限制，另一方面是随着电子技术及网络技术的发展，计算机网络将进入人们的日常生活，可能身边的每一样东西都需要连入 Internet。在这样的环境下，IPv6 应运而生。单从数字上来说，IPv6 所拥有的地址容量约是 IPv4 的 8×10^{28} 倍，达到 2^{128} 个。这不但解决了网络地址资源数量的问题，同时也为除计算机外的设备连入互联网在数量限制上扫清了障碍。

IPv4 实现的只是人机对话，而 IPv6 则扩展到任意事物之间的对话，它不仅可以为人类服务，还将服务于众多硬件设备，如家用电器、传感器、远程照相机、汽车等，它将是无时不在、无处不在地深入社会每个角落的真正宽带网。而且它所带来的经济效益也将非常巨大。

当然，IPv6 并非十全十美、一劳永逸，不可能解决所有问题。IPv6 只能在发展中不断完善，不可能在一夜之间发生，过渡需要时间和成本，但从长远看，IPv6 有利于互联网的持续和长久发展。目前，国际互联网组织已经决定成立两个专门工作组，制定相应的国际标准。

（2）域名

IP 地址是一种数字标识方式，但它太难记忆，所以用户在互联网中是通过名字查找主机的。为了方便用户使用和记忆，将每个 IP 地址映射为一个由字符串组成的主机名，使 IP 地址从无意义的数字变为有意义的主机名，这就是域名。

在实际应用中，绝大多数的 Internet 应用软件都不要求用户直接输入主机的 IP 地址，而是使用具有一定意义的主机名。例如：可以输入 www.cctv.com 来查找中国中央电视台的主机。

Internet 的域名结构由 TCP/IP 协议集中的域名系统进行定义。首先，DNS 把整个 Internet 划分为多个域，并为顶级域规定了国际通用的域名。顶级域名又分为两类：一是地理顶级域名（国家或地区代码顶级域名），例如中国是 cn，俄罗斯是 ru，英国是 uk，日本是 jp 等；二是类别顶级域名，例如表示工商企业的 com，表示网络提供商的 net，表示非营利组织的 org 等，详见表 6-1。

表 6-1　国际顶级域名

顶 级 域 名	机 构 类 型
com	工、商、金融等企业
edu	教育机构
gov	政府部门
net	互联网络、接入网络的信息中心和运行中心
org	各种非营利性组织
int	国际组织
国家（地区）代码	各个国家，如 cn 为中国，uk 为英国

网络信息中心（NIC）将顶级域的管理权授予指定的管理机构，各个管理机构再为自己所

管理的域分配二级域名，并将二级域名的管理权授予其下属的管理机构，这样就形成了层次结构的域名体系。一台主机的域名是由它所属的各级域的域名与分配给该主机的名字共同构成的，书写时，顶级域名放在最右面，分配给主机的名字放在最左面，依次为四级、三级、二级、顶级域名，各级域名之间用"."隔开。如 www.tsinghua.edu.cn。

6.2.2 Internet 的服务功能

目前，在 Internet 上提供的主要服务包括：

（1）万维网

（World Wide Web，WWW）又称为全球信息网，简称为 WWW 或 Web 或 3W，是目前 Internet 上最方便和最受欢迎的多媒体信息服务类型。WWW 是一种组织和管理信息浏览或交互式信息检索的系统，它的影响力已远远超出了专业技术的范畴，进入了广告、新闻、销售、电子商务等信息服务的诸多领域，是 Internet 发展中一个革命性的里程碑。

（2）电子邮件

电子邮件（E-mail）是目前 Internet 上使用最频繁的一种服务，是一种通过 Internet 与其他用户进行联系的快速、高效、简便、廉价的现代化通信形式。现在的电子邮件不但可以传输各种文字和各种格式的文本信息，还可以传输图像、声音、视频等多媒体信息，是多媒体信息传输的重要手段之一。

（3）文件传输

文件传输（File Transfer Protocol，FTP）是 Internet 中最早的服务功能之一，它的主要功能是在两台主机之间传输文件。即允许用户将本地计算机中的文件上传到远端的计算机中，也允许将远端计算机的文件下载到本地计算机中。

目前，Internet 上的 FTP 服务多用于文件下载，Internet 上的一些免费软件、共享软件、技术资料、软件的更新文档等多通过这个渠道发布。

（4）远程登录

远程登录（Telnet）是 Internet 提供的基本信息服务之一，是提供远程连接服务的终端仿真协议。它可以使用户的计算机登录到 Internet 上的另一台计算机上。用户的计算机就成为所登录计算机的一个终端，可以使用另一台计算机上的资源，例如打印机和磁盘设备等。

（5）电子公告板系统

电子公告板系统（Bulletin Board System，BBS）是 Internet 提供的一种社区服务，用户们在这里可以围绕某一主题开展持续不断的讨论，可以把自己参加讨论的文字"张贴"在公告板上，或者从中读取其他参与者"张贴"的信息。提供 BBS 服务的系统叫做 BBS 站点。

（6）网络新闻组

网络新闻组（Netnews）也称为新闻论坛（Usenet），但其大部分内容不是一般的新闻，而是大量问题、答案、观点、事实、幻想与讨论等，是为了人们针对有关的专题进行讨论而设计的，是共享信息、交换意见和获取知识的地方。

（7）网上交易

主要指电子数据交换和电子商务系统，包括金融系统的银行业务、期货证券业务，服务行业的订售票系统、在线交费、网上购物等。

（8）娱乐服务

提供在线电影、电视、动画、在线聊天、视频点播（VOD）、网络游戏等服务。

（9）其他服务

包括远程教育、远程医疗、远程办公、数字图书馆、工业自动控制、辅助决策、情报检索与信息查询、金融证券、I phone（IP 电话）等服务。

6.2.3 接入 Internet

用户若要访问 Internet 上的大量信息资源，就必须选择一种接入方式，将用户计算机连入 Internet，也就是通常说的上网。上网前必须选择某个因特网服务提供者（Internet Services Provider，ISP），并办理相关手续，交纳一定费用，方可通过该 ISP 接入 Internet，实现对网上资源的访问。常见的 Internet 接入方式有拨号上网、专线、ISDN、ADSL、CATV、无线等。

1. 接入方式

从物理连接的类型来看，用户计算机与 Internet 的连接方式可分为专线接入方式、拨号接入方式和无线接入方式等；而从用户连接形式来看，又有局域网通过专线接入和单机接入等。

（1）专线接入方式

专线接入方式是直接使用电缆将个人计算机或其他网络终端连接到距离最近的一个网络，而该网络又与 Internet 相连，要有一个独立的 IP 地址。这时，个人计算机是作为独立的一台主机出现的，可以通过专线直接连入 Internet，该方法可以迅速向 Internet 发送和接收信息。专线接入方式服务性能好，传输速度快，但费用较高，适用于专用的线路和有特殊要求的单位或机构。

（2）局域网专线接入方式

对于规模较大的企业、团体或学校，往往有很多员工需要同时访问 Internet，并且经常要通过 Internet 传递大量的数据，收发电子邮件，最好的方法是通过专线方式与 Internet 连接，专线接入方式可以把企业内部的局域网与 Internet 连接起来，让所有的员工都能方便快捷地共享接入 Internet。

局域网要接入 Internet，实际上就是局域网和广域网的互联，因此需要使用路由器。另外，一个局域网接入 Internet 后，则局域网内的任何一个工作站都可以上网，所以整个局域网接入 Internet 必须租用带宽较宽的专线，以提高上网的速度。

目前，电信部门提供了多种专线接入业务，如共用数字数据网（DDN）、非对称数字用户线（ADSL）等。专线接入方式的数据传输速率较高，可达几 Mbps 至数百 Mbps，而且有的 ISP 为它提供静态 IP 地址。

（3）传统拨号接入

对于多数小单位和个人用户来说，如果租用一条专线上网，则费用过高。这种情况一般采用单机直接拨号方式。

单机直接拨号入网适用于个人用户上网，即利用现有的电话线、普通 56Kbps 调制解调器将自己的计算机接入 Internet。它使用点到点协议（Point to Point Protocol，PPP），支持动态分配 IP 地址，即用户每次上网时，ISP 从一组 IP 地址中，动态分配给用户一个 IP 地址，当用户断网后，这个 IP 地址又归还 ISP，ISP 又可以将这个 IP 地址分配给其他上网的用户，这样可以大大地节约地址资源。

这种接入方式费用不高，可供选择的 ISP 很多。但是，这种方式上网传输速率较低，只能达到 56Kbps，而且需占用一条（或一个信道）电话线路，也就是说上网和打电话不能同时，目前已很少使用。

（4）ADSL 方式

ADSL（Asymmetric Digital Subscriber Loop）中文名称是非对称数字用户线，是一种在普通电话线上进行高速传输数据的技术。ADSL 有两种，一种是虚拟拨号，一种是专线。它提供了 16Kbps～1Mbps 的上行数据传输速率和 1Mbps～ 8 Mbps 下行数据传输速率，并且具有使用成本低，接入网络时不影响接打电话，用户独享带宽等优点。因此随着网络的迅速发展，ADSL 被业界看好。它将是普通用户接入宽带网首选的接入方式。

（5）CATV 接入

有线电视 CATV（Cable TV）网的传输介质是同轴电缆，为提高传输距离和质量，有线电视网正逐步用混合光纤同轴电缆（Hybrid Fiber Coaxial，HFC）代替纯同轴电缆。利用 CATV 接入广域网，需要线缆调制解调器（Cable Modem），它集调制解调器、路由器、加密/解密装置、网络接口卡和以太网集线器等于一体。其优点是可以充分利用现有的有线电视网络，并且速度快（上行 10 Mbps，下行 38 Mbps）。其缺点是其传输速率由整个社区用户共享，且其安全性较差。

（6）无线接入

某些 Internet 接入服务商为便捷式计算机、手机等提供了无线访问服务。如果有一台便携式计算机，而且希望经常在没有电话线的地方接入 Internet，那么采用无线接入方式是最合适的。但是，无线接入方式的数据传输费用高得多，数据传输速率一般比电话接入方式低。

无线接入从业务接入点接口到用户终端，全部或部分采用无线方式。无线方式可以是无线电、卫星、微波、激光和红外线等。使用无线接入技术，需在计算机端插入无线接入网卡或无线调制解调器（Wireless Modem），还要申请无线接入网 ISP 的服务。

下面重点介绍一下目前使用最多的 ADSL 接入方式。

2．通过 ADSL 接入 Internet

（1）所需硬件

● 一块自适应网卡（10Mbps、10Mbps/100Mbps 或 10Mbps/100Mbps/1000Mbps）

此网卡是专门用来连接 ADSL 调制解调器的。因为 ADSL 调制解调器的传输速率达 1Mbps～8Mbps，计算机的串口不能达到这么高的速率（最近兴起的 USB 接口可以达到这个速率，所以也有 USB 接口的 ADSL 调制解调器）。加入这块网卡就是为了在计算机和调制解调器间建立一条高速传输数据通道。由于目前的计算机都集成网卡，所以不用额外购置。

● 一个 ADSL 调制解调器。

● 一个信号分离器。

信号分离器用来将电话线路中的高频数字信号和低频语音信号分离。低频语音信号由分离器接电话机，用来传输普通语音信息；高频数字信号则接入 ADSL 调制解调器，用来传输上网信息。这样在使用电话时，就不会因为高频信号的干扰而影响话音质量，也不会因为在上网时，由于语音信号的串入而影响上网的速度。

● 两根两端做好 RJ11 头的电话线和一根两端做好 RJ45 头的五类双绞网络线。用于连接计算机、ADSL 调制解调器、信号分离器和电话机。

（2）硬件的连接

按图 6-6 所示进行安装。安装时先将来自电信局端的电话线接入信号分离器的输入端，然后再用前面准备的电话线一头连接信号分离器的语音信号输出口，另一端连接电话机。此时电话机应该已经能够接听和拨打电话了。

用一根电话线将来自于信号分离器的 ADSL 高频信号接入 ADSL 调制解调器的 ADSL 插孔，再用一根五类双绞线，一头连接 ADSL 调制解调器的 10BaseT 插孔，另一头连接计算机网卡中的网线插孔。这时打开计算机和 ADSL 调制解调器的电源，如果两边连接网线的插孔所对应的 LED 都亮了，那么硬件连接也就成功了。

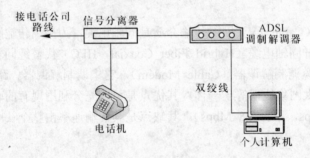

图 6-6 ADSL 连接原理

（3）软件安装、设置

ISP 提供的接入服务有专线接入和虚拟拨号两种方式，目前最常用的是虚拟拨号方式。该方式采用 PPPOE 协议，该协议在标准的 Ethernet（以太网）协议和 PPP（调制解调器拨号）协议之间加入一些小的改动。目前 ISP 提供的宽带用户客户端软件均内置该协议，所以只要安装宽带用户客户端软件，并做以下一些简单操作即可。

- 添加账号（ISP 提供），设置密码（建议选中"记住密码"）。
- 启动客户端软件后，点击账号图标（超链接），进行连接。
- 为便于使用可设置自动登录，选中"客户端启动时，使用默认账户自动登录"复选框即可。

6.3 网上漫游

6.3.1 WWW 简介

WWW 服务是目前 Internet 上最方便和最受欢迎的多媒体信息服务类型。它为用户提供了一个可以轻松驾驭的图形化用户界面，以查阅 Internet 上的文档，WWW 就是以这些 Web 页及它们之间的链接为基础构成的一个庞大的信息网。由于其简单方便的操作及图文声像并茂的多媒体界面，用户纷纷在 Internet 上建起了自己的 WWW 服务器。使得 WWW 在 Internet 上迅速推广开来，同时 WWW 的发展极大地推动了 Internet 的发展，使 Internet 比以往更具吸引力。

1．网页与网站

（1）网页

WWW 上的各个超文本文档就是网页，或称为 Web 页面、超文本文档。WWW 服务的基础就是 Web 页面，每个服务站点都包括若干个相互关联的页面，每个 Web 页既可展示文本、图形图像和声音等多媒体信息，又可提供一种特殊的链接点（超链接）。这种链接点指向一种资源，可以是另一个 Web 页面、另一个文件、另一个 Web 站点，这样可使全球范围的 WWW 服务连成一体。其工作原理如图 6-7 所示。

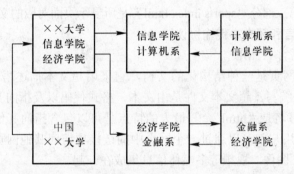

图 6-7　超文本方式的工作原理

（2）网站

通常将提供 WWW 服务的服务器称为 WWW（或 Web）网站，也称为站点。每个网站由一系列的网页组成，网站的初始页称为主页（Home Page）。主页是用户在访问 Internet 网上某个站点时，首先显示的第一个页面，也称为索引页，展现了 Web 服务器的风貌，以及该服务器所提供的主要信息资源。从信息查询的角度来看，主页就是用户通过 WWW 在连接访问超文本各类信息资源的根；从信息提供的角度来看，由于组织 WWW 信息时是以网页为单位的，这些网页被组织成树状结构以便检索，代表"树根"网页就是该 WWW 服务器的主页。

2．WWW 服务工作模式

WWW 服务采用客户机/服务器工作模式，由 WWW 客户端软件（浏览器）、Web 服务器和 WWW 协议组成，其核心是 Web 服务器，由它提供各种形式的信息。WWW 的信息资源以网页的形式存储在 Web 服务器中，用户通过客户端的浏览器，向 Web 服务器发出请求，服务器将用户请求的网页返回给客户端，浏览器接收到网页后对其进行解释，最终将一个图文声像并茂的画面呈现给用户，如图 6-8 所示。

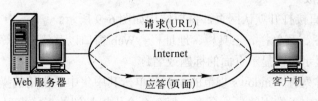

图 6-8　WWW 服务工作模式

3．统一资源定位符 URL

Internet 中的 Web 服务器数量众多，且每台服务器都包含多个网页，用户若想在众多的网页中指明要获得的网页，就必须借助于统一资源定位符（Uniform Resource Locators，URL）进行资源定位。

URL 由三个部分组成：协议、主机名（或 IP 地址）、路径及文件名。其中路径及文件名缺省时表示打开默认路径下的默认启动文档，协议名缺省时默认为 http。即：传输协议：//主机 IP 地址或域名地址/资源所在路径和文件名。

例如：http://www.sohu.com/sports/index.html，第一部分"http://"表示以超文本传输协议进行数据传输，说明随后将要传送的是超文本文件；第二部分"www.sohu.com"是指所要访问的搜狐的 Web 服务器；第三部分"sports/index.html"是所显示页面对应的文件路径及文件名。

4．超文本标记语言和超文本传输协议

（1）超文本标记语言 HTML

Web 服务器中的网页是一种结构化的文档，它采用超文本描述语言（Hypertext Markup Language，HTML）来编写，超文本文件是由文本、格式代码以及指向其他文件的超链接所组成的，该类文件的后缀名是"html"。其最大的特点是可以包含指向其他文档的链接项，即其他网页的 URL，这样用户就可以通过一个网页中的链接项访问其他网页或在不同的页面间切换；并且可以将声音、图像、视频等多媒体信息集成在一起。

（2）超文本传输协议 HTTP

超文本传输协议 HTTP（Hypertext Transfer Protocol）它可以简单地被看成是浏览器和 Web 服务器之间的会话，是传输超文本（网页）的标准协议。

6.3.2 Internet Explorer 浏览器简介

用户连入 Internet 后，要通过一个专门的 Web 客户程序——浏览器来浏览网页。浏览器是专门用于定位和访问 Web 信息的程序或工具。浏览器软件非常多，但因 Windows 操作系统内置 Internet Explorer（简称 IE），所以较为常用。下面就 IE 6.0（内置于 Windows XP 中）为例介绍浏览器的使用及相关内容。

1．启动 IE

要启动 IE，可执行以下任一操作：

方法 1：双击桌面上的"Internet Explorer"图标。

方法 2：单击【开始】|【所有程序】|【Internet Explorer】命令。

方法 3：单击快速启动栏的"启动 Internet Explorer 浏览器"按钮。

2．IE 的窗口组成

启动 IE 后，将直接打开默认网页，窗口结构如图 6-9 所示。

IE 窗口由标题栏、菜单栏、工具栏、地址栏、Web 窗口以及状态栏等组成。

（1）标题栏：显示当前显示页面的标题或名称。

（2）菜单栏：排列有 Windows 规范的系列菜单，其中集中了常用的操作命令。

（3）工具栏：集中了常用的操作命令，每个命令均以按钮的形式表现。

（4）地址栏：是用户输入 URL 的地方，通常可以在此输入网址或 IP 地址。

（5）Web 窗口：显示网页中的信息，通过单击超链接对象可以实现网页间的跳转。对网页中看不到的信息，可以使用窗口中的水平和垂直滚动条，使之显示出来。

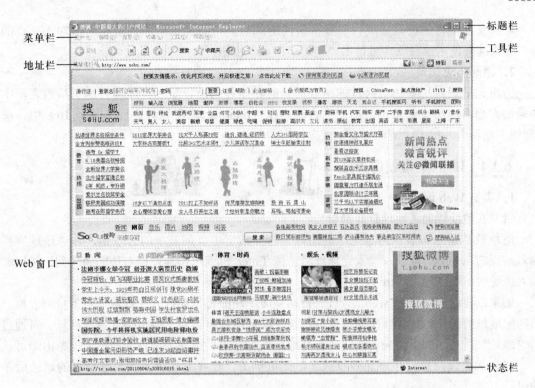

图 6-9　IE 的窗口

（6）状态栏：显示当前任务进行的情况，正在执行什么任务，进度如何等信息。

6.3.3　IE 的基本设置

IE 的基本设置是通过"Internet 选项"对话框来实现的，其方法如下：

在桌面上的 IE 图标上单击鼠标右键，从弹出的快捷菜单中选择"属性"命令，或者在 IE 窗口下，单击"工具"菜单中的"Internet 选项"，出现"Internet 选项"对话框，如图 6-10 所示。

1. 设置默认主页

默认主页是在启动 IE 时首先打开的 Web 网页。不同用户使用的默认主页可能不同，用户可以将其设置为自己经常访问的站点地址。如果用户每次打开 IE 所要访问的主页不固定，最好使用空白页，这样可以提高 IE 的启动速度。

设置默认主页的步骤如下：

● 在桌面上的 IE 图标上单击鼠标右键，从弹出的快捷菜单中选择"属性"命令，在出现的"Internet 属性"对话框中，选择"常规"选项卡。

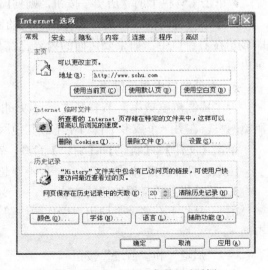

图 6-10　"Internet 选项"对话框

● 如果希望将主页设置成自己经常访问的站点，可在图中的"地址栏"中输入站点的地址，如果选择使用空白页，可单击"使用空白页"按钮。

2．清除历史记录

历史记录是对用户已访问过的站点信息的存储和记录，显示在地址栏的下拉列表框中，如果用户想清除历史记录可采用如下方法：在"Internet 选项"对话框（图 6-10）中，选择"常规"选项卡，单击"清除历史记录"按钮即可。

6.3.4　IE 的基本使用方法

1．浏览 Web 网页

（1）在地址栏输入地址打开网页

地址栏是输入和显示网页地址的地方。打开指定主页最简单的方法是，在"地址"栏中输入站点的 Internet 地址，输入完地址后，按 Enter 键或单击地址栏右边的"转到"按钮。在输入地址时，不必输入 http://。

如果以前访问过这个 Web 站点，"自动完成"功能将自动打开"地址"栏下拉列表框，给出匹配地址的建议，找到匹配的地址后，按 Enter 键即可。对于以前输入过的网址，可通过单击"地址"栏右端的下拉列表按钮，打开地址列表，然后选择需要打开的地址，单击即可。

（2）如果该网页已被添加到收藏夹，则可单击"收藏"菜单，找到该网页的地址后单击即可。

（3）通过超链接打开网页

有些站点专门建立网站的超链接，或交换友情链接，这样可通过超链接打开指定网页。

（4）通过搜索引擎找到相应网页，再从搜索结果的超链接中打开指定网页。这种方法适合于打开不知道其地址的网页。

（5）使用历史记录访问以前浏览过的网页。其步骤如下：

● 单击工具栏上的"历史"按钮，则列出历史记录，包括最近几周访问过的网页记录。

● 单击要访问的文件夹，选择要访问的网页。如果临时文件夹足够大，则网页内容会立即显示在右窗口中；如果要访问的内容已经被新的内容所覆盖，则仍需从网上重新下载该网页内容。

2．在新窗口中显示网页

为了提高浏览效率，节省开支，可以同时打开多个浏览窗口，这样就可以在一个窗口中浏览网页，在另一个或多个窗口中下载其他网页。如果希望在新的窗口中显示网页，方法为：

单击【文件】|【新建】|【窗口】命令，在打开的新浏览窗口中输入新地址。

注意：打开的窗口不宜过多，一般不要超过 10 个，否则会影响页面下载速度。

3．工具栏上的常用按钮的功能

IE 工具栏上有多个方便用户操作的按钮，使用这些按钮，可以比较快速方便地浏览 Web 页面。

（1）"后退"和"前进"按钮

单击工具栏上的"后退"按钮，返回到在此之前显示的页，通常是本次操作最近的一页。

单击工具栏上的"前进"按钮，则转到下一页。如果在此之前没有使用"后退"按钮，则"前进"按钮将处于非激活状态，不能使用。

（2）"刷新"按钮

单击"刷新"按钮，可以重新链接到相应网页，并下载最新内容。若指定网页没有打开，可以单击"刷新"按钮，重新尝试一下。

（3）"停止"按钮

单击"停止"按钮，可以中止当前正在进行的操作，停止和网站服务器的联系。若指定网页长时间没有打开，可以单击"停止"按钮，将其停止，然后再单击"刷新"按钮，重新尝试一下。

（4）"主页"按钮

主页是某 Web 站点的起始页，单击"主页"按钮将返回到默认的起始页，起始页是打开浏览器时开始浏览的一页。

（5）"搜索"按钮

打开一个具有搜索引擎的网页。

（6）"收藏夹"按钮

显示收藏夹，列出用户常用的或因兴趣收集的网页链接信息。

（7）"历史"按钮

显示用户最近访问过的 Web 站点的列表信息。

（8）"邮件"按钮

用于打开 Outlook Express 或者 Internet News。

（9）"打印"按钮

打印当前显示的网页。

4．收藏网页

当用户在 Internet 上发现了自己喜欢的内容，为了下次快速访问该页，可以将其添加到"收藏夹"中。例如，希望将 163 首页加入"收藏夹"，其步骤如下：

● 启动 IE 浏览器，在地址栏中输入"www.163.com"后按 Enter 键，打开网易主页。

● 单击工具栏上的"收藏夹"按钮，打开"收藏夹"窗口。

● 单击"添加"按钮，打开"添加到收藏夹"对话框。

● 选中"允许脱机使用"复选框，则当计算机未连接到 Internet 时，也可以阅读网页中的内容。

● 确认名称后，单击"确定"按钮，添加完成。

6.3.5 网上信息保存

网上信息保存也称为下载，可使用专用的下载软件，也可使用"目标另存为"或"文件"菜单中的"另存为"等方法。

1．保存浏览器中当前页

在"文件"菜单上，单击"另存为"，则打开"保存网页"对话框，选择用于保存网页的义件夹，在"文件名"框中输入名称，然后单击"保存"按钮。默认的保存类型为"网页，全部（*.htm；*.html）"。

注意：利用该保存方式只能保存网页的 HTML 文档本身以及图片，并不保存动画等信息，这些信息需要另行存储。

2．保存 Web 页的部分内容

选定要复制的信息，若要复制整页的文本，单击【编辑】|【全选】命令。

单击"编辑"菜单中的"复制"。

转换到需要编辑信息的程序中（如 Word）。

单击放置这些信息的位置，然后单击【编辑】|【粘贴】命令。

3．保存超链接指向的网页、图片、动画、程序等对象

用鼠标右键单击该超链接，弹出快捷菜单，如图 6-11 所示，从中选择"目标另存为"选项，弹出"另存为"对话框。在"另存为"对话框中指定保存的位置和名称，然后单击"保存"按钮即可。如果安装了下载软件，如迅雷等，在弹出的快捷菜单中单击"使用 Web 迅雷下载"选项，会使用迅雷下载该超链接所指的对象。建议采用这种办法，因为下载软件均支持断点续存功能，而"目标另存为"不具备该功能。其实有时单击超链接也会出现"另存为…"对话框或下载软件"目标存储为"对话框。

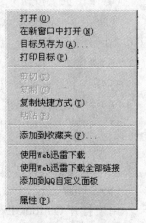

4．保存网页中的图片

对于图片有一种专用的保存方法，即用鼠标右键单击网页上的图片，在弹出的快捷菜单中选择"图片另存为"选项，弹出"保存图片"对话框。在"保存图片"对话框中指定保存的位置和名称，然后单击"保存"按钮。

图 6-11　快捷菜单

5．将 Web 页面的图片作为桌面墙纸

只要用鼠标右键单击网页上的图片，在弹出的快捷菜单中选择"设置为墙纸"选项即可。

6.3.6　网上信息搜索

Internet 是一个全球性互联网，其信息资源异常丰富，可以说是无所不有。但在如此繁杂的信息世界中找到用户需要的内容并不容易，因为这些信息分布于世界各地的各个站点。

在 Internet 网上查找所需信息的方法主要有直接输入网址，利用超链接，通过专业网站、论坛、聊天室、BBS，使用搜索引擎等。其中最主要最快捷的方法就是使用搜索引擎。

1．搜索引擎的概念及分类

（1）搜索引擎的概念

搜索引擎是指为用户提供信息检索服务的程序，通过服务器上特定的程序把 Internet 中的所有信息分析、整理并归类，以帮助用户在 Internet 中搜寻到所需要的信息。在搜索引擎中，用户只需输入要搜索信息的部分特征，例如关键字，搜索引擎会替用户在它所提供网站中自动搜索含有关键字的信息条。搜索引擎能够将用户所需的信息资源汇总起来，反馈给用户一张包含用户所提供的关键字信息的列表清单。用户可以选择列表清单中的任意选项，减轻了搜索的负担。

在 Internet 中搜索信息的基本步骤如下：

① 先使用搜索引擎进行粗略地搜索。

② 从搜索到的网址中挑选一些具有代表性的网址，例如权威杂志、报纸、企业或者评论，进入这些网址并浏览其网页。

③ 通过追踪网页中的超链接，逐步发现更多的网址和更多的信息。

（2）搜索引擎的分类

根据搜索方式的不同，搜索引擎分为两类：全文搜索引擎和目录搜索引擎。

● 全文搜索引擎

全文检索搜索引擎也称关键词型搜索引擎。它通过用户输入关键词来查找所需的信息资源，这种方式直接快捷，可对满足选定条件的信息资源准确定位。

● 目录搜索引擎

目录索引搜索引擎是把信息资源按照一定的主题分类，并逐级分类，一直到各个网站的详细地址，是一种多级目录结构。用户不使用关键字也可进行查询，只要找到相关目录，采取逐层打开、逐步细化的方式，查找到所需要的信息。

实际上，这两类搜索引擎已经相互融合，全文检索搜索引擎也提供目录索引服务，目录搜索引擎往往也提供关键字查询功能。

2. 著名搜索引擎简介

Internet 上的搜索引擎众多，搜索服务已成为 Internet 重要的商业模式，许多网站专门从事搜索业务，并且取得了非常突出的业绩，比如百度、谷歌等。下面仅列出一些常用的搜索引擎。

百度，网址为 http://www.baidu.com

新浪，网址为 http://www.sina.com.cn

搜狐，网址为 http://www.sohu.com

网易，网址为 http://www.163.com

谷歌，网址为 http://www.google.com

雅虎，网址为 http://cn.yahoo.com

好多，网址为 http://www.cseek.com

北极星，网址为 http://www.beijixing.com.cn

Hotbot，网址为 http://www.hotbot.com

3. 搜索引擎的使用

搜索引擎的使用方法都比较接近，下面以常用的百度搜索引擎为例，介绍搜索引擎的使用方法。

（1）在地址栏中输入搜索引擎的网址（如 www.baidu.com），打开搜索引擎的主页，如图 6-12 所示。

（2）在搜索框中输入希望查询的信息（如"IE"），选择搜索选项：新闻、网页、说吧、知道、MP3、图片等，这里选择默认选项"网页"，然后按 Enter 键或者单击"百度搜索"按钮，即可把搜索的结果显示出来，如图 6-13 所示。

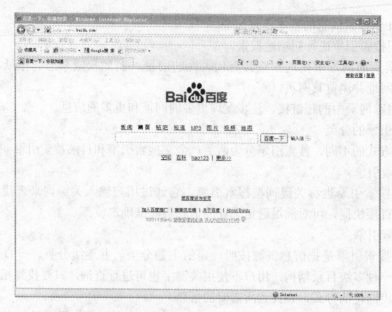

图 6-12 百度首页

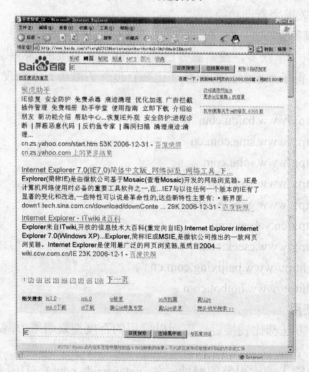

图 6-13 搜索结果

例 6.1 使用 IE 浏览器，进入百度百科主页，搜索计算机网络并浏览计算机网络方面的知识，将该页面上的因特网的图片保存到桌面，文件名为"因特网"，保存类型为"jpg"，并且将该页面内容保存到桌面上，文件名为"计算机网络_百度百科"，保存类型为"文本文件（txt）"。

操作步骤如下：

① 打开 IE 浏览器，在地址栏中输入"http://baike.baidu.com/"，单击 ➡ 按钮，就会出现如图 6-14 的百度百科主页界面。

图 6-14　百度百科主页

② 在搜索词条栏中输入"计算机网络"，单击 搜索词条 按钮，转到计算机网络的百科知识界面，如图 6-15 所示。

图 6-15　计算机网络的百科知识页面

③ 在该页面上找到"因特网"的相关图片。右键单击该图片，在弹出的快捷菜单中选择"图片另存为"，打开"保存图片"对话框，在"保存在"下拉列表框中找到"桌面"，在"文件名"文本框中输入文件名"因特网"，保存类型为"JPEG（*.jpg）"。单击 保存(S) 按钮，如图 6-16 所示。

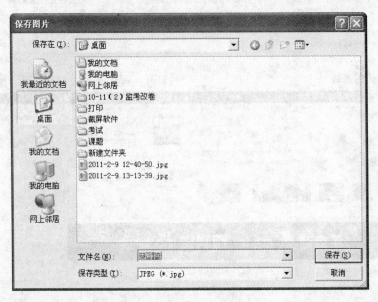

图 6-16 "保存图片"对话框

④ 浏览该页面内容，然后单击【文件】|【另存为】命令，打开"保存网页"对话框，在"保存在"下拉列表框中找到"桌面"，在"文件名"列表框中输入文件名"计算机网络_百度百科"，保存类型为"文本文件（*.txt）"，单击 保存(S) 按钮。

6.4 电子邮件

电子邮件（Electronic mail，E-mail）服务是 Internet 网络为用户提供的一种最基本的、最重要的服务之一。它是利用计算机的数据通信功能实现邮件电子传输的一种技术。电子邮件不仅使用方便，而且还具有传递迅速、高效率和费用低廉的优点。另外电子邮件不仅可传送文字信息，而且还可附上声音和图像等多媒体信息文件。电子邮件的安全性也非常高，可以采用加密的方法来传输邮件，即使被人截获，也不会轻易被破译。

6.4.1 电子邮件服务的工作原理

在 Internet 上有许多处理电子邮件的计算机，称为邮件服务器。邮件服务器的功能就像一个邮局，邮件服务器包括接收邮件服务器和发送邮件服务器。

1. 接收邮件服务器

接收邮件服务器是将对方发给用户的电子邮件暂时寄存在服务器邮箱中，直到用户从服务器上将邮件取到自己计算机的硬盘上。

多数接收邮件服务器遵循邮局协议 3（Post Office Protocol 3，POP3），所以被称为 POP3 服务器。

2．发送邮件服务器

发送邮件服务器是让用户通过它们将用户写的电子邮件发送到收信人的接收邮件服务器中。

由于发送邮件服务器遵循简单邮件传输协议（Simple Message Transfer Protocol，SMTP），因此被称为 SMTP 服务器。

每个邮件服务器在 Internet 上都有一个唯一的 IP 地址，例如 smtp.sina.com 和 pop.sina.com。发送和接收邮件服务器可以由一台计算机来完成。

3．电子邮件服务的工作过程

在 Internet 中，一封电子邮件的实际传递过程如下：

① 由发送方计算机（客户机）的邮件管理程序将邮件发送给自己的发送邮件服务器。

② 发送邮件服务器将邮件发送至对方的接收邮件服务器。

③ 接收方计算机（客户机）从自己的接收邮件服务器接收（下载）邮件。

其过程如图 6-17 所示。

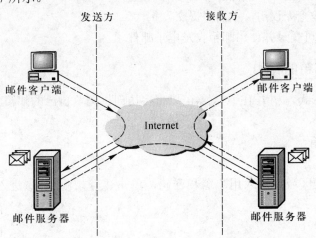

图 6-17　电子邮件服务的工作过程

6.4.2　E-mail 地址

1．E-mail 地址的概念

在电子邮件发送前，每个用户必须要有一个电子邮箱。一个电子邮箱包括一个被动存储区，像传统的邮箱一样，只有电子邮箱的所有者才能检查或删除邮箱信息。每个电子邮箱有一个唯一的地址，即 E-mail 地址，如同日常通过邮局发信有收信人和发信人的地址一样。只有具有了 E-mail 地址，才能通过计算机网络收发电子邮件。

2．E-mail 地址的格式

E-mail 地址采用了基于 DNS 所用的分层命名方法，其格式为：

用户名@域名

● 用户名：也称账号，即用户在站点主机上使用的登录名。

● @：表示英文"at"，即中文"在"的意思。

● 域名：通常为申请邮箱的网站的域名。

例如：pycjp@sina.com，表示用户名 pycjp 在新浪网上的电子邮件地址。

6.4.3 免费 E-mail 邮箱的申请

现在许多网站向用户提供免费电子邮件服务。在这些网站的主页上，都有免费邮箱的注册或登录按钮。申请免费电子邮箱（即注册）非常简单，下面以新浪（http:// www.sina.com）为例，说明如何申请免费的电子邮箱。

① 在 IE 地址栏中输入"www.sina.com"，进入新浪主页，单击"免费邮箱"超链接。

② 进入"欢迎注册免费邮箱"窗口。

③ 输入用户名，单击"检测邮箱名是否被占用"按钮，如果该用户名已经存在，系统会提示申请者重新输入新的用户名。否则，即可进入下一页。

④ 按要求输入个人资料，其中"*"处必须填写。

⑤ 对于许可协议，选中"我同意"。

⑥ 填写结束并检查无误后，单击"提交"。

申请成功后，就可登录并使用邮箱收发电子邮件了。

6.4.4 电子邮箱的使用

通过 WWW 的形式，利用 IE 浏览器可以直接访问、浏览自己的邮箱。这里以新浪电子邮箱为例。

1. 登录电子邮箱

进入新浪主页。

在免费邮件登录区域，输入用户名和密码，单击"登录邮箱"，进入新浪电子邮箱，如图 6-18 所示。

2. 查阅邮件

（1）阅读普通邮件

单击"收信"或"收件夹"，在右边信件列表中单击要阅读的主题，即可打开信件，进行阅读。

（2）下载附件

如果某个邮件带有附件，则可下载并查看附件。打开附件的方法如下：

单击附件旁边的"全部下载"按钮或者"查毒并下载"，出现"文件下载"对话框，单击"保存"按钮将其保存到本地磁盘。

3. 撰写和发送邮件

（1）撰写邮件

单击"写信"按钮，打开"写邮件"窗口，如图 6-19 所示。

与传统方式不同，电子邮件不需填写发信人的地址，可自动填入。

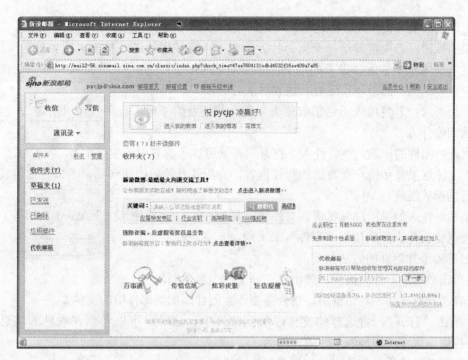

图 6-18　新浪电子邮箱

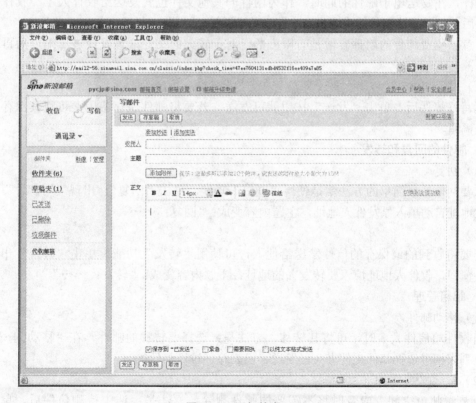

图 6-19　写邮件窗口

● 收件人：填入收件人邮箱地址，若同时发给多个人，多个地址间用"；"分隔。

● 添加抄送：若主要发给一个人，抄发给多人，可使用抄送，单击"添加抄送"，在出现的"抄送"文本框中输入抄送人的地址，多个地址间用"；"分隔。收件人知道该信被抄送给了他人，但抄送人不知道该信还有其他收件人。

● 添加密送：若发信人不希望收信人知道此信还发给了他人，可使用"密送"，但密送者知道此信的收件人。

● 主题：邮件的标题，使收件人不打开信件就可以了解其中的主要内容。

● 正文：这里显示用户要发送的邮件内容，一般就是简短的几句话，若邮件内容较多，最好以附件的形式发送。

● 添加附件：如果用户需要将其文件（一首 MP3、一个软件、一个 Word 文档等）随同电子邮件发送给收件人，应使用"附件"来实现。

新浪邮箱添加附件的方法如下：

① 单击"增加附件"按钮，弹出"选择文件"对话框。

② 在"选择文件"对话框中，选择需要作为附件添加到邮件中的文件。

③ 单击"打开"，将选择的文件添加到邮件中。这时，可以看到在收件人信息部分的"附件"栏中出现刚刚添加的附件的文件名。

④ 如果要继续添加其他附件，则重复上述操作。

这样，在发送电子邮件的同时，作为附件的其他文件也就发送给收件人了。收件人在打开邮件后，可以阅读附件的内容。

注意：免费邮件的附件容量是有限度的，对于较大的文件，最好经过压缩以后再添加到附件中。

（2）发送邮件

撰写好邮件后，单击"发送"按钮就可发送。若要将邮件保存备用，可将其保存到发件箱或草稿箱。

4．邮件的回复和转发

（1）回复

若要回信，最简单的方法就是使用"回复"功能。单击"回复"，出现"写邮件"窗口，收件人地址自动填入原发件人地址，主题内容变成："回复：……"。

（2）转发

若要将收到的或保存的信件发送给他人，可使用"转发"功能。单击"转发"出现"写邮件"窗口，收件人地址填入要转发人的地址；主题内容变成："转发：……"。

5．邮箱管理

（1）移动邮件

当收件箱信件太多时，可将其转移，方法是：选择要转移的邮件，在"移动到…"右侧的下拉列表框中选择邮件文件夹（已发送、已删除、垃圾邮件等）。

（2）删除邮件

为节省邮箱空间，应及时将不需要的邮件删除，方法是：选中待删信件后，单击"删除"按钮即可，若要彻底删除该邮件，则需要进入"已删除"文件夹中，选中该邮件后，单击

"彻底删除"按钮即可。

（3）拒收邮件

如果不希望收到某地址发来的邮件，可以把这个不受欢迎的地址设置为"黑名单"，最多可以添加 1 000 个邮件地址在黑名单中。

要添加或删除黑名单，可按以下步骤操作：

① 单击页面上方"邮箱设置"按钮，再单击"反垃圾"选择"设置邮件地址黑名单"。

② 在黑名单设置中，输入邮箱地址（地址必须是 user@domain.com 的格式。），单击"添加到黑名单"按钮。

③ 如果希望删除"黑名单"中的邮箱地址，则选中该邮箱地址，并单击"删除"按钮。

注意：当在黑名单中的邮件地址给您发信时，系统会默认将其放入垃圾邮件夹，需要手工清空，或者由系统在 30 天后自动清空。发件人也不会收到邮件发送失败的反馈信息。如果勾选了"反垃圾选项"的"对黑名单中的地址来信和系统判断的垃圾邮件直接删除，不放入垃圾邮件夹"，则这些来信会被直接删除。

（4）加入通讯录

为日后再次通信方便，可将对方的邮箱地址保存，方法是：打开信件后，单击"添加到通讯录"按钮。

6.4.5 电子邮件的使用技巧

（1）如果用户是拨号上网，最好不要用浏览器来收发 E-mail，而使用 Outlook Express 和 Foxmail 等邮件管理软件来收发 E-mail，这样可节省时间和费用。

（2）不妨多申请几个不同站点的免费 E-mail 信箱，用于不同用途。

（3）因为许多网络病毒是通过电子邮件来传播的，所以不要轻易打开不明邮件，尤其是带有附件的邮件。

（4）应用邮件病毒监控程序。一般杀毒软件都具有邮件病毒监控功能，在接收邮件前务必将查毒杀毒软件的此项功能打开（查杀目标要选中邮箱）。

（5）为安全起见，一定要保管好邮箱密码，登录时不要选择"保存密码"选项，以免邮箱被盗用；不要轻易地暴露邮箱地址，以免遭到垃圾邮件的侵袭。

（6）将垃圾邮件加到拒收黑名单。

（7）检查免费信箱，及时删除已经下载的信件，删除尚未阅读但确信无用的信件，以节省时间和信箱空间。

6.4.6 利用 Outlook Express 处理电子邮件

除了在 Web 页面上进行电子邮件的收发，还可以使用电子邮件客户端软件，更加方便地收发电子邮件以及阅读电子邮件，功能也更为强大。通常使用的软件有 Microsoft Outlook Express、Foxmail、电子邮件精灵等。Windows XP 集成了 Outlook Express 软件，这里针对 Outlook Express 进行简单的介绍。

1．Outlook Express 简述

Outlook Express 建立在开放的 Internet 标准基础之上，适用于任何 Internet 标准系统，例如，简单邮件传输协议（SMTP）、邮局协议 3（POP3）和 Internet 邮件访问协议（IMAP）。它提供对目前最重要的电子邮件、新闻和目录标准的完全支持，这些标准包括轻型目录访问协议（LDAP）、多用途网际邮件扩充协议超文本标记语言（MHTML）、超文本标记语言（HTML）、安全/多用途网际邮件扩充协议（S/MIME）和网络新闻传输协议（NNTP）。这种完全支持可确保用户能够充分利用新技术，同时能够无缝地发送和接收电子邮件。

此外，它还完全支持 HTML 邮件，使用户可以使用自定义的背景和图形来个性化邮件。

2．Outlook Express 6 界面介绍

Outlook Express 6 的界面如图 6-20 所示。

图 6-20　Outlook Express 6 的界面

- 菜单栏：Outlook Express 提供的绝大部分服务功能，以功能分类的方式显示。
- 工具栏：Outlook Express 提供的最常用的功能，以图标的方式显示。
- 邮件文件夹：显示用户的邮件分类。
- 邮件列表栏：显示用户的邮件文件中的邮件列表。
- 邮件内容：显示的是选中的邮件的具体内容。
- 联系人：显示用户通讯簿中的联系人。
- 状态栏：当前邮件文件夹中的邮件个数及阅读情况，Outlook Express 的联机状态。

3．Outlook Express 的设置方法

在使用 Outlook Express 收发电子邮件之前，必须先对 Outlook Express 进行必要的设置，才能使其正常工作。设置步骤如下：

① 打开 Outlook Express 之后，选择【工具】|【账户】命令，弹出"Internet 账户"窗

口，选择"邮件"选项卡，单击右侧"添加"按钮，在弹出的选项中单击"邮件"选项，如图 6-21 所示。

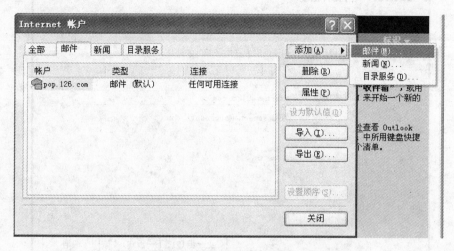

图 6-21 Internet 账户窗口

② 单击"邮件"选项之后，弹出"Internet 连接向导"对话框，要求输入收件人看到的姓名，如 126 免费邮。此姓名将出现在你所发送邮件的"发件人"一栏。然后单击"下一步"按钮，如图 6-22 所示。

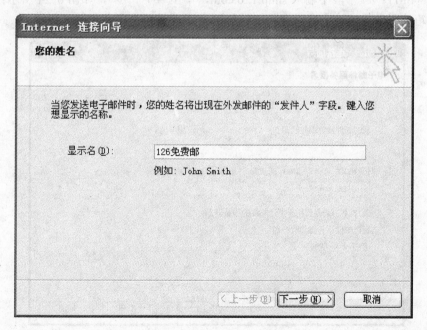

图 6-22 Internet 连接向导——输入姓名

③ 在"Internet 电子邮件地址"窗口中输入邮箱地址，如 username@126.com，再单击"下一步"按钮，如图 6-23 所示。

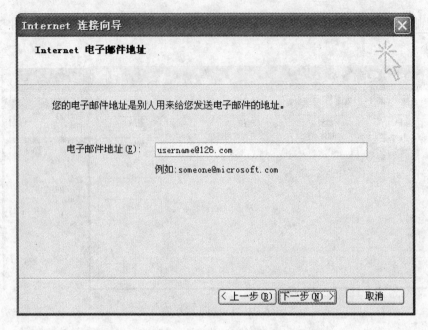

图 6-23 Internet 连接向导——输入邮件地址

④ 在"接收邮件（POP3，IMAP 或 HTTP）服务器"字段中输入 pop.126.com。在"发送邮件服务器（SMTP）"字段中输入 smtp.126.com，单击"下一步"，如图 6-24 所示；如果需要获取其他邮箱的服务器地址，可以登录邮箱的网站，查看相关帮助，即可获知。

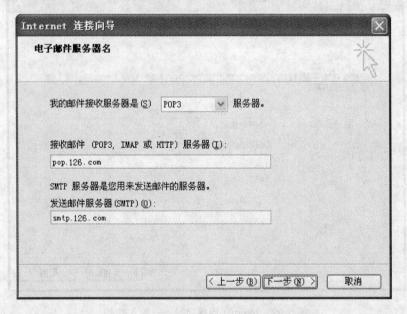

图 6-24 Internet 连接向导——电子邮件服务器名

⑤ 在"账户名"字段中输入 126 免费邮用户名（仅输入@前面的部分）。在"密码"字段中输入邮箱密码，如图 6-25 所示，然后单击"下一步"。

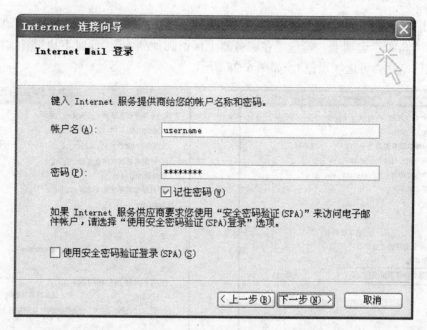

图 6-25 Internet 连接向导——Internet Mail 登录

⑥ 单击"完成",完成 Internet 连接向导。

⑦ 在"Internet 账户"中,选择"邮件"选项卡,选中刚才设置的账号,单击"属性"按钮,如图 6-26 所示。

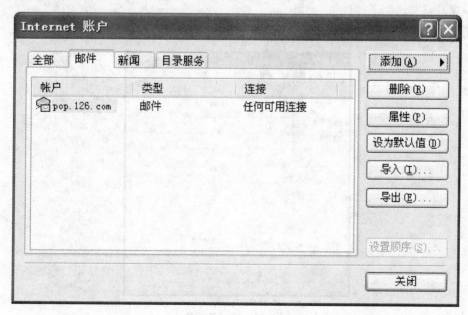

图 6-26 邮件属性设置

⑧ 在属性设置窗口中,选择"服务器"选项卡,勾选"我的服务器需要身份验证",如图 6-27 所示。

⑨ 单击"确定"。其他设置补充说明：如果希望在服务器上保留邮件副本，则在账户属性中，单击"高级"选项卡。勾选"在服务器上保留邮件副本"。此时下边设置细则的勾选项由禁止（灰色）变为可选（黑色），如图 6-28 所示。

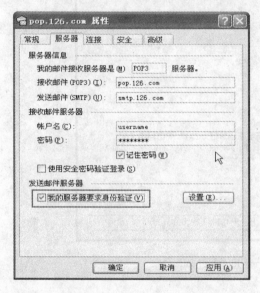

图 6-27　设置身份验证

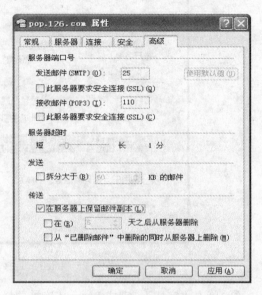

图 6-28　设置保留邮件副本

4．使用 Outlook Express 处理邮件

（1）撰写、发送电子邮件

单击工具栏上的"新邮件"按钮，出现一张地址邮件信纸，如图 6-29 所示。

图 6-29　撰写新邮件

在"收件人"中输入对方的电子邮件地址；在"抄送"中输入要把该邮件抄送的电子邮件地址，要求输入多个邮件地址的时候，使用"；"隔开；在"主题"中输入该邮件的主题；

如果需要发送附件，单击【插入】|【文件附件】命令，在出现的窗口中找到要附加的文件，再单击"附件"。附件如果是多个，只要重复上面的步骤即可。

撰写邮件完成之后，单击"发送"按钮，即发送邮件成功，如果直接关闭新邮件，则该邮件保存在了"草稿箱"中，保证邮件不丢失。

（2）接收电子邮件

在主机联网的情况下，启动 Outlook Express 时，它会自动连接相对应的电子信箱，自动接收新的邮件和发送"发件箱"中的邮件。如果启动之后，想查看有没有新的邮件，则单击工具栏上的"接收和发送全部邮件"右侧的倒三角按钮，选择"接收全部邮件"即可。

（3）阅读电子邮件

阅读电子邮件，如要简单浏览电子邮件，直接使用鼠标单击该邮件，若要详细阅读，双击打开阅读。

如果邮件中带有附件，在邮件列表框中，该邮件的左端会有一个曲别针图标，如果想阅读邮件的附件，先用鼠标选中该邮件，然后在邮件预览窗口用鼠标单击其右上角的曲别针图标，这时能看到邮件附件的名称，单击该文件就可以打开附件阅读；此外，还可以先保存到本地机器上之后再打开，鼠标单击该文件下的"保存附件"选项，在出现的对话框中选择好附件保存的路径和文件名，再单击"保存"按钮，即下载到了计算机，以供以后阅读使用。

（4）答复、转发邮件

要回复一个邮件，则选中这个邮件，再单击工具栏中的"答复收件人"按钮，就会出现一张电子邮件格式的"信纸"，这时"收件人"已自动填写，"主题"和信件的正文部分已经有一些信息，根据需要进行修改。处理完毕后单击"发送"按钮。

需要转发某一个邮件，则选中该邮件，单击工具栏上的"转发"按钮，则出现电子邮件的"信纸"，这时"收件人"和"抄送"均为空，根据需要填入邮件地址，"附件"栏会自动添加原来的附件。主题和信件的正文部分已经有一些信息，根据需要进行修改。处理完毕后单击"发送"按钮。

（5）删除、整理邮件

如果有垃圾邮件或者不需要某些电子邮件时，可以选择要删除的邮件，单击工具栏上的"删除"按钮，则该邮件被删除到"已删除邮件"文件夹中；如果误删除某邮件，则可在"已删除邮件"文件夹中用鼠标选中，按住鼠标左键不放，拖放到"邮件收件夹"中。平时整理邮件文件夹时，也可采取此方法。

例 6.2 在模拟考试系统答题菜单（图 6-30）下选择相应的命令，完成下面的内容：

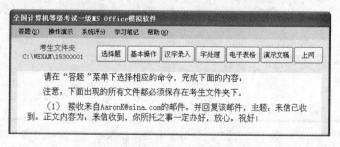

图 6-30 模拟考试系统上网操作系统

操作步骤如下:

① 打开【答题】|【上网】|【Outlook Express】命令,弹出的窗口如图6-31所示。

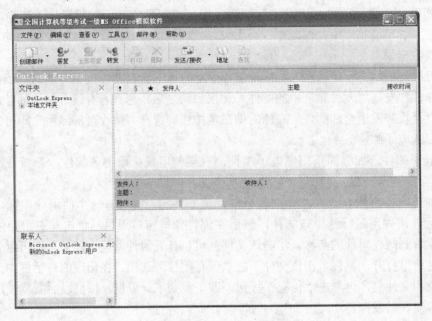

图 6-31 Outlook Express 界面

② 单击工具栏中的 "发送/接收"按钮,接收邮件,接收完成后,选中新邮件,并阅读该邮件,如图6-32所示。

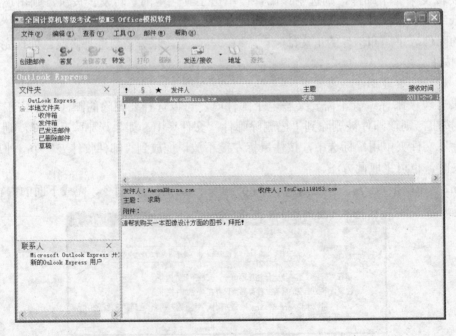

图 6-32 接收并阅读新邮件

③ 单击 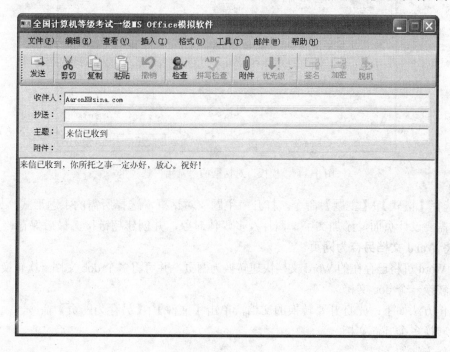 答复该邮件，"收件人"一栏已经存在，不用填写；在"抄送"一栏可以添加其他收件人地址，本例不做要求，可不填写；"主题"一栏修改为"来信已收到"，将邮件正文修改为"来信已收到，你所托之事一定办好，放心。祝好！"。最后单击 按钮即可如图 6-33。

图 6-33 回复邮件窗口

<h1>6.5   用 Word 2003 制作网页</h1>

WWW 的基础就是网页，每个站点都包含若干个相互关联的网页。那么如何制作网页呢？当然可以使用 Dreamweaver 等专业制作工具，但这需要专门学习，其实 Word 2003 就提供了非常简便的创建网页的方法。

6.5.1   创建网页

这里仅介绍利用 Word 2003 提供建立网页的两种方法：利用模板创建新网页和利用已有 Word 文档创建网页。

1. 利用模板创建网页

在 Word 2003 中，用户可以像创建 doc 文件一样创建 HTML 文件。操作方法如下：

① 选择【文件】|【新建】命令，打开"新建文档"任务窗格。

② 单击"本机上的模板"，打开"模板"对话框，选择"常用"选项卡，如图 6-34 所示。

③ 在"常用"选项卡中双击"网页"图标，或者在"新建文档"任务窗格中单击"网页"，进入 Word 2003 的编辑环境。

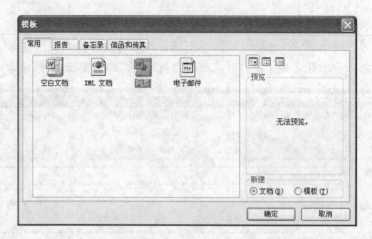

图 6-34 "模板"对话框的"常用"选项卡

④ 选择【格式】|【主题】命令,打开"主题"对话框,选择所需的主题形式,如图 6-35 所示。按需要设计页面,添加文字、图片及多媒体对象,并创建超链接。最后保存该文件。

2. 将 Word 文档另存为网页

使用 Word 可将已存在的 Word 文档快速转换为网页,并可将多个 doc 文档一次转换为网页。

(1)转换一个 doc 文档

其操作方法如下:先打开要转换的文档,单击【文件】|【另存为网页】命令。

(2)转换多个 doc 文档

其操作方法如下:

① 单击【文件】|【新建】命令,打开"新建文档"任务窗格。

② 单击"本机上的模板"选项,打开"模板"对话框,选择"其他文档"选项卡,双击"转换向导"图标,出现"转换向导"对话框,如图 6-36 所示,然后按照向导提示操作即可。

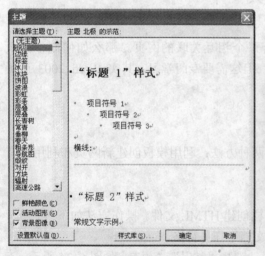

图 6-35 "主题"对话框

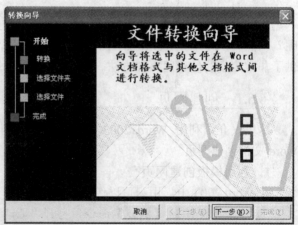

图 6-36 转换向导

6.5.2　编辑网页

创建了空白网页框架后，就可以按事先设计好的内容输入、编辑网页。

1．创建框架和框架页

单击【格式】|【框架】命令，选中需要的某种框架。也可在"框架集"工具栏中，单击需要的框架。

2．添加或更改框架中的网页内容

单击需要添加或更改的框架页，然后像编辑普通 doc 文档一样编辑网页。

3．将影片添至网页

单击【视图】|【工具栏】命令，选择"Web 工具箱"，打开"Web 工具箱"工具栏。在"Web 工具箱"工具栏上单击"影片"按钮，打开"影片剪辑"对话框，在该对话框中选择影片文件。

4．将滚动文字添至网页

在"Web 工具箱"工具栏上单击"滚动文字"按钮，打开"滚动文字"对话框，在该对话框中输入滚动文字，并选择其他选项。

5．创建超链接

网页与 Word 普通文档都可以包含超链接，通过插入超链接可把有密切联系的文档组织得井井有条。当要从当前文档跳转到其他相关文档时，单击相应的超链接即可，以方便联机阅读。插入超链接的操作为：

选择作为超链接显示的文本或图形对象。

选择【插入】|【超链接】命令，打开"插入超链接"对话框。

在"插入超链接"对话框中，输入链接到的文件或位置。

6.6　习题

一、选择题

1．下面不属于局域网络硬件组成的是（　　　）。

    A．网络服务器 　　　　　　　B．个人计算机工作站

    C．网络接口卡 　　　　　　　D．网络操作系统

2．广域网和局域网是按照（　　　）来区分的。

    A．网络用户 　　　　　　　　B．信息交换方式

    C．网络传输距离 　　　　　　D．传输控制规程

3．局域网的拓扑结构主要有（　　）、环型和总线型。

    A．星型 　　　　　　　　　　B．T 型

    C．链型 　　　　　　　　　　D．关系型

4．计算机网络的主要目标是（　　　）。

    A．分布式处理 　　　　　　　B．数据通信和资源共享

    C. 提高计算机系统可靠性　　　　　D. 以上都是

5. Internet 采用的协议类型为（　　）。

    A. TCP/IP　　　　　　　　　　　B. IEEE 802.2

    C. X.25　　　　　　　　　　　　D. IPX/SPX

6. 下列合法的 IP 地址是（　　）。

    A. 202.102.224.68　　　　　　　B. 202.102.224

    C. 202.102.264.68　　　　　　　D. 202.102.224.68.22

7. 电子邮件地址的一般格式为（　　）。

    A. 用户名@域名　　　　　　　　B. 域名@用户名

    C. IP 地址@域名　　　　　　　　D. 域名@IP 地址

8. 下列关于电子邮件的说法，正确的是（　　）。

    A. 收件人必须有 E-mail 地址，发件人可以没有 E-mail 地址

    B. 发件人必须有 E-mail 地址，收件人可以没有 E-mail 地址

    C. 发件人和收件人都必须有 E-mail 地址

    D. 发件人必须知道收件人住址的邮政编码

9. 下列哪一个域名后缀代表中国（　　）。

    A. CA　　　　　　　　　　　　　B. CHA

    C. CN　　　　　　　　　　　　　D. COM

10. HTTP 的中文含义是（　　）。

    A. 布尔逻辑搜索　　　　　　　　B. 电子公告牌

    C. 文件传输协议　　　　　　　　D. 超文本传输协议

11. 计算机网络中，所有的计算机都连接到一个中心节点上，一个网络节点需要传输数据，首先传输到中心节点上，然后由中心节点转发到目的节点，这种连接结构称为（　　）。

    A. 总线型结构　　　　　　　　　B. 环型结构

    C. 星型结构　　　　　　　　　　D. 网状结构

12. Internet 中，访问 Web 信息时所用的工具是浏览器。下列（　　）就是目前常用的 Web 浏览器之一。

    A. Internet Explorer　　　　　　B. Outlook Express

    C. Yahoo　　　　　　　　　　　D. FrontPage

13. 下列四项内容中，不属于 Internet 基本功能的是（　　）。

    A. 电子邮件　　　　　　　　　　B. 文件传输

    C. 远程登录　　　　　　　　　　D. 实时监测控制

14. 与 Web 站点和 Web 页面密切相关的一个概念称为"统一资源定位器"，它的英文缩写是（　　）。

    A. UPS　　　　　B. USB　　　　　C. ULR　　　　　D. URL

15. 域名中的后缀 gov 表示机构所属类型为（　　）。

    A. 军事机构　　　　　　　　　　B. 政府机构

    C. 教育机构　　　　　　　　　　D. 商业公司

16. 在一间办公室内要实现所有计算机联网，一般应选择（　　）。

    A．GAN　　　　　　　　　　B．MAN

    C．LAN　　　　　　　　　　D．WAN

17. 下列 URL 的表示方法中，正确的是（　　）。

    A．http://www.microsoft.com/index.html

    B．http:\www.microsoft.com/index.html

    C．http://www.microsoft.com\index.html

    D．http:www.microsoft.com/index.html

18. 下列有关 Internet 的叙述中，错误的是（　　）。

    A．万维网就是因特网

    B．因特网上提供了多种信息

    C．因特网是计算机网络中的网络

    D．因特网是国际计算机互联网

19. 因特网提供的服务中，使用最频繁的是（　　）。

    A．BBS 讨论　　　　　　　　B．远程登录

    C．E-mail　　　　　　　　　D．WWW 浏览

20. Internet 是覆盖全球的大型互联网络，用于链接远程网和局域网的互连设备主要是（　　）。

    A．路由器　　　　　　　　　B．主机

    C．网桥　　　　　　　　　　D．防火墙

二、填空题

1. 计算机网络是_____技术和_____技术相结合的产物。

2. 计算机网络中常用的 3 种有线通信介质是_____、_____和_____。

3. 计算机网络按照其规模大小和延伸距离远近划分为_____、_____和_____。

4. ISP、Telnet 及 URL 的中文名称分别是_____、_____、_____。

5. World Wide Web 的中文简称是_____。

6. 局域网、城域网及广域网的英文缩写分别是_____、_____、_____。

7. 用户可以通过 FTP 把远程计算机中的文件复制到本地计算机上，称为_____，也可以把本地计算机中的文件复制到一台远程计算机中，称为_____。

8. IPv4 地址是一个_____位的二进制数。

9. 计算机网络的两个主要功能是_____和_____。

10. Windows XP 中自带的浏览器是_____。

三、判断题

1. 网络中的计算机是不能脱离网络而独立运行的。（　　）

2. 计算机网络一定是通过导线相连的。（　　）

3. 个人用户通过拨号上网，在通信介质上传输的是数字信号。（　　）

4. Internet Explore 只能浏览网页，而不能用来收发电子邮件。（　　）

5. 在 Internet 中，IP 地址是联入 Internet 网络节点的全球唯一地址。（　　）

6．一般情况下，用户上网浏览的信息是通过 FTP 传输过来的。（　　　）

7．用户可以脱机来浏览网页。（　　　）

8．搜索引擎是某些网站提供的用于网上查询信息的搜索工具。（　　　）

9．一封电子邮件可以同时发给多个人。（　　　）

10．电子邮件只能传送文字信息，不能传送图片和声音等多媒体信息。（　　　）

四、操作题

试完成以下操作：

（1）在 IE 浏览器的地址栏中输入 "http://baike.baidu.com/"，访问百度百科主页。

（2）把 IE 浏览器的主页设置为百度网的百科主页。

（3）利用百度查找并下载 QQ 聊天软件，将软件介绍和聊天工具保存到 "D:\tools\" 文件夹下。（如无 tools 文件夹，则需新建文件夹。）

（4）在 Internet 中申请一个免费的电子信箱，然后根据申请的电子信箱配置 Outlook Express。

（5）使用配置好的 Outlook Express 发送一封带有两个附件的电子邮件，并使用抄送功能。

（6）接收自己发来的邮件，保存文件附件到桌面，并进行回复，然后转发给另外一位好友。

附 录 1

一、选择题（每小题 1 分，共 20 分）

1. 天气预报能为人们的生活提供良好的帮助，它应该属于计算机的哪一类应用?（   ）
    A. 科学计算　　　　　　　　　　B. 信息处理
    C. 过程控制　　　　　　　　　　D. 人工智能

2. 已知某汉字的区位码是 3222，则其国标码是（   ）。
    A. 4252D　　　　B. 5242H　　　　C. 4036H　　　　D. 5524H

3. 二进制数 101001 转换成十进制整数等于（   ）。
    A. 41　　　　　　B. 43　　　　　　C. 45　　　　　　D. 39

4. 计算机软件系统包括（   ）。
    A. 程序、数据和相应的文档　　　B. 系统软件和应用软件
    C. 数据库管理系统和数据库　　　D. 编译系统和办公软件

5. 若已知一汉字的国标码是 5E38H，则其内码是（   ）。
    A. DEB8　　　　B. DE38　　　　C. 5EB8　　　　　D. 7E58

6. 汇编语言是一种（   ）。
    A. 依赖于计算机的低级程序设计语言
    B. 计算机能直接执行的程序设计语言
    C. 独立于计算机的高级程序设计语言
    D. 面向问题的程序设计语言

7. 用于汉字信息处理系统之间或者与通信系统之间进行信息交换的汉字代码是（   ）。
    A. 国标码　　　　　　　　　　　B. 存储码
    C. 机外码　　　　　　　　　　　D. 字形码

8. 构成 CPU 的主要部件是（   ）。
    A. 内存和控制器　　　　　　　　B. 内存、控制器和运算器
    C. 高速缓存和运算器　　　　　　D. 控制器和运算器

9. 用高级程序设计语言编写的程序，要转换成等价的可执行程序，必须经过（   ）。
    A. 汇编　　　　　　　　　　　　B. 编辑
    C. 解释　　　　　　　　　　　　D. 编译和连接

10. 下列各组软件中，全部属于应用软件的是（ ）。

  A．程序语言处理程序、操作系统、数据库管理系统

  B．文字处理程序、编辑程序、UNIX 操作系统

  C．财务处理软件、金融软件、WPS Office 2003

  D．Word 2000、Photoshop、Windows 98

11. RAM 的特点是（ ）。

  A．海量存储器

  B．存储在其中的信息可以永久保存

  C．一旦断电，存储在其上的信息将全部消失，且无法恢复

  D．只是用来存储数据的

12. 下列各存储器中，存取速度最快的是（ ）。

  A．CD-ROM   B．内存储器

  C．软盘   D．硬盘

13. 下列关于显示器的叙述中，正确的一项是（ ）。

  A．显示器是输入设备   B．显示器是输入/输出设备

  C．显示器是输出设备   D．显示器是存储设备

14. 计算机能直接识别的语言是（ ）。

  A．高级程序语言   B．机器语言

  C．汇编语言   D．C++语言

15. 计算机之所以能按人们的意图自动进行工作，最直接的原因是采用了（ ）。

  A．二进制   B．高速电子元件

  C．程序设计语言   D．存储程序控制

16. 存储一个 48×48 点阵的汉字字形码需要的字节个数是（ ）。

  A．384   B．288   C．256   D．144

17. 在下列字符中，其 ASCII 码值最小的一个是（ ）。

  A．控制符   B．0   C．A   D．a

18. 在计算机中，1GB 等于（ ）。

  A．$1\,024 \times 1\,024$ Bytes   B．1 024 KB

  C．1 024 MB   D．1 000 MB

19. 局域网的英文缩写是（ ）。

  A．WAM   B．LAN   C．MAN   D．Internet

20. 下列关于电子邮件的说法，正确的是（ ）。

  A．收件人必须有 E-mail 地址，发件人可以没有 E-mail 地址

  B．发件人必须有 E-mail 地址，收件人可以没有 E-mail 地址

  C．发件人和收件人都必须有 E-mail 地址

  D．发件人必须知道收件人住址的邮政编码

二、基本操作题（10 分）

Windows 基本操作题，不限制操作的方式。

**********本题型共有 5 小题*********

1．将考生文件夹下 QUEN 文件夹中的 XINGMING.TXT 文件移动到考生文件夹下 WANG 文件夹中，并改名为 SUI.DOC。

2．在考生文件夹下创建文件夹 NEWS，并设置属性为只读。

3．将考生文件夹 WATER 文件夹中的 BAT.BAS 文件复制到考生文件夹 SEEE 文件夹中。

4．将考生文件夹下 KING 文件夹中的 THINK.TXT 文件删除。

5．在考生文件夹下为 DENG 文件夹中的 ME.XLS 文件建立名为 MEKU 的快捷方式。

三、汉字录入题（10 分）

神舟五号、神舟六号飞船的成功，在某种程度上告诉世界：中国，不是一个只能生产鞋子、袜子、打火机的国家，她还有实力制造宇宙飞船。在神舟飞船的研制中，中国依靠的完全是自己的技术、自己的制造业。神舟的成功，可以增强国际上对中国技术和产品的信赖，"中国制造"在世界上的底气将会变得更足。

四、**Word** 操作题（25 分）

请在"答题"菜单上选择"字处理"菜单项，完成以下内容：

********本大题共有 2 小题********

1．在考生文件夹下打开文档 WT01.DOC，其内容如下：

【文档开始】

嫦娥工程的三步走。

据栾恩杰介绍，"嫦娥工程"设想为三期，简称为"绕、落、回"三步走，在 2020 年前后完成。

第 1 步为"绕"，即在 2007 年 10 月，发射我国第 1 颗月亮探测卫星，突破至地球外天体的飞行技术，实现首次绕月飞行。

第 2 步为"落"，即计划在 2012 年前后，发射月亮软着陆器，并携带月亮巡视勘察器（俗称月亮车），在着陆区附近进行就位探测，这一阶段将主要突破在地外天体上实施软着陆技术和自动巡视勘测技术。

第 3 步为"回"，即在 2020 年前，发射月亮采样返回器，软着陆在月亮表面特定区域，并进行分析采样，然后将月亮样品带回地球，在地面上对样品进行详细研究。这一步将主要突破返回器自地外天体自动返回地球的技术。

【文档结束】

按照要求完成下列操作。

（1）将文中所有"月亮"替换为"月球"；将标题段（"嫦娥工程的三步走"）设置为三号楷体 G2312、居中、字符间距加宽 3 磅、并添加青绿色阴影的字符边框。

（2）将正文各段文字（"据栾恩杰介绍……返回地球的技术。"）设置为小五号宋体；各段落左右各缩进 0.5 厘米，首行缩进 0.7 厘米，段前间距 12 磅；正文中"第 1 步为'绕'"、"第 2 步为'落'"和"第 3 步为'回'" 3 句设置为小五号黑体。

（3）将正文第 4 段（"第 3 步为'回'……返回地球的技术。"）分为等宽的两栏，栏间距为 0.2 厘米，栏间加分隔线，以 WD01A.DOC 为名保存文档。

2．在考生文件夹下打开文档 WT01A.DOC，其内容如下：

【文档开始】

最受关注的拍照手机

品牌	手机型号	价格/元
诺基亚	N73	2999
诺基亚	N93	6666
诺基亚	V988+	1418
索爱	K790C	2550
索爱	K810	2690
三星	U608	4299
三星	W579	5499

【文档结束】

按照要求完成下列操作。

（1）将标题段（"最受关注的拍照手机"）设置为四号黑体、加粗、居中；将文中后 8 行文字转换为一个 8 行 3 列的表格；设置表格列宽为 3 厘米，行高 16 磅。

（2）合并表格第 1 列第 2~4 行单元格、第 5~6 行单元格、第 7~8 行单元格；将合并后单元格中重复的品牌名称删除，只保留一个；将表格中第 1 行和第 1 列的所有单元格的内容水平居中、垂直居中，其余各行、各列单元格内容垂直居中、右对齐；表格所有框线设置为红色 1 磅单实线；以 WD01B.DOC 为文件名保存文档。

五、Excel 操作题（15 分）

请在"答题"菜单上选择"电子表格"菜单项，完成下面的内容：

********本大题共有 2 小题********

注意：下面出现的所有文件都必须保存在考生文件夹下。

（1）将 Sheet1 工作表的 A1：F1 单元格合并为一个单元格，水平对齐方式设置为居中；计算总计行的内容和季度平均值列的内容，季度平均值单元格格式的数值分类为数值（小数位数为 2），将工作表重命名为"销售数量情况表"。

（2）选取"销售数量情况表"的 A2：E5 单元格内容，建立"数据点折线图"，X 轴为季度名称，系列产生在"行"，标题为"销售数量情况图"，网格线为 X 轴和 Y 轴显示主要网格线，主要刻度为 100，图例位置靠上，将图插入到工作表的 A8：F20 单元格区域内。

	A	B	C	D	E	F	G
1	某企业产品季度销售数量情况表						
2	产品名称	第一季度	第二季度	第三季度	第四季度	季度平均值	
3	K-11	256	342	654	487		
4	C-24	298	434	398	345		
5	B-81	467	454	487	546		
6	总计						
7							
8							
9							
10							
11							
12							
13							
14							
15							

Sheet1 / Sheet2 / Sheet3

就绪　　　　　　　　　　　　　　　数字

六、PowerPoint 操作题（10 分）

请在"答题"菜单上选择"演示文稿"菜单项，完成以下内容：

打开指定文件夹下的演示文稿 yswg3，按下列要求完成对此文稿的修饰并保存。

（1）将第 1 张幻灯片版式改为"垂直排列标题与文本"，标题文字设置为 48 磅、加粗。将第 2 张幻灯片中的图片移到第 1 张幻灯片的左下角，设置图片的缩放比例为 60%。第 1 张幻灯片中的标题的动画效果为"飞入"、"自左侧"、"快速"，文本动画效果为"棋盘"、"下"、"快速"；动画顺序为先标题后文本。

（2）将所有幻灯片的背景纹理设置为"新闻纸"；幻灯片的放映方式设置为"观众自行浏览"。

七、上网题（10 分）

请在"答题"菜单上选择相应的菜单项，完成以下内容：

（1）某考试网站的主页地址是：HTTP://NCRE/1JKS/INDEX.HTML，打开此主页，浏览"计算机考试"页面，查找"NCRE 二级介绍"页面内容，并将它以文本文件的格式保存到 C 盘根目录下，命名为"1jswks01.txt"。

（2）向财务部主任张小莉发送一个电子邮件，并将 C 盘根目录下的一个 Word 文档 ncre.doc 作为附件一起发出，同时抄送总经理王先生。具体内容如下：

【收件人】zhangxl@163.com

【抄送】wangqiang@sina.com

【主题】差旅费统计表

【内容】"发去全年差旅费统计表，请审阅。具体计划见附件。"

参考答案

一、选择题

1．B　　2．C　　3．A　　4．B　　5．A　　6．A　　7．A　　8．D　　9．D
10．C　11．C　12．B　13．C　14．B　15．D　16．B　17．A　18．A
19．B　20．D

二、三、（略）

四、Word 操作题

1.

嫦娥工程的三步走

据栾恩杰介绍，"嫦娥工程"设想为三期，简称为"绕、落、回"三步走，在 2020 年前后完成。

第 1 步为"绕"，即在 2007 年 10 月，发射我国第 1 颗月球探测卫星，突破至地球外天体的飞行技术，实现首次绕月飞行。

第 2 步为"落"，即计划在 2012 年前后，发射月球软着陆器，并携带月球巡视勘察器（俗称月球车），在着陆区附近进行就位探测，这一阶段将主要突破在地外天体上实施软着陆技术和自动巡视勘测技术。

第 3 步为"回"，即在 2020 年前，发射月亮采样返回器，软着陆在月亮表面特定区域，并进行分析采样，然后将月亮样品带回地球，在地面上对样品进行详细研究。这一步将主要突破返回器自地外天体自动返回地球的技术。

2.

最受关注的拍照手机

品牌	手机型号	价格/元
诺基亚	N73	2999
	N93	6666
	V988+	1418
索爱	K790C	2550
	K810	2690
三星	U608	4299
	W579	5499

五、Excel 操作题

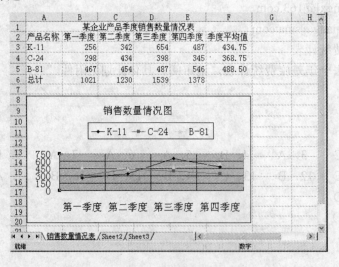

六、**PowerPoint** 操作题

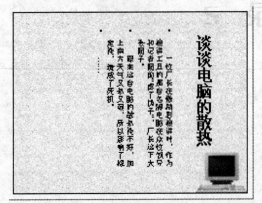

附 录 2

习题答案

第 1 章

一、选择题

题号	1	2	3	4	5	6	7	8	9	10
答案	B	D	B	C	A	B	D	C	B	D
题号	11	12	13	14	15	16	17	18	19	20
答案	A	B	B	B	D	C	A	C	A	D
题号	21	22	23	24	25	26	27	28	29	30
答案	A	C	D	D	C	D	A	B	C	C

二、填空题

1. CPU

2. RAM

3. 16

4. ASCII

5. 存储正在使用的程序和数据

6. 7 128

7. RAM ROM

8. Byte

9. 二

10. 源程序

三、判断题

题号	1	2	3	4	5	6	7	8	9	10
答案	√	×	×	√	√	×	√	√	√	×

四、操作题（略）

第 2 章

一、选择题

题号	1	2	3	4	5	6	7	8	9	10
答案	C	C	D	A	B	A	B	D	C	B
题号	11	12	13	14	15	16	17	18	19	20
答案	B	C	D	B	D	C	A	B	B	A

二、填空题

1. 注销
2. 名称
3. "开始"按钮　快速启动工具栏　任务按钮区　通知区域
4. 相关信息
5. 有关计算机性能　程序和进程
6. 拉伸
7. 双击
8. 划分磁道和扇区　对坏道
9. 分析　合并
10. 建立自己专用的运行环境

三、判断题

题号	1	2	3	4	5	6	7	8	9	10
答案	×	×	×	×	√	×	√	×	×	√

四、操作题（略）

第 3 章

一、选择题

题号	1	2	3	4	5	6	7	8	9	10
答案	D	A	B	D	D	B	C	B	D	D

二、填空题

1. 插入点
2. 改写
3. Ctrl+X　Ctrl+C　Ctrl+V
4. 段落
5. 水平

6. 选中

7. 格式刷

8. 宋体　Times New Roman

9. 正文和页面边缘

10. 顶端　底端

三、判断题

题号	1	2	3	4	5	6	7	8	9	10
答案	√	×	√	√	×	√	√	×	√	√

四、操作题（略）

第 4 章

一、选择题

题号	1	2	3	4	5	6	7	8	9	10
答案	C	D	C	A	C	A	A	B	D	C

二、填空题

1. 靠左　靠右

2. ，或回车键

3. 名称框　编辑按钮　编辑框

4. 底部

5. "="

6. 单引号开头

7. 工作表标签

8. 行号加列号　$

9. 一组相关数据的

10. 符合特定条件

三、判断题

题号	1	2	3	4	5	6	7	8	9	10
答案	√	×	√	×	√	×	×	×	×	×

四、操作题（略）

第 5 章

一、选择题

题号	1	2	3	4	5	6	7	8	9	10
答案	C	D	B	A	A	B	C	B	C	D

二、填空题

1. 幻灯片放映视图

2. Ctrl

3. 幻灯片浏览视图　普通视图

4.【开始】命令　桌面快捷方式　打开已经存在的 PowerPoint 2003 文件

5.【插入】命令　相应工具栏

6.【插入】命令　相应工具栏

7. 文本框

8. 格式

三、判断题

题号	1	2	3	4	5	6	7	8	9	10
答案	√	√	√	×	×	√	√	√	√	×

四、操作题（略）

第 6 章

一、选择题

题号	1	2	3	4	5	6	7	8	9	10
答案	D	C	A	B	A	A	A	C	C	D
题号	11	12	13	14	15	16	17	18	19	20
答案	C	A	D	D	B	C	A	A	D	A

二、填空题

1. 计算机技术　现代通信技术

2. 双绞线　同轴电缆　光纤

3. 局域网　城域网　广域网

4. 互联网服务提供商　远程登录服务　统一资源定位符

5. 万维网（全球信息网）

6. LAN　MAN　WAN

7. 下载　上传

8. 32

9. 数据通信　资源共享

10. Internet Explorer

三、判断题

题号	1	2	3	4	5	6	7	8	9	10
答案	×	×	×	×	√	×	√	√	√	×

四、操作题（略）